2022年版全国一级建造师执业资格考试历年真题+冲刺试卷

建设工程项目管理
历年真题+冲刺试卷

全国一级建造师执业资格考试历年真题+冲刺试卷编写委员会　编写

中国建筑工业出版社
中国城市出版社

图书在版编目（CIP）数据

建设工程项目管理历年真题+冲刺试卷／全国一级建造师执业资格考试历年真题+冲刺试卷编写委员会编写. —北京：中国城市出版社，2022.1
2022年版全国一级建造师执业资格考试历年真题+冲刺试卷
ISBN 978-7-5074-3450-7

Ⅰ.①建… Ⅱ.①全… Ⅲ.①基本建设项目-工程项目管理-资格考试-习题集 Ⅳ.①F284-44

中国版本图书馆CIP数据核字（2021）第275953号

责任编辑：田立平 牛 松 李 璇
责任校对：芦欣甜

2022年版全国一级建造师执业资格考试历年真题+冲刺试卷
建设工程项目管理
历年真题+冲刺试卷
全国一级建造师执业资格考试历年真题+冲刺试卷编写委员会 编写

*

中国建筑工业出版社、中国城市出版社出版、发行(北京海淀三里河路9号)
各地新华书店、建筑书店经销
北京鸿文瀚海文化传媒有限公司制版
北京中科印刷有限公司印刷

*

开本：787毫米×1092毫米 1/16 印张：15 字数：222千字
2022年3月第一版 2022年3月第一次印刷
定价：43.00元
ISBN 978-7-5074-3450-7
(904442)

版权所有 翻印必究
如有印装质量问题，可寄本社图书出版中心退换
(邮政编码 100037)

前　言

　　《全国一级建造师执业资格考试历年真题+冲刺试卷》丛书是严格按照现行全国一级建造师执业资格考试大纲的要求，根据全国一级建造师执业资格考试用书，在全面锁定考纲与教材变化、准确把握考试新动向的基础上编写而成的。

　　本套丛书分为八个分册，分别是《建设工程经济历年真题+冲刺试卷》《建设工程项目管理历年真题+冲刺试卷》《建设工程法规及相关知识历年真题+冲刺试卷》《建筑工程管理与实务历年真题+冲刺试卷》《机电工程管理与实务历年真题+冲刺试卷》《市政公用工程管理与实务历年真题+冲刺试卷》《公路工程管理与实务历年真题+冲刺试卷》《水利水电工程管理与实务历年真题+冲刺试卷》，每分册中包含五套历年真题及三套考前冲刺试卷。

　　本套丛书秉承了"探寻考试命题变化轨迹"的理念，对历年考题赋予专业的讲解，全面指导应试者答题方向，悉心点拨应试者的答题技巧，从而有效突破应试者的固态思维。在习题的编排上，体现了"原创与经典"相结合的原则，着力加强"能力型、开放型、应用型和综合型"试题的开发与研究，注重与知识点所关联的考点、题型、方法的再巩固与再提高，并且题目的难易程度和形式尽量贴近真题。另外，各科目均配有一定数量的最新原创题目，以帮助考生把握最新考试动向。

　　本套丛书可作为考生导学、导练、导考的优秀辅导材料，能使考生举一反三、融会贯通、查漏补缺，为考生最后冲刺助一臂之力。

　　为了配合考生的备考复习，我们开通了答疑QQ群：1058793213、1045447406（加群密码：助考服务），配备了专家答疑团队，以便及时解答考生所提的问题。

　　由于编写时间仓促，书中难免存在疏漏之处，望广大读者不吝赐教。衷心希望广大读者将建议和意见及时反馈给我们，我们将在以后的工作中予以改正。

目　　录

全国一级建造师执业资格考试答题方法及评分说明

2017—2021 年《建设工程项目管理》真题分值统计

2021 年度全国一级建造师执业资格考试《建设工程项目管理》真题及解析

2020 年度全国一级建造师执业资格考试《建设工程项目管理》真题及解析

2019 年度全国一级建造师执业资格考试《建设工程项目管理》真题及解析

2018 年度全国一级建造师执业资格考试《建设工程项目管理》真题及解析

2017 年度全国一级建造师执业资格考试《建设工程项目管理》真题及解析

《建设工程项目管理》考前冲刺试卷（一）及解析

《建设工程项目管理》考前冲刺试卷（二）及解析

《建设工程项目管理》考前冲刺试卷（三）及解析

全国一级建造师执业资格考试答题方法及评分说明

全国一级建造师执业资格考试设《建设工程经济》《建设工程项目管理》《建设工程法规及相关知识》三个公共必考科目和《专业工程管理与实务》十个专业选考科目（专业科目包括建筑工程、公路工程、铁路工程、民航机场工程、港口与航道工程、水利水电工程、矿业工程、机电工程、市政公用工程和通信与广电工程）。

《建设工程经济》《建设工程项目管理》《建设工程法规及相关知识》三个科目的考试试题为客观题。《专业工程管理与实务》科目的考试试题包括客观题和主观题。

一、客观题答题方法及评分说明

1. 客观题答题方法

客观题题型包括单项选择题和多项选择题。对于单项选择题来说，备选项有 4 个，选对得分，选错不得分也不扣分，建议考生宁可错选，不可不选。对于多项选择题来说，备选项有 5 个，在没有把握的情况下，建议考生宁可少选，不可多选。

在答题时，可采取下列方法：

（1）直接法。这是解常规的客观题所采用的方法，就是考生选择认为一定正确的选项。

（2）排除法。如果正确选项不能直接选出，应首先排除明显不全面、不完整或不正确的选项，正确的选项几乎是直接来自于考试教材或者法律法规，其余的干扰选项要靠命题者自己去设计，考生要尽可能多排除一些干扰选项，这样就可以提高选择出正确答案的概率。

（3）比较法。直接把各备选项加以比较，并分析它们之间的不同点，集中考虑正确答案和错误答案关键所在。仔细考虑各个备选项之间的关系。不要盲目选择那些看起来、读起来很有吸引力的错误选项，要去误求正、去伪存真。

（4）推测法。利用上下文推测词义。有些试题要从句子中的结构及语法知识推测入手，配合考生自己平时积累的常识来判断其义，推测出逻辑的条件和结论，以期将正确的选项准确地选出。

2. 客观题评分说明

客观题部分采用机读评卷，必须使用 2B 铅笔在答题卡上作答，考生在答题时要严格按照要求，在有效区域内作答，超出区域作答无效。每个单项选择题只有 1 个备选项最符合题意，就是 4 选 1。每个多项选择题有 2 个或 2 个以上备选项符合题意，至少有 1 个错项，就是 5 选 2~4，并且错选本题不得分，少选，所选的每个选项得 0.5 分。考生在涂卡时应注意答题卡上的选项是横排还是竖排，不要涂错位置。涂卡应清晰、厚实、完整，保持答题卡干净整洁，涂卡时应完整覆盖且不超出涂卡区域。修改答案时要先用橡皮擦将原涂卡处擦干净，再涂新答案，避免在机读评卷时产生干扰。

二、主观题答题方法及评分说明

1. 主观题答题方法

主观题题型是实务操作和案例分析题。实务操作和案例分析题是通过背景资料阐述一个项目在实施过程中所开展的相应工作，根据这些具体的工作提出若干小问题。

实务操作和案例分析题的提问方式及作答方法如下：

（1）补充内容型。一般应按照教材将背景资料中未给出的内容都回答出来。

（2）判断改错型。首先应在背景资料中找出问题并判断是否正确，然后结合教材、相关规范进行改正。需要注意的是，考生在答题时，有时不能按照工作中的实际做法来回答问题，因为根据实际做法作为答题依据得出的答案和标准答案之间存在很大差距，即使答了很多，得分也很低。

（3）判断分析型。这类型题不仅要求考生答出分析的结果，还需要通过分析背景资料来找出问题的突破口。需要注意的是，考生在答题时要针对问题作答。

（4）图表表达型。结合工程图及相关资料表回答图中构造名称、资料表中缺项内容。需要注意的是，关键词表述要准确，避免画蛇添足。

（5）分析计算型。充分利用相关公式、图表和考点的内容，计算题目要求的数据或结果。最好能写出关键的计算步骤，并注意计算结果是否有保留小数点的要求。

（6）简单论答型。这类型题主要考查考生记忆能力，一般情节简单、内容覆盖面较小。考生在回答这类型题时要直截了当，有什么答什么，不必展开论述。

（7）综合分析型。这类型题比较复杂，内容往往涉及不同的知识点，要求回答的问题较多，难度很大，也是考生容易失分的地方。要求考生具有一定的理论水平和实际经验，对教材知识点要熟练掌握。

2. 主观题评分说明

主观题部分评分是采取网上评分的方法来进行，为了防止出现评卷人的评分宽严度差异对不同考生产生影响，每个评卷人员只评一道题的分数。每份试卷的每道题均由 2 位评卷人员分别独立评分，如果 2 人的评分结果相同或很相近（这种情况比例很大）就按 2 人的平均分为准。如果 2 人的评分差异较大超过 4~5 分（出现这种情况的概率很小），就由评分专家再独立评分一次，然后用专家所评的分数和与专家评分接近的那个分数的平均分数为准。

主观题部分评分标准一般以准确性、完整性、分析步骤、计算过程、关键问题的判别方法、概念原理的运用等为判别核心。标准一般按要点给分，只要答出要点基本含义一般就会给分，不恰当的错误语句和文字一般不扣分，要点分值最小一般为 0.5 分。

主观题部分作答时必须使用黑色墨水笔书写作答，不得使用其他颜色的钢笔、铅笔、签字笔和圆珠笔。作答时字迹要工整、版面要清晰。因此书写不能离密封线太近，密封后评卷人不容易看到；书写的字不能太粗太密太乱，最好买支极细笔，字体稍微书写大点、工整点，这样看起来工整、清晰，评卷人也愿意多给分。

主观题部分作答应避免答非所问，因此考生在考试时要答对得分点，答出一个得分点就给分，说的不完全一致，也会给分，多答不会给分的，只会按点给分。不明确用到什么规范的情况就用"强制性条文"或者"有关法规"代替，在回答问题时，只要有可能，就在答题的内容前加上这样一句话：根据有关法规或根据强制性条文，通常这些是得分点之一。

主观题部分作答应言简意赅，并多使用背景资料中给出的专业术语。考生在考试时应相信第一感觉，很多考生在涂改答案过程中往往把原来对的改成错的，这种情形很多。在确定完全答对时，就不要展开论述，也不要写多余的话，能用尽量少的文字表达出正确的意思就好，这样评卷人看得舒服，考生也能省时间。如果答题时发现错误，不得使用涂改液等修改，应用笔画个框圈起来，打个"×"即可，然后再找一块干净的地方重新书写。

2017—2021年《建设工程项目管理》真题分值统计

命题点		题型	2017年(分)	2018年(分)	2019年(分)	2020年(分)	2021年(分)
1Z201000 建设工程项目的组织与管理	1Z201010 建设工程管理的内涵和任务	单项选择题	1	1	1	1	1
		多项选择题					
	1Z201020 建设工程项目管理的目标和任务	单项选择题	1	2	2	1	1
		多项选择题	2				
	1Z201030 建设工程项目的组织	单项选择题	2	1	1	1	1
		多项选择题		2	2	2	2
	1Z201040 建设工程项目策划	单项选择题	1	2	2	2	2
		多项选择题					
	1Z201050 建设工程项目采购的模式	单项选择题	2	2	1	1	1
		多项选择题	2	2	2	2	2
	1Z201060 建设工程项目管理规划的内容和编制方法	单项选择题	1	1	1	1	1
		多项选择题					
	1Z201070 施工组织设计的内容和编制方法	单项选择题	1	1	1	2	2
		多项选择题	2	2	2	2	2
	1Z201080 建设工程项目目标的动态控制	单项选择题	1	1	1	1	1
		多项选择题					
	1Z201090 施工企业项目经理的工作性质、任务和责任	单项选择题	2	1	1	2	2
		多项选择题	2				
	1Z201100 建设工程项目的风险和风险管理的工作流程	单项选择题	1	1	1		1
		多项选择题	2	2	2	2	2
	1Z201110 建设工程监理的工作性质、工作任务和工作方法	单项选择题	1	1	1		
		多项选择题	2	2			
1Z202000 建设工程项目成本管理	1Z202010 成本管理的任务、程序和措施	单项选择题	1	2	2	2	2
		多项选择题	2			2	2
	1Z202020 成本计划	单项选择题	2	2	2	2	2
		多项选择题	2	2	2	2	2
	1Z202030 成本控制	单项选择题	4	2	2	3	2
		多项选择题	2	2	2	2	2
	1Z202040 成本核算	单项选择题		2	2	2	2
		多项选择题		4	4	2	2
	1Z202050 成本分析和成本考核	单项选择题	3	1	2	2	2
		多项选择题	2	2	2	2	2
1Z203000 建设工程项目进度控制	1Z203010 建设工程项目进度控制与进度计划系统	单项选择题	1	2	1	1	1
		多项选择题			2	2	

续表

命题点		题型	2017年（分）	2018年（分）	2019年（分）	2020年（分）	2021年（分）
1Z203000 建设工程项目进度控制	1Z203020 建设工程项目总进度目标的论证	单项选择题	1	2	1	1	1
		多项选择题	2	2	2	2	2
	1Z203030 建设工程项目进度计划的编制和调整方法	单项选择题	7	6	7	5	7
		多项选择题	6	6	6	6	8
	1Z203040 建设工程项目进度控制的措施	单项选择题	1	1	1	1	1
		多项选择题	2	2	2	2	2
1Z204000 建设工程项目质量控制	1Z204010 建设工程项目质量控制的内涵	单项选择题	2	3	3	2	1
		多项选择题					
	1Z204020 建设工程项目质量控制体系	单项选择题	2	2	2	2	2
		多项选择题	2	2	2	2	2
	1Z204030 建设工程项目施工质量控制	单项选择题	2	2	2	4	2
		多项选择题	2	2	2	2	2
	1Z204040 建设工程项目施工质量验收	单项选择题	2	2	2	2	2
		多项选择题	2	2	2	2	2
	1Z204050 施工质量不合格的处理	单项选择题	2	2	2	2	2
		多项选择题	2	2	2	2	2
	1Z204060 数理统计方法在工程质量管理中的应用	单项选择题	1	1	1	1	1
		多项选择题		2	2	2	2
	1Z204070 建设工程项目质量的政府监督	单项选择题	1	1	1	1	3
		多项选择题					
1Z205000 建设工程职业健康安全与环境管理	1Z205010 职业健康安全管理体系与环境管理体系	单项选择题	1	1	1	1	1
		多项选择题					
	1Z205020 建设工程安全生产管理	单项选择题	3	3	3	4	4
		多项选择题	2	2	2	4	2
	1Z205030 建设工程生产安全事故应急预案和事故处理	单项选择题	2	2	2	3	2
		多项选择题	2	2	2	2	2
	1Z205040 建设工程施工现场职业健康安全与环境管理的要求	单项选择题	3	2	2	2	2
		多项选择题	2	2	2	4	4
1Z206000 建设工程合同与合同管理	1Z206010 建设工程施工招标与投标	单项选择题	1	1	1	1	1
		多项选择题	2	2	2	2	2
	1Z206020 建设工程合同的内容	单项选择题	3	2	3	3	3
		多项选择题	4	2	2	2	2
	1Z206030 合同计价方式	单项选择题	2	2	2	2	2
		多项选择题	2	2	2	2	2
	1Z206040 建设工程施工合同风险管理、工程保险和工程担保	单项选择题	2	2	2	2	2
		多项选择题	2	2	2	2	2
	1Z206050 建设工程施工合同实施	单项选择题	2	3	1	2	2
		多项选择题	2	2	2	2	2

续表

命题点		题型	2017年（分）	2018年（分）	2019年（分）	2020年（分）	2021年（分）
1Z206000 建设工程合同与合同管理	1Z206060 建设工程索赔	单项选择题	2	2	2	2	2
		多项选择题	2	2	2	4	2
	1Z206070 国际建设工程施工承包合同	单项选择题	2	2	1	1	1
		多项选择题					
1Z207000 建设工程项目信息管理	1Z207010 建设工程项目信息管理的目的和任务	单项选择题	1				
		多项选择题					
	1Z207020 建设工程项目信息的分类、编码和处理方法	单项选择题		1	1	1	1
		多项选择题					
	1Z207030 建设工程管理信息化及建设工程项目管理信息系统的功能	单项选择题			1	1	1
		多项选择题	2	2			
合计		单项选择题	70	70	70	70	70
		多项选择题	60	60	60	60	60

2021 年度全国一级建造师执业资格考试

《建设工程项目管理》

真题及解析

2021年度《建设工程项目管理》真题

一、单项选择题（共70题，每题1分。每题的备选项中，只有1个最符合题意）

1. 下列项目策划工作内容中，属于实施阶段管理策划的是（　　）。
   A. 业主方项目管理组织机构　　　B. 生产运营期设施管理总体方案
   C. 项目风险管理与工程保险方案　D. 项目实施期管理总体方案

2. 根据《建筑施工组织设计规范》GB/T 50502—2009，主持编制施工组织设计的应是（　　）。
   A. 项目总监理工程师　　　　　　B. 项目技术负责人
   C. 施工单位技术负责人　　　　　D. 项目负责人

3. 建设工程管理的核心任务是（　　）。
   A. 实现项目建设阶段的目标　　　B. 为项目建设的决策或实施提供依据
   C. 项目的目标控制　　　　　　　D. 为工程建设和使用增值

4. 下列沟通过程的要素中，处于主导地位的是（　　）。
   A. 沟通渠道　　　　　　　　　　B. 沟通环境
   C. 沟通客体　　　　　　　　　　D. 沟通主体

5. 关于施工成本核算的说法，正确的是（　　）。
   A. 竣工工程现场成本应由企业财务部门进行核算分析
   B. 施工成本核算对象只能是单位工程
   C. 施工成本核算包括四个基本环节
   D. 施工成本核算应按规定的会计周期进行

6. 某分项工程某月计划工程量为3200m²，计划单价为15元/m²，月末核定实际完成工程量为2800m²，实际单价为20元/m²。则该分项工程的已完工作预算费用（BCWP）是（　　）元。
   A. 56000　　　B. 64000　　　C. 42000　　　D. 48000

7. 关于进度控制的说法，正确的是（　　）。
   A. 各项目管理方进度控制的目标和时间范畴应相同
   B. 施工方对整个工程项目进度目标的实现具有决定性作用
   C. 施工方必须在确保工程质量的前提下，控制工程进度
   D. 进度控制的目的是实现建设项目的总进度目标

8. 某双代号网络计划如下图所示，存在的不妥之处是（　　）。

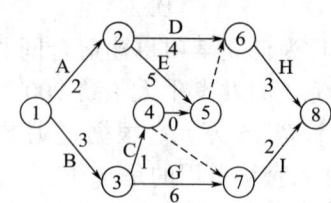

A. 节点编号不连续 B. 有多余时间参数
C. 工作表示方法不一致 D. 有多个起点节点

9. 下列组织工具中，反映一个组织系统各项工作之间逻辑关系的是（   ）。
   A. 工作流程图 B. 组织结构图
   C. 项目结构图 D. 组织分工图

10. 根据《建设工程项目管理规范》GB/T 50326—2017，项目管理实施规划的编制过程包括：①熟悉相关法规和文件；②分析项目具体特点和环境条件；③履行报批手续；④实施编制活动；⑤了解相关方的要求。正确的程序是（   ）。
    A. ①→②→⑤→④→③ B. ②→⑤→①→③→④
    C. ①→⑤→②→③→④ D. ⑤→②→①→④→③

11. 与单价合同相比较，总价合同的特点是（   ）。
    A. 在施工进度上能调动承包人的积极性
    B. 发包人的协调工作量大
    C. 发包人可以缩短招标准备时间
    D. 承包人的风险较小

12. 某防水工程施工出现了设计变更，导致工程量由 $1600m^2$ 增加到了 $2400m^2$，原定施工工期 60d。合同约定工程量增减 10% 为承包商应承担的风险，则承包商可索赔工期（   ）d。
    A. 60 B. 12
    C. 30 D. 24

13. 下列项目目标动态控制的纠偏措施中，属于技术措施的是（   ）。
    A. 选用高效的施工机具 B. 调整项目管理职能分工
    C. 改变控制的方法和手段 D. 优化项目管理任务分工

14. 某工作有两个紧前工作，最早完成时间分别是第 2 天和第 4 天，该工作持续时间是 5d，则其最早完成时间是第（   ）天。
    A. 7 B. 11
    C. 6 D. 9

15. 关于固定单价合同的说法，正确的是（   ）。
    A. 当国家政策发生变化时，可对单价进行调整
    B. 当通货膨胀达到一定水平时，可对单价进行调整
    C. 无论发生哪些影响价格的因素都不对单价进行调整
    D. 当实际工程量发生较大变化时，可对单价进行调整

16. 根据《建筑市场诚信行为信息管理办法》，不良行为记录信息公布期限最短不得少于（   ）个月。
    A. 24 B. 12
    C. 6 D. 3

17. 某施工单位于 2020 年 6 月为订立某项目建造合同共发生差旅费、投标费 50 万元，该项目于 2021 年 6 月完成，工程完工时共发生人工费 700 万元，差旅费 5 万元，项目管理人员工资 98 万元，材料采购及保管费 15 万元。根据《财政部关于印发〈企业产品成本核算制度（试行）〉的通知》，应计入直接费用的是（   ）万元。

A. 798　　　　　　　　　　　　B. 765
C. 813　　　　　　　　　　　　D. 770

18. 关于横道图进度计划的说法，正确的是（　　）。
   A. 计划的资源需要量无法计算　　B. 计划的关键工作无法确定
   C. 横道图中工作的时间参数无法计算　　D. 横道图中的工作均无机动时间

19. 根据合同风险产生的原因分类，属于合同工程风险的是（　　）。
   A. 偷工减料　　　　　　　　　B. 以次充好
   C. 非法分包　　　　　　　　　D. 物价上涨

20. 某网络计划执行情况的检查结果分析如下表，对工作 M 的判断分析，正确的是（　　）。

工作编号	工作名称	尚需工作天数(d)	总时差(d)		自由时差(d)	
			原有	目前尚有	原有	目前尚有
...						
i-j	M	3	5	1	2	0
...						

   A. 比计划提前 4d，不影响工期
   B. 比计划延迟 4d，不影响紧后工作，不影响工期
   C. 比计划延迟 4d，影响紧后工作 2d，不影响工期
   D. 比计划延迟 4d，影响工期 1d

21. 建设工程项目风险有多种类型，承包方技术管理人员能力欠缺属于（　　）。
   A. 技术风险　　　　　　　　　B. 工程环境风险
   C. 经济与管理风险　　　　　　D. 组织风险

22. 施工项目年度成本分析的内容，除了月（季）度成本分析的六个方面以外，重点是（　　）。
   A. 通过实际成本与计划成本的对比，分析成本降低水平
   B. 针对下一年度施工进展情况，制定切实可行的成本管理措施
   C. 通过实际成本与目标成本的对比，分析目标成本控制措施落实情况
   D. 通过对技术组织措施执行效果的分析，寻求更加有效的节约途径

23. 关于网络计划中箭线的说法，正确的是（　　）。
   A. 箭线都要占用时间，多数要消耗资源
   B. 箭线的长度表示工作的持续时间
   C. 箭线的水平投影方向不能从右往左
   D. 箭线在网络计划中只表示工作

24. 在进度控制中，缺乏动态控制观念的表现是（　　）。
   A. 不重视进度计划的比选
   B. 不重视进度计划的调整
   C. 不注意分析影响进度的风险
   D. 同一项目不同进度计划之间的关联性不够

25. 下列施工准备的质量控制工作中，属于现场施工准备工作的是（　　）。

A. 编制作业指导书 B. 复核测量控制点
C. 组织设计交底 D. 细化施工方案

26. 下列项目管理工具中,服务于项目所有参与单位的是( )。
A. 项目信息门户 B. 设施管理信息系统
C. 管理信息系统 D. 项目管理信息系统

27. 工程监理人员在实施监理过程中,发现工程设计不符合工程质量标准或合同约定的质量要求时,应当采取的措施是( )。
A. 报告建设单位要求设计单位改正 B. 直接与设计单位确认修改工程设计
C. 要求设计单位改正并报告建设单位 D. 要求施工单位报告设计单位改正

28. 关于施工预算和施工图预算的说法,正确的是( )。
A. 施工预算的编制以预算定额为主要依据
B. 施工图预算的编制以施工定额为主要依据
C. 施工图预算只适用于建设单位,而不适用于施工单位
D. 施工预算是施工企业内部管理用的一种文件,与建设单位无直接关系

29. 关于建设工程项目总进度目标论证的说法,正确的是( )。
A. 总进度目标论证应涉及工程实施的条件分析及工程实施策划
B. 总进度目标论证就是论证施工进度目标实现的可能性
C. 已编制总进度规划的项目,可以不进行总进度目标论证
D. 总进度目标论证时,应论证项目动用后的工作进度

30. 第三方认证机构对认证合格单位质量管理体系维持情况进行定期检查的频次通常是( )。
A. 每年一次 B. 一季度一次
C. 两年一次 D. 每年两次

31. 下列直方图中,表明施工生产过程处于正常、稳定状态的是( )。

A. 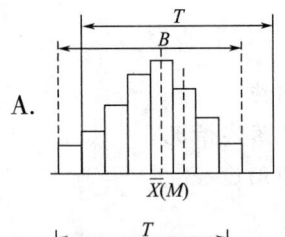 B.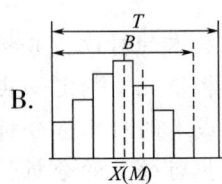

C. 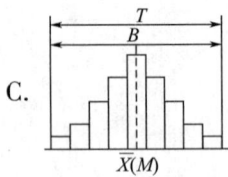 D.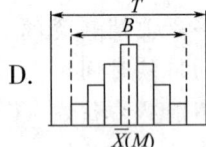

32. 根据工伤保险和社会保险相关法律规定,由建筑施工企业自主决定是否投保的险种是( )。
A. 失业保险 B. 医疗保险
C. 意外伤害保险 D. 养老保险

33. 某工程的合同总额为1000万元,则发包人合理的支付担保额是( )万元。
A. 1000 B. 200

C. 500
D. 100

34. 关于施工方项目管理目标的说法，正确的是（ ）。
A. 施工总承包方的工期目标和质量目标必须符合合同的要求
B. 施工总承包方的成本目标由施工企业根据合同确定
C. 与业主方签订分包合同的工程，其工期目标和质量目标由分包方负责
D. 分包方的成本目标由施工总承包方确定

35. 根据《建筑工程施工质量验收统一标准》GB 50300—2013，单位工程竣工预验收的组织方式是（ ）。
A. 建设单位项目负责人组织总监理工程师、专业监理工程师进行
B. 总监理工程师组织各专业监理工程师进行
C. 总监理工程师组织施工单位项目负责人、专业负责人进行
D. 施工单位项目负责人组织各专业负责人进行

36. 施工质量事故的调查处理程序包括：①事故调查；②事故原因分析；③事故处理；④事故处理的鉴定验收；⑤制定事故处理的技术方案。正确的程序是（ ）。
A. ②→①→③→④→⑤
B. ①→②→⑤→③→④
C. ①→②→③→④→⑤
D. ④→②→⑤→①→③

37. 下列分部分项工程中，应当组织专家论证、审查专项施工方案的是（ ）。
A. 拆除工程
B. 起重吊装工程
C. 地下暗挖工程
D. 爆炸工程

38. 下列建设工程安全事故中，县级人民政府可以委托事故发生单位组织事故调查组进行调查的是（ ）。
A. 1人轻伤，无其他损失
B. 无伤亡，直接经济损失1000万元以下
C. 2人轻伤，总损失1000万元
D. 1人重伤，直接经济损失200万元

39. 下列工程总承包合同义务中，属于承包人义务的是（ ）。
A. 提供与施工有关的现场障碍资料
B. 按照行业工程建设标准规范规定的设计深度开展工程设计
C. 负责组织设计阶段审查会议，并承担会议费用
D. 办理施工许可证

40. 关于施工专业分包合同的说法，正确的是（ ）。
A. 分包人须服从由发包人直接发出的与分包工程有关的指令
B. 承包人要求分包人采取特殊措施保护所增加的费用，由分包人负责
C. 分包人不得将劳务作业再分包给具有相应劳务分包资质的劳务分包企业
D. 分包合同约定的工程变更调整的合同价款应与工程进度款同期调整支付

41. 建设工程政府质量监督机构履行质量监督职责时，可以采取的措施是（ ）。
A. 暂时扣押被检查单位的固定资产
B. 发现有影响工程质量的问题时，责令改正
C. 吊销被检查单位的资质证书
D. 对被检查单位负责人进行处罚

42. 某单代号网络计划如下图所示（时间单位：d），计算工期是（　　）d。

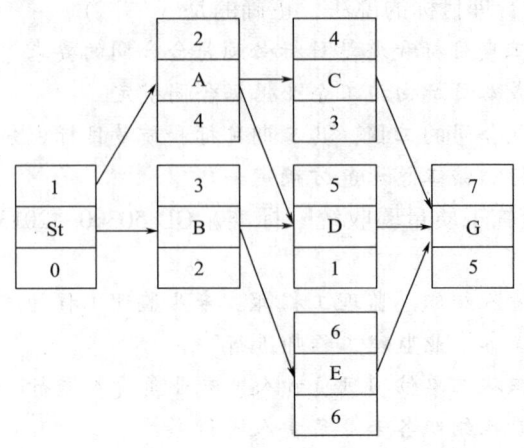

A. 13 B. 10
C. 12 D. 8

43. 某工程混凝土浇筑过程中，因工人直接浇筑高度超出施工方案要求造成质量事故，该事故按照事故责任分类属于（　　）。

A. 指导责任事故 B. 管理责任事故
C. 操作责任事故 D. 技术责任事故

44. 根据《职业健康安全管理体系 要求及使用指南》GB/T 45001—2020，属于"运行"部分的内容是（　　）。

A. 危险源辨识 B. 理解组织及其所处的环境
C. 应急准备和响应 D. 管理评审

45. 关于建设工程现场文明施工措施的说法，正确的是（　　）。
A. 施工现场严禁设置吸烟处，应设置于生活区
B. 施工总平面图应随工程实施的不同阶段进行调整
C. 一般工地围挡高度不得低于 1.6m
D. 施工现场应设置排水系统，直接排入市政管网

46. 关于 FIDIC《施工合同条件》的说法，正确的是（　　）。
A. 由业主或业主代表管理合同
B. "新红皮书"适用于由承包商做绝大部分设计的工程项目
C. 合同计价方式采用单价合同，但也有些子项采用包干单价
D. "新红皮书"的应用范围比原"红皮书"较小

47. 关于建筑施工企业劳动用工的说法，错误的是（　　）。
A. 建筑施工企业与劳动者应当自试用期满后，按照有关法规签订书面劳动合同
B. 建筑施工企业应当按照相关规定办理用工手续，不得使用零散工
C. 劳动合同应一式三份，双方当事人各持一份，劳动者所在工地保留一份备查
D. 每个工程项目中作业人员的有关情况应按相关规定如实填报

48. 建设工程项目决策阶段策划的主要任务是（　　）。
A. 定义建设项目的建设目标 B. 确定项目的开发或建设模式
C. 确定项目建设的指导思想 D. 定义项目开发或建设的任务和意义

49. 建筑材料采购合同中应明确结算的（　　）。
   A. 地点、时间和人员
   B. 时间、方式和人员
   C. 地点、人员和手续
   D. 时间、方式和手续

50. 下列质量检查内容中，可通过目测法中"照"的手段检查的是（　　）。
   A. 内墙抹灰的大面是否平直
   B. 管道井内管线、设备安装质量
   C. 油漆的光滑度
   D. 混凝土的强度是否符合要求

51. 下列成本管理的职责中，属于成本会计岗位的是（　　）。
   A. 制定采用新技术降低成本的措施
   B. 编制月材料盘点表
   C. 开具限额领料单
   D. 每月编制一次材料复核报告

52. 建设工程项目总承包的基本出发点是借鉴工业生产组织的经验，实现建设生产过程的（　　）。
   A. 组织柔性化
   B. 组织扁平化
   C. 组织标准化
   D. 组织集成化

53. 某工程在地基施工过程中，遇到大量不可预见的地下水，承包人处理地下水的费用应该向（　　）索赔。
   A. 设计人
   B. 发包人
   C. 勘察单位
   D. 保险公司

54. 关于网络计划中节点的说法，正确的是（　　）。
   A. 节点在网络计划中只表示事件，即前后工作的交接点
   B. 所有节点均既有向内又有向外的箭线
   C. 所有节点编号不能重复
   D. 节点内可以用工作名称代替编号

55. 某承包单位在施工中有针对性地制定和落实施工质量保证措施来降低质量事故发生概率，这一行为属于质量风险应对的（　　）策略。
   A. 转移
   B. 自留
   C. 规避
   D. 减轻

56. 在建设工程项目施工成本管理的程序中，"进行项目过程成本分析"的紧后工作是（　　）。
   A. 进行项目过程成本考核
   B. 编制项目成本报告
   C. 编制成本计划
   D. 确定项目合同价

57. 绘制时间—成本累积曲线的步骤中，紧接"计算规定时间t计划累计支出的成本额"之后的工作是（　　）。
   A. 计算单位时间的成本
   B. 在时标网络图上，按时间编制成本支出计划
   C. 确定工程项目进度计划，编制进度计划的横道图
   D. 绘制S形曲线

58. 在成本核算中，应当对可能发生的损失和费用作出合理预计，以增强抵御风险的能力。这体现了成本核算原则的（　　）。
   A. 谨慎原则
   B. 一贯性原则
   C. 配比原则
   D. 相关性原则

59. 一般情况下，负责特别重大事故调查的人民政府应当自收到事故调查报告之日起（　　）日内作出批复。
   A. 15
   B. 60
   C. 90
   D. 30

60. 关于建设工程施工现场环境保护措施的说法，正确的是（　　）。
   A. 严格控制噪声作业，夜间作业将噪声控制在70dB（A）以下
   B. 施工现场设置符合规定的装置用于熔化沥青
   C. 经无害化处理后的建筑废弃残渣用于土方回填
   D. 工地茶炉不得使用烧煤茶炉

61. 安全生产管理预警体系运行中，"找出诸多致灾因素中危险性最高、危险程度最严重的主要因素，并对其成因进行分析"属于（　　）环节的工作。
   A. 监测
   B. 识别
   C. 评价
   D. 诊断

62. 关于投标申请人资格预审的说法，正确的是（　　）。
   A. 规定截止日期后，潜在投标人可以根据发包人要求修改资格预审文件
   B. 资格预审结果不需要通知所有的投标意向者
   C. 资格预审可以在招标开始之前或者初期进行
   D. 公开招标只能采用资格预审方式

63. 下列施工项目综合成本的分析方法中，可以全面了解单位工程的成本构成和降低成本来源的是（　　）。
   A. 月（季）度成本分析
   B. 竣工成本的综合分析
   C. 年度成本分析
   D. 分部分项工程成本分析

64. 建设工程项目质量控制体系的建立过程包括：①制定质量控制制度；②编制质量控制计划；③建立系统质量控制网络；④分析质量控制界面。正确的程序是（　　）。
   A. ③→④→①→②
   B. ①→③→②→④
   C. ①→②→③→④
   D. ③→①→④→②

65. 根据《建筑工程施工质量验收统一标准》GB 50300—2013，分项工程质量验收的组织者是（　　）。
   A. 项目技术负责人
   B. 项目经理
   C. 专业监理工程师
   D. 总监理工程师

66. 在领取施工许可证或者开工报告前，按照国家有关规定，办理工程质量监督手续的是（　　）。
   A. 监理方
   B. 设计方
   C. 业主方
   D. 施工方

67. 下列合同实施偏差的调整措施中，属于组织措施的是（　　）。
   A. 签订附加协议
   B. 变更技术方案
   C. 调整工作流程
   D. 增加投入

68. 下列建设工程项目信息中，属于技术类信息的是（　　）。
   A. 质量控制信息
   B. 进度控制信息
   C. 工作量控制信息
   D. 投资控制信息

69. 在工程项目质量监督的"双随机、一公开"方法中,"双随机"是指（   ）。
   A. 随机选派监督检查人员、随机确定抽检部位
   B. 随机抽取检查对象、随机选派监督检查人员
   C. 随机选派监督检查人员、随机确定检查时间
   D. 随机确定检查时间、随机抽取检查对象

70. 根据安全生产教育培训制度,新上岗的施工企业从业人员,岗前培训时间的最少学时是（   ）学时。
   A. 36
   B. 48
   C. 12
   D. 24

二、多项选择题（共30题,每题2分。每题的备选项中,有2个或2个以上符合题意,至少有1个错项。错选,本题不得分;少选,所选的每个选项得0.5分）

71. 根据《建筑施工组织设计规范》GB/T 50502—2009,施工方案的主要内容包括（   ）。
   A. 施工现场平面布置
   B. 施工准备与资源配置计划
   C. 工程概况
   D. 施工方法及工艺要求
   E. 施工部署

72. 按施工成本构成要素分类,应计入企业管理费用的有（   ）。
   A. 材料采购及保管费
   B. 规费
   C. 固定资产使用费
   D. 管理人员工资
   E. 工具用具使用费

73. 项目质量控制体系的运行环境包括（   ）。
   A. 质量管理的组织制度
   B. 质量管理的政府监督制度
   C. 项目的合同结构
   D. 质量管理的人员配置
   E. 质量管理的物质资源配置

74. 关于安全技术交底要求的说法,正确的有（   ）。
   A. 必须采用两阶段技术交底
   B. 保持书面安全技术交底签字记录
   C. 必须实行逐级安全技术交底制度
   D. 必须采用新的安全技术措施
   E. 定期向多工种交叉施工作业队伍书面交底

75. 建设工程施工招标应当具备的条件有（   ）。
   A. 有编制招标文件和组织评标能力
   B. 招标人已经依法成立
   C. 有招标所需的设计图纸及技术资料
   D. 有相应资金或资金来源已经落实
   E. 初步设计及概算应当履行审批程序的,已经批准

76. 若承包商未按合同要求实施工程,关于业主向承包商索赔的说法,正确的有（   ）。
   A. 质量不满足要求,业主另找公司完成的,只可向承包商索赔成本
   B. 合同工期已到而工程仍未完工,可索赔误期损害赔偿费
   C. 未按合同要求办理保险,业主可前去办理并索赔相应的费用
   D. 工程进度太慢,要求承包商赶工时,可索赔业主方工程师的加班费
   E. 未按合同条件要求,无故不向分包人付款,业主无权进行索赔

77. 某单代号搭接网络计划如下图所示（时间单位:d）,其时间参数正确的有

( )。

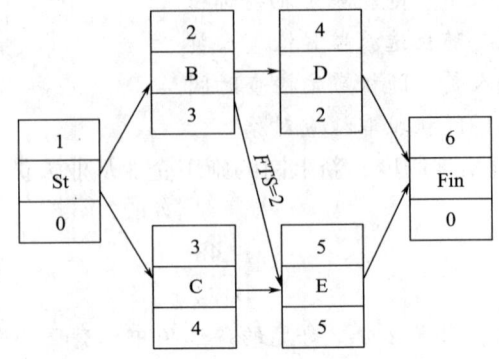

A. $LS_D = 8$
B. $LS_E = 5$
C. $LF_C = 5$
D. $FF_B = 2$
E. $TF_C = 1$

78. 关于工作任务分工和管理职能分工的说法，正确的有（   ）。
A. 在项目实施的全过程中，应视具体情况对工作任务分工表进行调整
B. 编制工作任务分工表前应对项目实施各阶段的具体管理工作进行详细分解
C. 管理职能是由管理过程的多个环节组成
D. 项目各参与方应编制统一的工作任务分工表和管理职能分工表
E. 管理职能分工表既可用于项目管理，也可用于企业管理

79. 关于施工成本偏差分析表达方法的说法，正确的有（   ）。
A. 横道图法是最常用的一种方法
B. 表格法具有灵活、适用性强的优点
C. 表格法反映的信息量大
D. 曲线法能够直接用于定量分析
E. 横道图法形象、直观，一目了然

80. 在项目的实施阶段，项目总进度应包括（   ）进度。
A. 设计工作
B. 项目动用后的保修工作
C. 招标工作
D. 设计前准备阶段的工作
E. 项目建议书的编制工作

81. 下列项目进度控制的措施中，与工程设计技术有关的措施有（   ）。
A. 分析施工组织设计对进度的影响
B. 寻求设计变更加快施工进度的可能
C. 改变施工机械设计，提高机械效率
D. 组织工程设计方案的评审与选用
E. 重视信息技术在进度控制中的应用

82. 对某模板工程进行抽样检查，发现在表面平整度、截面尺寸、平面水平度、垂直度和标高等方面存在质量问题。按照排列图法进行统计分析，上述质量问题累计频率依次为41%、79%、89%、98%和100%，需要进行重点管理的 A 类问题有（   ）。
A. 表面平整度
B. 标高
C. 平面水平度
D. 垂直度
E. 截面尺寸

83. 下列施工现场噪声的控制措施中，属于控制传播途径的有（   ）。
A. 压缩机风管处设置消声器
B. 振动源上涂覆阻尼材料
C. 操作人员使用耳塞、耳罩
D. 利用多孔材料吸收声能

E. 设置隔声屏障

84. 关于工程保险的说法，正确的有（   ）。
A. 国内工程通常由项目法人办理工程一切险
B. 承包人设备保险的保险范围包括准备用于永久工程的设备
C. 国内工程开工前均要集中投保工程一切险
D. 工程一切险要求投保人以项目法人的名义投保
E. 第三者责任险一般附加在工程一切险中

85. 某双代号网络计划如下图所示（时间单位：d），其关键工作有（   ）。

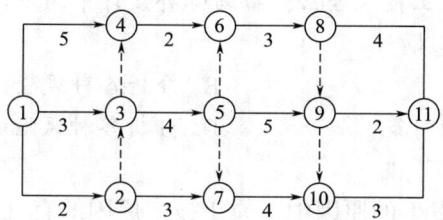

A. 工作⑧→⑪   B. 工作⑦→⑩
C. 工作③→⑤   D. 工作①→④
E. 工作⑤→⑨

86. 关于项目施工总承包模式特点的说法，正确的有（   ）。
A. 开工日期不可能太早，建设周期会较长
B. 合同价不明确，不利于业主的投资控制
C. 工程质量在很大程度上取决于总承包方的管理水平和技术水平
D. 业主选择承包方的招标及合同管理工作量小
E. 与平行发包模式相比，组织协调工作量大

87. 某双代号时标网络计划如下图所示（时间单位：d），工作总时差正确的有（   ）。

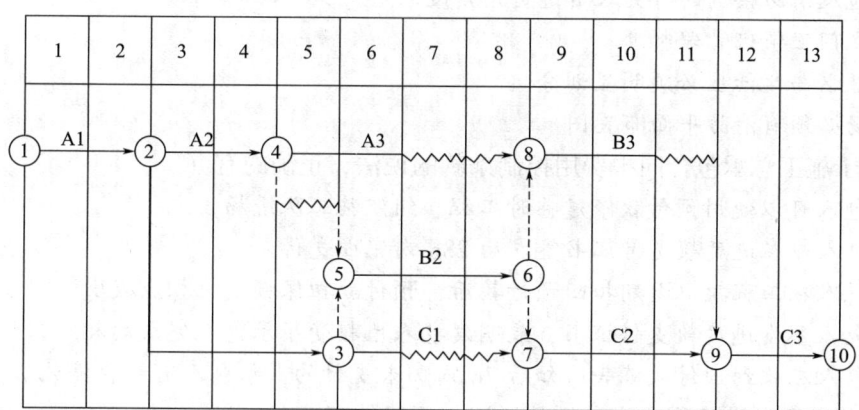

A. $TF_{A3}=2$ B. $TF_{B3}=1$
C. $TF_{C1}=2$ D. $TF_{A2}=1$
E. $TF_{A1}=0$

88. 应当及时修订生产安全事故应急预案的情形有（   ）。

A. 重要应急资源发生重大变化　　　　B. 面临的事故风险发生重大变化
C. 编制人员构成发生重大变化　　　　D. 应急演练中发现问题需要修订
E. 依据的上位预案中的有关规定发生重大变化

89. 对业主而言，成本加酬金合同的优点有（　　）。
A. 便于对工程计划进行合理安排
B. 通过确定最大保证价格约束工程成本不超过某一限值
C. 可以减少承包商的对立情绪
D. 可以通过分段施工缩短工期
E. 可以利用承包商的施工技术专家，帮助弥补设计中的不足

90. 项目风险评估工作包括（　　）。
A. 确定风险因素　　　　　　　　　　B. 分析各种风险因素的发生概率
C. 确定应对各种风险的对策　　　　　D. 分析各种风险的损失量
E. 确定各种风险的风险等级

91. 下列工程质量事故发生的原因中，属于技术原因的有（　　）。
A. 结构设计方案不正确　　　　　　　B. 监理人员旁站检验不到位
C. 施工操作人员施工工艺错误　　　　D. 检验检查制度不严密
E. 检测设备管理不善造成仪器失准

92. 关于合同分析及其作用的说法，正确的有（　　）。
A. 合同分析往往由项目经理负责
B. 合同分析同招标文件分析的侧重点相同
C. 分析合同中的漏洞，解释有争议的内容
D. 合同分析要从合同执行的角度去分析
E. 合同分析的目的之一是合同任务分解、落实

93. 下列现场文明施工的管理措施中，属于现场消防、防火管理措施的有（　　）。
A. 建立消防管理制度及消防领导小组
B. 对违反消防条例的有关人员进行严肃处理
C. 建立门卫值班管理制度
D. 作业区与生活区必须明显划分
E. 现场必须有消防平面布置图

94. 关于施工总承包合同中费用控制条款的说法，正确的有（　　）。
A. 承包人可以使用预付款修建临时工程、组织施工队进场
B. 发包人应在进度款支付证书签发后28d内完成支付
C. 发包人在工程款中逐期扣回预付款后，预付款担保额度应相应减少
D. 发包人签发进度款支付证书，表明发包人已接受了承包人完成的相应工作
E. 发包人在收到预付款催告通知后7d内仍未支付的，承包人有权暂停施工

95. 关于分部分项工程成本分析的说法，正确的有（　　）。
A. 必须对施工项目的所有分部分项工程进行成本分析
B. 主要分部分项工程要做到从开工到竣工进行系统的成本分析
C. 分部分项工程成本分析是定期的中间成本分析
D. 分部分项工程成本分析是施工项目成本分析的基础

E. 分部分项工程成本分析的对象为已完分部分项工程

96. 关于工作最迟完成时间计算的说法，正确的有（　　）。
A. 双代号网络计划中，等于各紧后工作最迟开始时间的最小值
B. 双代号网络计划中，等于该工作完成节点的最迟时间
C. 单代号搭接网络计划中，等于该工作最早完成时间加上该工作的总时差
D. 双代号时标网络计划中，等于该工作实箭线结束点对应的时间坐标
E. 单代号搭接网络计划中，等于各紧后工作最迟开始（或结束）时间减相应时距加该工作持续时间的最小值

97. 关于成本核算方法的说法，正确的有（　　）。
A. 项目财务部门一般采用表格核算法
B. 表格核算法精度不高，实用性较差
C. 会计核算法对工程项目内各岗位成本的责任核算比较适用
D. 会计核算法科学严密，覆盖面较大
E. 表格核算法简便易懂，方便操作

98. 下列施工作业质量控制点中，属于"见证点"的有（　　）。
A. 压力容器特种作业　　　　B. 二次结构砌体施工
C. 预应力施工工艺　　　　　D. 隐蔽工程
E. 重要部位施工

99. 下列建设工程项目施工成本费用中，属于间接成本的有（　　）。
A. 管理人员工资　　　　　　B. 差旅交通费
C. 机械费　　　　　　　　　D. 人工费
E. 办公费

100. 钢筋混凝土构件和允许出现裂缝的预应力混凝土构件进场质量验收时，应进行的检验项目包括（　　）。
A. 挠度　　　　　　　　　　B. 裂缝宽度
C. 外观质量　　　　　　　　D. 承载力
E. 材料性能

2021 年度真题参考答案及解析

一、单项选择题

1. C;	2. D;	3. D;	4. D;	5. D;
6. C;	7. C;	8. C;	9. A;	10. D;
11. A;	12. D;	13. A;	14. D;	15. C;
16. D;	17. B;	18. B;	19. D;	20. C;
21. D;	22. B;	23. C;	24. D;	25. B;
26. A;	27. A;	28. D;	29. A;	30. A;
31. D;	32. C;	33. B;	34. D;	35. B;
36. B;	37. C;	38. B;	39. B;	40. C;
41. B;	42. A;	43. C;	44. C;	45. B;
46. C;	47. A;	48. D;	49. D;	50. B;
51. D;	52. D;	53. B;	54. D;	55. D;
56. A;	57. D;	58. A;	59. D;	60. B;
61. D;	62. C;	63. B;	64. D;	65. C;
66. C;	67. C;	68. A;	69. B;	70. D。

【解析】

1. C。本题考核的是项目实施的管理策划。项目实施的管理策划内容包括：（1）项目实施各阶段项目管理的工作内容；（2）项目风险管理与工程保险方案。

2. D。本题考核的是施工组织设计的编制和审批。施工组织设计应由项目负责人主持编制，可根据需要分阶段编制和审批。

3. D。本题考核的是建设工程管理的任务。建设工程管理工作是一种增值服务工作，其核心任务是为工程的建设和使用增值。

4. D。本题考核的是沟通过程的要素。沟通主体可以选择和决定沟通客体、沟通介体、沟通环境和沟通渠道，在沟通过程中处于主导地位。

5. D。本题考核的是成本管理的任务。竣工工程完全成本应由企业财务部门进行核算分析，故选项 A 错误。施工成本核算一般以单位工程为对象，但也可以按照承包工程项目的规模、工期、结构类型、施工组织和施工现场等情况，结合成本管理要求，灵活划分成本核算对象，故选项 B 错误。施工成本核算包括两个基本环节，故选项 C 错误。

6. C。本题考核的是赢得值法的三个基本参数。已完工作预算费用（BCWP）＝已完成工作量×预算单价＝2800×15＝42000 元。

7. C。本题考核的是建设工程项目进度控制与进度计划系统。建设工程项目管理进度控制的目标和时间范畴不相同，故选项 A 错误。业主方进度控制的任务是控制整个项目实施阶段的进度，故选项 B 错误。进度控制的目的是通过控制以实现工程的进度目标，故选项 D 错误。

8. C。本题考核的是双代号网络计划的绘图规则。选项 C 错误，节点 1→节点 3、节点 7→节点 8 与其他节点的表示方法不一致。

9. A。本题考核的是组织论和组织工具。工作流程组织可反映一个组织系统中各项工作之间的逻辑关系，是一种动态关系。

10. D。本题考核的是项目管理实施规划的编制工作程序。项目管理实施规划的编制程序：（1）了解相关方的要求；（2）分析项目具体特点和环境条件；（3）熟悉相关的法规和文件；（4）实施编制活动；（5）履行报批手续。

11. A。本题考核的是总价合同的特点。总价合同的特点包括：（1）发包单位可以在报价竞争状态下确定项目的总造价，可以较早确定或者预测工程成本；（2）业主的风险较小，承包人将承担较多的风险；（3）评标时易于迅速确定最低报价的投标人；（4）在施工进度上能极大地调动承包人的积极性；（5）发包单位能更容易、更有把握地对项目进行控制；（6）必须完整而明确地规定承包人的工作；（7）必须将设计和施工方面的变化控制在最小限度内。

12. D。本题考核的是工期索赔的计算方法。工期索赔值＝原工期×新增工程量／原工程量＝60×［2400−1600×（1+10%）／1600］＝24d。

13. A。本题考核的是项目目标动态控制的纠偏措施。技术措施是指分析由于技术（包括设计和施工的技术）的原因而影响项目目标实现的问题，并采取相应的措施，如调整设计、改进施工方法和改变施工机具等。

14. D。本题考核的是双代号网络计划时间参数计算。最早开始时间等于各紧前工作的最早完成时间的最大值。最早完成时间等于最早开始时间加上其持续时间。最早开始时间＝max｛2，4｝＝4d，最早完成时间＝4+5＝9d。

15. C。本题考核的是单价合同。固定单价合同条件下，无论发生哪些影响价格的因素都不对单价进行调整，因而对承包商而言就存在一定的风险。

16. D。本题考核的是施工合同履行过程中的诚信自律。省、自治区和直辖市建设行政主管部门负责审查整改结果，对整改确有实效的，由企业提出申请，经批准，可缩短其不良行为记录信息公布期限，但公布期限最短不得少于 3 个月。

17. B。本题考核的是成本核算的范围。直接费用包括：（1）耗用的材料费用；（2）耗用的人工费用；（3）耗用的机械使用费；（4）其他直接费用。本题解题过程：直接费用＝700+50+15＝765 万元。

18. B。本题考核的是横道图进度计划的编制。横道图用于小型项目或大型项目的子项目上，或用于计算资源需要量和概要预示进度，也可用于其他计划技术的表示结果，故选项 A 错误。没有通过严谨的进度计划时间参数计算，不能确定计划的关键工作、关键路线与时差，故选项 C 错误。选项 D 表述过于绝对，应当排除。

19. D。本题考核的是工程合同风险的概念。合同工程风险包括：工程进展过程中发生不利的地质条件变化、工程变更、物价上涨、不可抗力等。

20. C。本题考核的是进度计划的检查。选项 A 错误，应当是"比计划延迟 4d"。选项 B 错误，应当是"影响紧后工作 2d"。选项 D 错误，应当是"不影响工期"。

21. D。本题考核的是建设工程项目的风险类型。组织风险包括：（1）组织结构模式；（2）工作流程组织；（3）任务分工和管理职能分工；（4）业主方（代表业主利益的项目管理方）人员的构成和能力；（5）设计人员和监理工程师的能力；（6）承包方管理人员和一般技工的能力;(7)施工机械操作人员的能力和经验;(8)损失控制和安全管理人员的资历和能力等。

22. B。本题考核的是年度成本分析。年度成本分析的内容,除了月(季)度成本分析的六个方面以外,重点是针对下一年度的施工进展情况制定切实可行的成本管理措施,以保证施工项目成本目标的实现。

23. C。本题考核的是双代号网络计划的基本概念。虚箭线是实际工作中并不存在的一项虚设工作,所以它们既不占用时间,也不消耗资源,故选项 A 错误。在无时间坐标的网络图中,箭线的长度原则上可以任意画,其占用的时间以下方标注的时间参数为准;在有时间坐标的网络图中,箭线的长度必须根据完成该工作所需持续时间的长短按比例绘制,故选项 B 错误。单代号网络图中的箭线表示紧邻工作之间的逻辑关系,故选项 D 错误。

24. B。本题考核的是项目进度控制的管理措施。建设工程项目进度控制在管理观念方面存在的主要问题是:

(1)缺乏进度计划系统的观念——分别编制各种独立而互不联系的计划,形成不了计划系统。

(2)缺乏动态控制的观念——只重视计划的编制,而不重视及时地进行计划的动态调整。

(3)缺乏进度计划多方案比较和选优的观念——合理的进度计划应体现资源的合理使用、工作的合理安排、有利于提高建设质量、有利于文明施工和有利于合理地缩短建设周期。

25. B。本题考核的是现场施工准备工作的质量控制。现场施工准备工作的质量控制包括:(1)计量控制;(2)测量控制;(3)施工平面图控制。其中,测量控制中要对建设单位提供的原始坐标点、基准线和水准点等测量控制点、线进行复核,并将复测结果上报监理工程师审核,批准后施工单位才能建立施工测量控制网,进行工程定位和标高基准的控制。

26. A。本题考核的是项目信息门户。项目信息门户是服务于一个项目的所有参与单位。

27. A。本题考核的是监理的工作方法。工程监理人员发现工程设计不符合建筑工程质量标准或者合同约定的质量要求的,应当报告建设单位要求设计单位改正。

28. D。本题考核的是施工图预算与施工预算的对比。施工图预算的编制以预算定额为主要依据,故选项 A 错误。施工预算的编制以施工定额为主要依据,故选项 B 错误。施工图预算既适用于发包人(建设单位),又适用于承包人(施工单位),故选项 C 错误。

29. A。本题考核的是项目总进度目标论证。总进度目标论证并不是单纯的总进度规划的编制工作,它涉及许多工程实施的条件分析和工程实施策划方面的问题,故选项 A 正确。在进行建设工程项目总进度目标控制前,首先应分析和论证进度目标实现的可能性,故选项 C 错误。建设工程项目总进度目标论证应分析和论证项目实施阶段各项工作的进度,以及各项工作进展的相互关系,故选项 B、D 错误。

30. A。本题考核的是企业质量管理体系的认证与监督。认证机构对认证合格单位质量管理体系维持情况进行监督性现场检查,包括定期和不定期的监督检查。定期检查通常是每年一次，不定期检查视需要临时安排。

31. D。本题考核的是直方图的观察分析。选项 A 表明说明生产过程存在质量不合格，需要分析原因，采取措施进行纠偏，故选项 A 错误。选项 B 表明容易出现不合格，在管理上必须提高总体能力，故选项 B 错误。选项 C 表明容易出现不合格，必须分析原因，采取措施，故选项 C 错误。

32. C。本题考核的是工伤和意外伤害保险制度。明确了建筑施工企业作为用人单位，为职工参加工伤保险并缴纳工伤保险费是其应尽的法定义务，但为从事危险作业的职工投保意外伤害险并非强制性规定，是否投保意外伤害险由建筑施工企业自主决定。

33. B。本题考核的是支付担保。支付担保的额度为工程合同总额的 20%~25%。则发包人合理支付担保额为 200~250 万元。

34. A。本题考核的是施工方项目管理的目标。施工总承包方或施工总承包管理方的成本目标是由施工企业根据其生产和经营的情况自行确定的，故选项 B 错误。施工总承包方或施工总承包管理方应对合同规定的工期目标和质量目标负责，故选项 C 错误。分包方的成本目标是该施工企业内部自行确定的，故选项 D 错误。

35. B。本题考核的是竣工质量验收程序和组织。单位工程完工后，施工单位应组织有关人员进行自检。总监理工程师应组织各专业监理工程师对工程质量进行竣工预验收。

36. B。本题考核的是施工质量事故报告和调查处理程序。施工质量事故报告和调查处理程序：（1）事故报告；（2）事故调查；（3）事故的原因分析；（4）制定事故处理的技术方案；（5）事故处理；（6）事故处理的鉴定验收；（7）提交事故处理报告。

37. C。本题考核的是专项施工方案专家论证制度。基坑支护与降水工程；土方开挖工程；模板工程；起重吊装工程；脚手架工程；拆除、爆破工程；国务院建设行政主管部门或者其他有关部门规定的其他危险性较大的工程中涉及深基坑、地下暗挖工程、高大模板工程的专项施工方案，施工单位还应当组织专家进行论证、审查。

38. B。本题考核的是建设工程安全事故处理措施。未造成人员伤亡的一般事故，县级人民政府也可以委托事故发生单位组织事故调查组进行调查。

39. B。本题考核的是工程总承包合同的内容。承包人有义务按照发包人提供的项目基础资料、现场障碍资料和国家有关部门、行业工程建设标准规范规定的设计深度开展工程设计，并对其设计的工艺技术和（或）建筑功能，及工程的安全、环境保护、职业健康的标准，设备材料的质量、工程质量和完成时间负责。

40. D。本题考核的是专业工程分包人的主要责任和义务。分包人须服从承包人转发的发包人或工程师与分包工程有关的指令，故选项 A 错误。选项 B 错误，应该"由承包人承担"。选项 C 错误，应当是"可以分包"。

41. B。本题考核的是政府质量监督的职权。政府建设行政主管部门和其他有关部门履行工程质量监督检查职责时，有权采取下列措施：（1）要求被检查的单位提供有关工程质量的文件和资料。（2）进入被检查单位的施工现场进行检查。（3）发现有影响工程质量的问题时，责令改正。

42. A。本题考核的是单代号网络计划有关时间参数的计算。本题的计算过程为：
工作 A：最早开始时间 = 0，最早完成时间 = 0+4 = 4。
工作 B：最早开始时间 = 0，最早完成时间 = 0+2 = 2。

工作 C：最早开始时间=4，最早完成时间=4+3=7。

工作 D：紧前工作包括工作 A、B，则最早开始时间=max{4，2}=4，最早完成时间=4+1=5。

工作 E：最早开始时间=2，最早完成时间=2+6=8。

工作 G：紧前工作包括工作 C、D、E，最早开始时间=max{7，5，8}=8，最早完成时间=8+5=13。

关键线路为①→③→⑥→⑦；计算工期=13d。

43. C。本题考核的是工程质量事故。操作责任事故是指在施工过程中，由于实施操作者不按规程和标准实施操作，而造成的质量事故。

44. C。本题考核的是职业健康安全管理体系和环境管理体系的结构和模式。"运行"部分包括：（1）运行策划和控制；（2）应急准备和响应。

45. B。本题考核的是建设工程现场文明施工的措施。施工现场适当地方设置吸烟处，作业区内禁止随意吸烟，故选项 A 错误。沿工地四周连续设置围挡，市区主要路段和其他涉及市容景观路段的工地设置围挡的高度不低于 2.5m，其他工地的围挡高度不低于 1.8m，故选项 C 错误。施工现场设置排水系统，排水畅通，不积水，故选项 D 错误。

46. C。本题考核的是 FIDIC 系列合同条件。由业主委派工程师管理合同，故选项 A 错误。新黄皮书适用于承包商做绝大部分设计的工程项目，故选项 B 错误。"新红皮书"与原"红皮书"相对应，但其名称改变后合同的适用范围更大，故选项 D 错误。

47. A。本题考核的是劳动用工管理。建筑施工企业与劳动者建立劳动关系，应当自用工之日起按照劳动合同法规的规定订立书面劳动合同。

48. D。本题考核的是项目决策阶段策划的工作内容。建设工程项目决策阶段策划的主要任务是定义（指的是严格地确定）项目开发或建设的任务和意义。

49. D。本题考核的是建筑材料采购合同的主要内容。建筑材料采购合同中应明确结算的时间、方式和手续。

50. B。本题考核的是现场质量检查的方法。目测法中"照"的手段检查的是管道井、电梯井等内部管线、设备安装质量，装饰吊顶内连接及设备安装质量等。选项 A 属于目测法中的"看"；选项 C 属于目测法中的"摸"；选项 D 属于理化试验。

51. D。本题考核的是成本控制的程序。成本会计岗位的职责包括：（1）编制月度成本计划；（2）进行成本核算，编制月度成本核算表；（3）每月编制一次材料复核报告。

52. D。本题考核的是项目总承包的内涵。建设项目工程总承包的基本出发点是借鉴工业生产组织的经验，实现建设生产过程的组织集成化，以克服由于设计与施工的分离致使投资增加，以及克服由于设计和施工的不协调而影响建设进度等弊病。

53. B。本题考核的是按照索赔事件的性质分类。不可预见的外部障碍或条件索赔，即施工期间在现场遇到一个有经验的承包商通常不能预见的外界障碍或条件，例如，地质条件与预计的（业主提供的资料）不同，出现未预见的岩石、淤泥或地下水等，导致承包人损失，这类风险通常应该由发包人承担，即承包人可以据此提出索赔。

54. C。本题考核的是工程网络计划的编制方法。节点是网络图中箭线之间的连接点，故选项 A 错误。中间节点是既有内向箭线，又有外向箭线的节点，故选项 B 错误。节点内不能用工作名称代替编号，故选项 D 错误。

55. D。本题考核的是质量风险应对策略。减轻策略是针对无法规避的质量风险，研究制定有效的应对方案，尽量把风险发生的概率和损失量降到最低程度，从而降低风险量和风险等级。比如，在施工中有针对性地制定和落实有效的施工质量保证措施和质量事故应急预案，可以降低质量事故发生的概率和减少事故损失量。

56. A。本题考核的是成本管理的程序。项目成本管理需要遵循的程序：（1）掌握生产要素的价格信息；（2）确定项目合同价；（3）编制成本计划，确定成本实施目标；（4）进行成本控制；（5）进行项目过程成本分析；（6）进行项目过程成本考核；（7）编制项目成本报告；（8）项目成本管理资料归档。

57. D。本题考核的是按工程实施阶段编制成本计划的方法。时间—成本累积曲线的绘制步骤如下：（1）确定工程项目进度计划，编制进度计划的横道图。（2）根据每单位时间内完成的实物工程量或投入的人力、物力和财力，计算单位时间（月或旬）的成本，在时标网络图上按时间编制成本支出计划。（3）计算规定时间 t 计划累计支出的成本额。其计算方法为：将各单位时间计划完成的成本额累加求和。（4）按各规定时间的 Q_t 值，绘制 S 形曲线。

58. A。本题考核的是成本核算的原则。谨慎原则是指在市场经济条件下，在成本、会计核算中应当对可能发生的损失和费用，作出合理预计，以增强抵御风险的能力。

59. D。本题考核的是建设工程安全事故的处理。特别重大事故，30 日内作出批复，特殊情况下，批复时间可以适当延长，但延长的时间最长不超过 30 日。

60. B。本题考核的是建设工程施工现场环境保护的措施。建筑施工夜间噪声排放限值是 55dB（A），故选项 A 错误。除有符合规定的装置外，不得在施工现场熔化沥青和焚烧油毡、油漆，也不得焚烧其他可产生有毒有害和恶臭气体的废弃物，故选项 B 正确。经过无害化的废物残渣应集中到填埋场进行处置，故选项 C 错误。工地茶炉应尽量采用电热水器。若只能使用烧煤茶炉和锅炉时，应选用消烟除尘型茶炉和锅炉，大灶应选用消烟节能回风炉灶，使烟尘降至允许排放范围为止，故选项 D 错误。

61. D。本题考核的是预警体系的运行。诊断的主要任务是在诸多致灾因素中找出危险性最高、危险程度最严重的主要因素，并且对它的成因进行分析，对发展过程以及可能的发展趋势进行准确定量的描述。

62. C。本题考核的是资格预审。投标意向者在规定的截止日期之前完成填报的内容，报送资格预审文件，所报送的文件在规定的截止日期后不能再进行修改，故选项 A 错误。由业主组织资格预审评审委员会，对资格预审文件进行评审、并将评审结果及时以书面形式通知所有参加资格预审的投标意向者，故选项 B 错误。资格审查分为资格预审和资格后审，可以采用资格后审，故选项 D 错误。

63. B。本题考核的是竣工成本的综合分析。竣工成本的综合分析可以全面了解单位工程的成本构成和降低成本的来源。对今后同类工程的成本管理提供参考。

64. D。本题考核的是项目质量控制体系的建立。项目质量控制体系建立的程序：（1）建立系统质量控制网络；（2）制定质量控制制度；（3）分析质量控制界面；（4）编制质量控制计划。

65. C。本题考核的是分项工程质量验收。分项工程应由专业监理工程师组织施工单位项目专业技术负责人等进行验收。

66. C。本题考核的是质量监督的实施程序。受理建设单位办理质量监督手续是在工程项目开工前，监督机构受理建设单位有关建设工程质量监督的申报手续，并对建设单位提供的有关文件进行审查。审查合格签发有关质量监督文件。工程质量监督手续可以与施工许可证或者开工报告合并办理。

67. C。本题考核的是合同实施偏差处理。组织措施：如增加人员投入，调整人员安排，调整工作流程和工作计划等。选项 A 属于合同措施；选项 B 属于技术措施；选项 D 属于经济措施。

68. A。本题考核的是项目信息的分类。技术类信息包括：前期技术信息、设计技术信息、质量控制信息、材料设备技术信息、施工技术信息、竣工验收技术信息。

69. B。本题考核的是质量监督的实施程序。双随机、一公开是指随机抽取检查对象，随机选派监督检查人员，及时公开检查情况和查处结果。

70. D。本题考核的是企业员工的安全教育。企业新上岗的从业人员，岗前培训时间不得少于 24 学时。

二、多项选择题

71. B、C、D；	72. C、D、E；	73. A、C、D、E；
74. B、C、E；	75. B、C、D、E；	76. B、C、D；
77. A、B、C、E；	78. A、B、C、E；	79. B、C、E；
80. A、C、D；	81. B、D；	82. A、E；
83. B、D、E；	84. A、C、E；	85. C、E；
86. A、C、D；	87. B、C、D、E；	88. A、B、D、E；
89. A、C、D、E；	90. B、D、E；	91. A、C；
92. C、D、E；	93. A、D、E；	94. A、C、E；
95. B、C、D、E；	96. A、B、E；	97. D、E；
98. A、C、E；	99. A、B、E；	100. A、B、C、D。

【解析】

71. B、C、D。本题考核的是施工方案的内容。施工方案的主要内容如下：（1）工程概况；（2）施工安排；（3）施工进度计划；（4）施工准备与资源配置计划；（5）施工方法及工艺要求。

72. C、D、E。本题考核的是成本项目的分析方法。企业管理费包括管理人员工资、办公费、差旅交通费、固定资产使用费、工具用具使用费、劳动保险费。

73. A、C、D、E。本题考核的是项目质量控制体系的运行。项目质量控制体系的运行包括：（1）项目的合同结构；（2）质量管理的资源配置；（3）质量管理的组织制度。其中质量管理的资源配置包括专职的工程技术人员和质量管理人员的配置；实施技术管理和质量管理所必需的设备、设施、器具、软件等物质资源的配置。

74. B、C、E。本题考核的是安全技术交底的要求。对于涉及"四新"项目或技术含量高、技术难度大的单项技术设计，必须经过两阶段技术交底，即初步设计技术交底和实施性施工图技术设计交底，故选项 A 错误。应优先采用新的安全技术措施，故选项 D 错误。

75. B、C、D、E。本题考核的是施工招标。施工招标的条件包括：（1）招标人已经依法成立；（2）初步设计及概算应当履行审批手续的，已经批准；（3）招标范围、招标方式和招标组织形式等应当履行核准手续的，已经核准；（4）有相应资金或资金来源已经落实；

(5) 有招标所需的设计图纸及技术资料。

76. B、C、D。本题考核的是业主向承包商的索赔。质量不满足合同要求，如不按照工程师的指示拆除不合格工程和材料，不进行返工或不按照工程师的指示在缺陷责任期内修复缺陷，则业主可找另一家公司完成此类工作，并向承包商索赔成本及利润，故选项 A 错误。未按合同条件要求，无故不向分包人付款，业主可索赔费用和（或）利润，故选项 E 错误。

77. A、B、C、E。本题考核的是单代号搭接网络计划时间参数的计算。

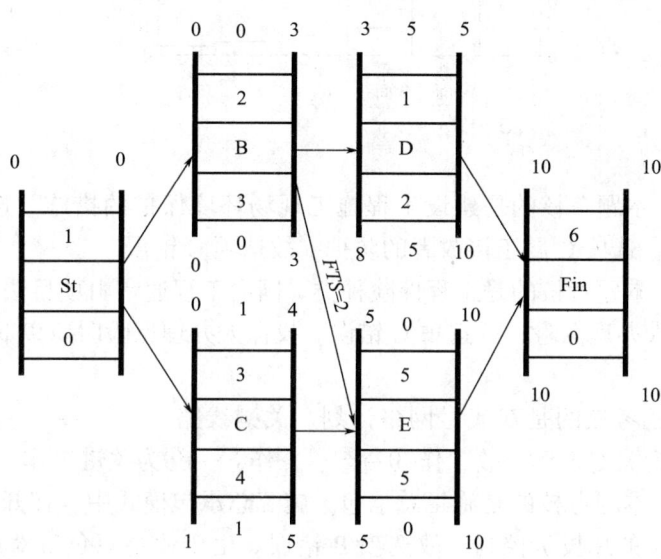

$LAG_{2,4} = ES_D - EF_B = 3-3 = 0$，工作 B 与工作 E 是 FTS 连接，则工作 E 的最早开始时间 = max $\{EF_B + FTS, EF_C\}$ = max $\{3+2, 4\}$ = 5，故 $LAG_{2,5} = ES_E - EF_B - FTS_{2,5} = 5-3-2 = 0$，$FF_B$ = min $\{LAG_{2,4}, LAG_{2,5}\}$ = 0，故选项 D 错误。

78. A、B、C、E。本题考核的是工作任务分工在项目管理中的应用。业主方和项目各参与方，如设计单位、施工单位、供货单位和工程管理咨询单位等都有各自的项目管理的任务，上述各方都应该编制各自的项目管理任务分工表，故选项 D 错误。

79. B、C、E。本题考核的是偏差分析的表达方法。表格法是进行偏差分析最常用的一种方法，故选项 A 错误。曲线法不能直接用于定量分析，故选项 D 错误。

80. A、C、D。本题考核的是项目总进度目标论证的工作内容。在项目的实施阶段，项目总进度应包括：（1）设计前准备阶段的工作进度。（2）设计工作进度。（3）招标工作进度。（4）施工前准备工作进度。（5）工程施工和设备安装进度。（6）工程物资采购工作进度。（7）项目动用前的准备工作进度等。

81. B、D。本题考核的是项目进度控制的技术措施。建设工程项目进度控制的技术措施涉及对实现进度目标有利的设计技术和施工技术的选用。不同的设计理念、设计技术路线、设计方案会对工程进度产生不同的影响，在设计工作的前期。特别是在设计方案评审和选用时，应对设计技术与工程进度的关系做分析比较。在工程进度受阻时，应分析是否存在设计技术的影响因素，为实现进度目标有无设计变更的可能性。

82. A、E。本题考核的是排列图法的应用。ABC 分类管理法，A 类问题累计频率为 0～80%；B 类问题累计频率为 80%～90%；C 类问题累计频率为 90%～100%。

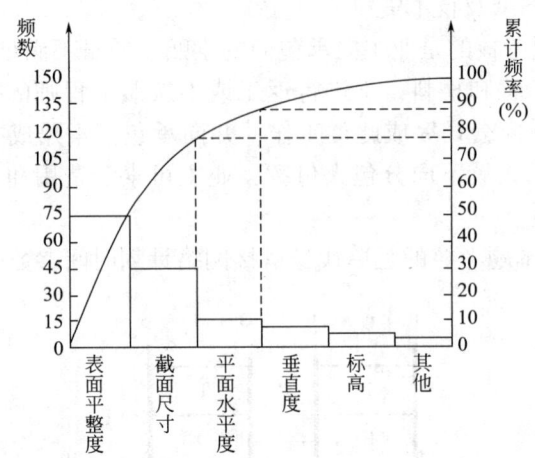

83. B、D、E。本题考核的是建设工程施工现场环境保护的措施。选项 A 属于声源控制，故选项 A 错误。选项 C 属于接收者的防护，故选项 C 错误。

84. A、B、E。本题考核的是工程保险种类。国内工程通常由项目法人办理保险，国际工程一般要求承包人办理保险，故选项 C 错误。投保人办理保险时应以双方名义共同投保，故选项 D 错误。

85. C、E。本题考核的是双代号网络计划。关键线路为：①→③→⑤→⑨→⑩→⑪，关键线路上的工作为关键工作，故工作③→⑤、工作⑤→⑨为关键工作。

86. A、C、D。本题考核的是施工总承包。施工总承包模式中，在开工前就有较明确的合同价，有利于业主的总投资控制，故选项 B 错误。由于业主只负责对施工总承包单位的管理及组织协调，其组织与协调的工作量比平行发包会大大减少，这对业主有利，故选项 E 错误。

87. B、C、D、E。本题考核的是工作网络计划有关时间参数的计算。关键线路为：A1→B1→B2→C2→C3，A1 总时差是 0，A2 总时差是 1d，B3 总时差是 1d，A3 总时差是 2+1=3d，C1 总时差是 2d，B3 总时差是 1d，故选项 A 错误。

88. A、B、D、E。本题考核的是应急预案的实施。有下列情形中的一个，应急预案应及时修订并且归档：（1）依据的法律、法规、规章、标准及上位预案中的有关规定发生重大变化的；（2）应急指挥机构及其职责发生调整的；（3）面临的事故风险发生重大变化的；（4）重要应急资源发生重大变化的；（5）预案中的其他重要信息发生变化的；（6）在应急演练和事故应急救援中发现问题需要修订的；（7）编制单位认为应当修订的其他情况。

89. B、C、D、E。本题考核的是成本加酬金合同的特点和适用条件。对业主而言，成本加酬金合同的优点包括：（1）可以通过分段施工缩短工期，而不必等待所有施工图完成才开始招标和施工；（2）可以减少承包商的对立情绪，承包商对工程变更和不可预见条件的反应会比较积极和快捷；（3）可以利用承包商的施工技术专家，帮助改进或弥补设计中的不足；（4）业主可以根据自身力量和需要，较深入地介入和控制工程施工和管理；（5）也可以通过确定最大保证价格约束工程成本不超过某一限值，从而转移一部分风险。

90. B、D、E。本题考核的是项目风险评估。项目风险评估包括以下工作：（1）利用已有数据资料（主要是类似项目有关风险的历史资料）和相关专业方法分析各种风险因素发生的概率。（2）分析各种风险的损失量，包括可能发生的工期损失、费用损失，以及对工程的质量、功能和使用效果等方面的影响。(3) 根据各种风险发生的概率和损失量，确定各种风险的风险量和风险等级。

91. A、C。本题考核的是施工质量事故发生的原因。技术原因包括：地质勘察过于疏略，对水文地质情况判断错误，致使地基基础设计采用不正确的方案；结构设计方案不正确，计算失误，构造设计不符合规范要求；施工管理及实际操作人员的技术素质差，采用了不合适的施工方法或施工工艺等。这些技术上的失误是造成质量事故的常见原因。选项B、D、E属于管理原因。

92. C、D、E。本题考核的是合同分析的含义。合同分析往往由企业的合同管理部门或项目中的合同管理人员负责，故选项A错误。合同分析同招标文件分析的目的和侧重点都不同，故选项B错误。

93. A、B、E。本题考核的是落实现场文明施工的各项管理措施。现场消防、防火管理措施：(1) 现场建立消防管理制度，建立消防领导小组，落实消防责任制和责任人员，做到思想重视、措施跟上、管理到位；(2) 定期对有关人员进行消防教育，落实消防措施；(3) 现场必须有消防平面布置图，临时设施按消防条例有关规定搭设，做到标准规范；(4) 易燃易爆物品堆放间、油漆间、木工间、总配电室等消防防火重点部位要按规定设置灭火器和消防沙箱，并有专人负责，对违反消防条例的有关人员进行严肃处理；(5) 施工现场用明火做到严格按动用明火规定执行，审批手续齐全。选项C属于治安管理措施；选项D属于现场生活设施措施。

94. A、C、E。本题考核的是施工总承包合同中费用控制条款内容。发包人应在进度款支付证书或临时进度款支付证书签发后14d内完成支付，故选项B错误。发包人签发进度款支付证书或临时进度款支付证书，不表明发包人已同意、批准或接受了承包人完成的相应部分的工作，故选项D错误。

95. B、D、E。本题考核的是分部分项工程成本分析。由于施工项目包括很多分部分项工程，无法也没有必要对每一个分部分项工程都进行成本分析，故选项A错误。对于那些主要分部分项工程必须进行成本分析，而且要做到从开工到竣工进行系统的成本分析，故选项C错误。

96. A、B、C。本题考核的是工程网络计划有关时间参数的计算。选项D指的是最早完成时间的计算方法，故选项D错误。单代号搭接网络计划中最迟完成时间的公式为：

$$LF_i = EF_i + TF_i$$

或

$$LAG_i = \min \begin{bmatrix} LS_j - FTS_{i,j} \\ LS_j - STS_{i,j} + D_i \\ LF_j - FTF_{i,j} \\ LF_j - STF_{i,j} + D_i \end{bmatrix}$$

$LF_n = T_p$，故选项E错误。

97. D、E。本题考核的是成本核算的方法。项目财务部门一般采用会计核算法，故选项A错误。表格核算法实用性较好，精度不高，故选项B错误。因为表格核算具有操作简单和表格格式自由等特点，因而对工程项目内各岗位成本的责任核算比较适用，故选项C错误。

98. A、C、E。本题考核的是质量控制点的管理。凡属"见证点"的施工作业，如重要部位、特种作业、专门工艺等，施工方必须在该项作业开始前，书面通知现场监理机构到位旁站，见证施工作业过程。

99. A、B、E。本题考核的是成本管理的任务和程序。间接成本包括管理人员工资、办公费、差旅交通费等。

100. A、B、C、D。本题考核的是预制构件的质量验收。钢筋混凝土构件和允许出现裂缝的预应力混凝土构件应进行承载力、挠度和裂缝宽度检验；不允许出现裂缝的预应力混凝土构件应进行承载力、挠度和抗裂检验。故选项 A、B、D 正确。预制构件的混凝土外观质量不应有严重缺陷，且不应有影响结构性能和安装、使用功能的尺寸偏差，对外观质量应进行全数检查。故选项 C 也是正确的。

2020年度全国一级建造师执业资格考试

《建设工程项目管理》

真题及解析

2020年度《建设工程项目管理》真题

一、单项选择题（共70题，每题1分。每题的备选项中，只有1个最符合题意）

1. 建设工程管理工作的核心任务是（　　）。
   A. 质量管理　　　　　　　　　　B. 安全管理
   C. 目标控制　　　　　　　　　　D. 增值服务

2. 根据《建设项目工程总承包管理规范》GB/T 50358—2017，项目总承包方项目管理工作涉及（　　）。
   A. 项目决策管理、设计管理、施工管理和试运行管理
   B. 项目设计管理、施工管理、试运行管理和项目收尾
   C. 项目决策管理、设计管理、施工管理、试运行管理和项目收尾
   D. 项目设计管理、采购管理、施工管理、试运行管理和项目收尾

3. 关于项目管理职能分工表的说法，正确的是（　　）。
   A. 业主方和项目各参与方应编制统一的项目管理职能分工表
   B. 管理职能分工表不适用于企业管理
   C. 可以用管理职能分工描述书代替管理职能分工表
   D. 管理职能分工表可以表示项目各参与方的管理职能分工

4. 下列工程项目决策阶段策划工作内容中，属于组织策划的是（　　）。
   A. 设计项目管理组织结构　　　　B. 制定项目管理工作流程
   C. 确定项目实施期组织总体方案　D. 进行项目管理职能分工

5. 下列工程项目策划工作中，属于实施阶段策划的是（　　）。
   A. 项目实施期管理总体方案策划　B. 项目实施的风险策划
   C. 实施期合同结构总体方案策划　D. 生产运营期经营管理总体方案策划

6. 与施工总承包模式相比，施工总承包管理模式在合同价格方面的特点是（　　）。
   A. 合同总价一次性确定，对业主投资控制有利
   B. 施工总承包管理合同中确定总承包管理费和建安工程造价
   C. 所有分包工程都需要再次进行发包，不利于业主节约投资
   D. 分包合同价对业主是透明的

7. 根据《建设工程项目管理规范》GB/T 50326—2017，项目管理实施规划应由（　　）组织编制。
   A. 项目技术负责人　　　　　　　B. 项目经理
   C. 企业技术负责人　　　　　　　D. 企业负责人

8. 根据《建筑施工组织设计规范》GB/T 50502—2009，关于施工组织设计审批的说法，正确的是（　　）。
   A. 专项施工方案应由项目技术负责人审批
   B. 施工方案应由项目总监理工程师审批

C. 施工组织总设计应由建设单位技术负责人审批

D. 单位工程施工组织设计应由承包单位技术负责人审批

9. 施工过程中投资的计划值和实际值进行比较时，相对于工程合同价可作为投资计划值的是（　　）。

A. 投资估算　　　　　　　　　　B. 工程结算

C. 施工图预算　　　　　　　　　D. 竣工决算

10. 项目各参与方沟通过程的五个要素是指沟通主体、沟通客体、沟通介体以及（　　）。

A. 沟通内容和沟通渠道　　　　　B. 沟通环境和沟通方法

C. 沟通内容和沟通方法　　　　　D. 沟通环境和沟通渠道

11. 取得建造师注册证书的人员是否担任工程项目施工的项目经理，取决于（　　）。

A. 建筑业企业　　　　　　　　　B. 建设行政主管部门

C. 建设单位　　　　　　　　　　D. 建设监督部门

12. 根据《建设工程项目管理规范》GB/T 50326—2017，一级风险指（　　）。

A. 风险后果是灾难性的，并造成恶劣社会影响和政治影响

B. 风险后果严重，可能在较大范围内造成破坏或人员伤亡

C. 风险后果一般，对工程建设可能造成破坏的范围较小

D. 风险后果在一定条件下可以忽略，对工程本身以及人员等不会造成较大损失

13. 根据《中华人民共和国建筑法》，工程监理人员发现工程设计不符合建筑工程质量标准或者合同约定的质量要求的，应当（　　）。

A. 报告总监理工程师　　　　　　B. 通知施工单位

C. 报告审图机构和建设行政主管部门　D. 报告建设单位要求设计单位改正

14. 项目管理机构进行成本核算，核算周期按（　　）确定。

A. 规定的会计周期　　　　　　　B. 业主方的具体指示

C. 合同约定的核算周期　　　　　D. 项目实际施工周期

15. 下列施工成本管理措施中，不需要增加额外费用的是（　　）。

A. 合同措施　　　　　　　　　　B. 组织措施

C. 技术措施　　　　　　　　　　D. 优化措施

16. 下列成本计划中，用于确定责任总成本目标的是（　　）。

A. 竞争性成本计划　　　　　　　B. 指导性成本计划

C. 响应性成本计划　　　　　　　D. 实施性成本计划

17. 在编制施工成本计划时通常需要进行"两算"对比，"两算"指的是（　　）。

A. 设计概算、施工图预算　　　　B. 施工图预算、施工预算

C. 设计概算、投资估算　　　　　D. 设计概算、施工预算

18. 某工程第三个月末时的已完工作实际费用（ACWP）为1200万元、已完工作预算费用（BCWP）为1000万元、计划工作预算费用（BCWS）为1500万元，根据赢得值法判断分析应采取的措施是（　　）。

A. 迅速增加人员投入

B. 增加高效人员投入

C. 抽出部分人员，增加少量骨干人员

D. 用工作效率高的人员更换一批工作效率低的人员

19. 某混凝土工程施工情况如下图所示，清单综合单价为1000元/m^3，按月结算。根据赢得值法，该工程6月末进度偏差（SV）是（   ）万元。

项目名称	计划施工 （m^3/月）	实际施工 （m^3/月）	工程进度（月）								
			1	2	3	4	5	6	7	8	9
A	2500	2300									
B	2600	2500									
C	3100	2900									
D	1000	1000									
E	1200	1250									

图例：计划进度 ▨ 实际进度 ■

A. -215
B. -200
C. -125
D. -60

20. 根据《财政部关于印发〈企业产品成本核算制度〉（试行）的通知》，下列工程成本费用中，属于其他直接费用的是（   ）。
A. 工程定位复测费
B. 有助于工程形成的其他材料费
C. 为管理工程施工所发生的费用
D. 企业管理人员的差旅交通费

21. 关于施工项目成本表格核算法的说法，正确的是（   ）。
A. 方便操作，但覆盖面较小
B. 人为控制因素少、精度高
C. 项目财务部门比较常用
D. 对核算工作人员的专业水平要求较高

22. 施工项目的专项成本分析中，"成本支出率"指标用于分析（   ）。
A. 工期成本
B. 资金成本
C. 成本盈亏
D. 分部分项工程成本

23. 下列项目成本分析所依据资料中，可以计算项目当前实际成本，并可以确定变动速度和预测成本发展趋势的是（   ）。
A. 表格核算
B. 会计核算
C. 业务核算
D. 统计核算

24. 对建设工程项目整个实施阶段的进度进行控制是（   ）的任务。
A. 投资方
B. DB总承包方
C. 施工总承包管理方
D. 项目使用方

25. 关于建设工程项目总进度目标论证工作顺序的说法，正确的是（   ）。
A. 先进行项目工作编码，后进行项目结构分析
B. 先进行计划系统结构分析，后进行项目工作编码
C. 先编制总进度计划，后编制各层进度计划
D. 先进行项目结构分析，后进行资料收集

26. 某项目施工横道图进度计划见下表，如果第二层支设模板需要在第一层浇筑混凝土完成1d后才能开始，则有1d的层间技术间歇。正确的层间间歇是（   ）。
A. Z_1
B. Z_2
C. Z_3
D. Z_4

工作名称	施工队伍	时间（d） 1 2 3 4 5 6 7 8 9 10 11 12 13 14 15 16
支模	A	I-① I-③ I-⑤ II-① II-③ II-⑤
支模	B	I-② I-④ I-⑥ II-② II-④ II-⑥
扎钢筋	C	I-① I-③ I-⑤ II-① II-③ II-⑤
扎钢筋	D	I-② I-④ I-⑥ II-② II-④ II-⑥
浇混凝土	E	I-① I-② I-③ I-④ I-⑤ I-⑥ II-① II-② II-③ II-④ II-⑤ II-⑥

注：Ⅰ、Ⅱ——表示楼层；①②③④⑤⑥——表示施工段。

27. 关于横道图进度计划特点的说法，正确的是（　　）。
A. 可以识别计划的关键工作　　B. 不能表达工作逻辑关系
C. 调整计划的工作量较大　　D. 可以计算工作时差

28. 各工作间逻辑关系表及相应双代号网络图如下图所示，图中虚箭线的作用是（　　）。

工作	A	B	C	D
紧前工作	—	—	A	A、B

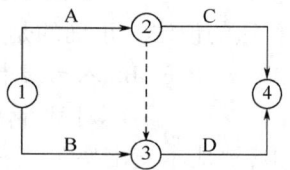

A. 联系　　　　　　　　　　B. 区分
C. 断路　　　　　　　　　　D. 指向

29. 关于双代号时标网络计划的说法，正确的是（　　）。
A. 时间坐标系方向可以垂直向上　　B. 可以用水平虚箭线表示虚工作
C. 节点中心必须对准相应时标位置　　D. 时间坐标必须是日历坐标体系

30. 双代号网络计划中，某工作最早第3天开始，工作持续时间2d，有且仅有2个紧后工作，紧后工作最早开始时间分别是第5天和第6天，对应总时差是4d和2d。该工作的总时差和自由时差分别是（　　）。
A. 0d，0d　　　　　　　　B. 4d，1d
C. 2d，2d　　　　　　　　D. 3d，0d

31. 单代号搭接网络计划中，某工作持续时间3d，有且仅有一个紧前工作，紧前工作最早第2天开始，工作持续时间5d，该工作与紧前工作间的时距是$FTF=2d$。该工作的最早开始时间是第（　　）天。
A. 0　　　　　　　　　　B. 3
C. 5　　　　　　　　　　D. 6

32. 某双代号网络计划如下图所示，关键线路有（　　）条。
A. 1　　　　　　　　　　B. 2
C. 3　　　　　　　　　　D. 4

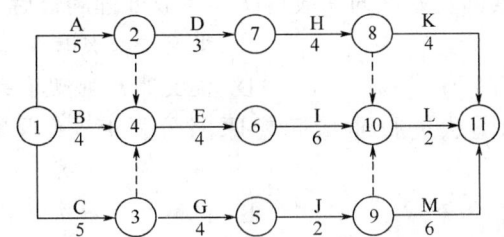

33. 质量控制活动包括：①设定目标；②纠正偏差；③测量检查；④评价分析。正确的顺序是（　　）。

A. ①—②—③—④ B. ①—③—④—②

C. ③—①—②—④ D. ③—④—①—②

34. 下列项目质量风险中，属于管理风险的是（　　）。

A. 项目采用了不够成熟的新材料 B. 项目场地周边发生滑坡

C. 项目组织结构不合理 D. 项目现场存在严重的水污染

35. 建设工程项目全面质量管理中的"全面"是指（　　）的管理。

A. 工程质量和工作质量 B. 决策过程和实施过程

C. 管理岗位和工作岗位 D. 全方位和全流程

36. 评价和诊断项目质量控制体系的有效性，一般由（　　）进行。

A. 项目监理单位 B. 项目管理的组织者

C. 项目咨询单位 D. 第三方认证机构

37. 在施工质量控制的基本环节中，作业活动过程质量控制包括（　　）。

A. 建设单位的质量控制和监理单位的质量控制

B. 监理单位的质量控制和质量监督部门的质量控制

C. 质量活动主体的自我控制和他人监控

D. 质量活动主体对工序质量偏差的纠正

38. 为减少环境因素对施工质量的不利影响，施工企业主要采取（　　）方法。

A. 动态控制 B. 风险控制

C. 跟踪管理 D. 静态控制

39. 对水泥土墙支护施工过程质量进行检测试验的主要参数是（　　）。

A. 完整性 B. 抗拔力

C. 抗渗性 D. 锁定力

40. 梁板类简支受弯混凝土预制构件进场时应进行（　　）检验。

A. 混凝土强度 B. 预埋件

C. 灌浆强度 D. 结构性能

41. 住宅工程质量分户验收由（　　）组织。

A. 建设单位 B. 监理单位

C. 施工单位 D. 质量监督单位

42. 关于施工单位质量事故预防措施的说法，错误的是（　　）。

A. 对施工图进行审查复核 B. 控制建筑材料及制品的质量

C. 做好施工现场环境管理 D. 选择正确的施工顺序

43. 根据施工质量事故调查处理的一般程序，事故处理的最后一步工作是（　　）。
    A. 提出事故鉴定结论　　　　　　　B. 提交事故处理结果
    C. 提出事故处理方案　　　　　　　D. 提交事故处理报告

44. 在采用因果分析图法进行质量问题原因分析时，"混凝土振捣器损坏"属于（　　）的因素。
    A. 人　　　　　　　　　　　　　　B. 机械
    C. 材料　　　　　　　　　　　　　D. 环境

45. 建设工程质量监督机构对地基基础混凝土强度进行监督检测，属于政府质量监督中的（　　）。
    A. 生产过程监督　　　　　　　　　B. 工程实体质量监督
    C. 工程质量行为监督　　　　　　　D. 施工管理状况监督

46. 企业最高管理者按计划的时间间隔对职业健康安全管理体系进行评价，称为（　　）。
    A. 初始状态评审　　　　　　　　　B. 内部审核
    C. 管理评审　　　　　　　　　　　D. 合规性评价

47. 根据《建设工程安全生产管理条例》，达到一定规模的危险性较大的起重吊装工程应由（　　）进行现场监督。
    A. 施工单位技术负责人　　　　　　B. 总监理工程师
    C. 专职安全生产管理人员　　　　　D. 专业监理工程师

48. 在安全生产管理预警体系中，技术变化的预警属于（　　）系统。
    A. 外部环境预警　　　　　　　　　B. 内部管理不良预警
    C. 预警信息管理　　　　　　　　　D. 事故预警

49. 施工单位应定期组织事故发生时疏散及抢救方法的训练和演习，这体现了安全隐患治理原则中的（　　）原则。
    A. 单项隐患综合治理　　　　　　　B. 冗余安全度治理
    C. 直接与间接隐患并治　　　　　　D. 预防与减灾并重治理

50. 在应急预案体系的构成中，针对具体设施所制定的应急处置措施属于（　　）。
    A. 综合应急预案　　　　　　　　　B. 专项应急预案
    C. 应急行动指南　　　　　　　　　D. 现场处置方案

51. 某工程因脚手架坍塌造成960万元的直接经济损失，根据《生产安全事故报告和调查处理条例》，该事故属于（　　）。
    A. 特别重大事故　　　　　　　　　B. 重大事故
    C. 较大事故　　　　　　　　　　　D. 一般事故

52. 关于建设工程施工现场环境保护措施的说法，正确的是（　　）。
    A. 主要道路应换土覆盖，定期洒水清扫　B. 搭设专用封闭通道清运建筑物内垃圾
    C. 施工现场必须使用预拌混凝土　　　　D. 施工现场可以焚烧材料包装物

53. 关于建设工程施工现场食堂卫生防疫要求的说法，正确的是（　　）。
    A. 项目管理人员定期进入现场食堂的制作间进行卫生防疫检查
    B. 制作间灶台及周边应贴瓷砖高度不小于1.5m
    C. 食堂外应设置开放式泔水桶

D. 炊事人员必须持岗位技能证上岗

54. 下列分部分项工程中，必须编制单项安全技术措施的是（　　）。
A. 室内隔墙砌筑　　　　　　　　B. 女儿墙钢筋绑扎
C. 基坑混凝土内支撑拆除　　　　D. 地下室外墙防水施工

55. 关于招标信息发布的说法，正确的是（　　）。
A. 投资1000万元的工程施工招标可以采用不公开的方式发布信息
B. 招标公告只能在中国招标投标公共服务平台发布
C. 自招标文件出售之日起至停止出售之日止，最短不得少于5d
D. 投标人必须自费购买相关招标或资格预审文件，未中标时予以退还

56. 根据《建设工程施工合同（示范文本）》GF—2017—0201，工程隐蔽部位经承包人自检确认具备覆盖条件的，承包人应在共同检查前（　　）书面形式通知监理人检查。
A. 12h　　　　　　　　　　　　　B. 24h
C. 36h　　　　　　　　　　　　　D. 48h

57. 根据《建设工程项目总承包合同示范文本（试行）》GF—2011—0216，关于建设工程项目发包人权利和义务的说法，错误的是（　　）。
A. 负责办理项目的审批、核准或备案手续，取得项目用地的使用权
B. 履行合同中约定的合同价格调整、付款、竣工结算义务
C. 发包人认为有必要的时候，有权以书面形式发出暂停通知
D. 发包人对因承包人原因给发包人带来的损失不能提出赔偿

58. 根据《建设工程施工专业分包合同（示范文本）》GF—2003—0213，关于专业工程分包人责任和义务的说法，正确的是（　　）。
A. 分包人必须服从发包人直接发出的指令
B. 分包人应允许发包人授权的人员在工作时间内合理进入分包工程施工场地
C. 遵守政府有关主管部门的管理规定但不用办理有关手续
D. 分包人可以直接与发包人或工程师发生直接工作联系

59. 某按单价合同进行计价的招标工程，在评标过程中发现某投标人的总价与单价的计算结果不一致，原因是投标人在计算时将钢材单价4000元/t误作为2000元/t。对此，业主有权（　　）。
A. 以总价为准调整单价　　　　　B. 以单价为准调整总价
C. 要求投标人重新提交钢材单价　D. 将该投标文件作废标处理

60. 下列计算方法中，不属于工程咨询合同咨询费计算方法的是（　　）。
A. 人月费单价法　　　　　　　　B. 工程进度百分比
C. 工程建设费用百分比　　　　　D. 按日计费法

61. 关于"一揽子保险"（CIP）的说法，正确的是（　　）。
A. 内容不包括一般责任险　　　　B. 不能实施有效的风险管理
C. 不便于索赔　　　　　　　　　D. 保障范围覆盖业主、承包商及分包商

62. 根据《中华人民共和国担保法》，建设工程中采用的投标保函、履约保函属于（　　）担保。
A. 保证　　　　　　　　　　　　B. 抵押
C. 留置　　　　　　　　　　　　D. 定金

63. 关于承包人施工合同分析内容的说法，正确的是（　　）。

A. 应明确承包人的合同标的

B. 分析工程变更补偿范围，通常以合同金额的一定百分比表示，百分比值越大，承包人的风险越小

C. 合同实施中，承包人必须无条件执行工程师指令的变更

D. 分析索赔条款，索赔有效期越短，对承包人越有利

64. 建设行政主管部门市场诚信信息平台上良好行为记录信息的公布期限一般为（　　）个月。

A. 3 B. 6
C. 12 D. 36

65. 某基础工程合同价为3000万元，合同总工期为30个月，施工过程中因设计变更，导致增加额外工程600万元，业主同意工期顺延。根据比例分析法，承包商可索赔工期（　　）个月。

A. 3 B. 4
C. 6 D. 8

66. 下列事件中，承包人不能提出工期索赔的是（　　）。

A. 开工前业主未能及时交付施工图纸

B. 异常恶劣的气候条件

C. 业主未能及时支付工程款造成工期延误

D. 因工期拖延，工程师指示承包人加快施工进度

67. 国际工程施工承包合同争议解决的方式中，最常用、最有效，也是应该首选的是（　　）。

A. 协商 B. 仲裁
C. 调解 D. 诉讼

68. 下列建设项目信息中，属于经济类信息的是（　　）。

A. 合同管理信息 B. 工作量控制信息
C. 质量控制信息 D. 风险管理信息

69. 工程项目管理信息系统中，属于进度控制功能的是（　　）。

A. 合同执行情况的查询和分析 B. 根据工程进展进行投资预测
C. 根据工程进展进行施工成本预测 D. 编制资源需求量计划

70. 下列建设工程项目进度控制措施中，属于经济措施的是（　　）。

A. 增加进度控制的岗位和人员 B. 比较分析工程物资的采购模式
C. 编制资源需求计划 D. 分析施工技术的先进性和经济合理性

二、多项选择题（共30题，每题2分。每题的备选项中，有2个或2个以上符合题意，至少有1个错项。错选，本题不得分；少选，所选的每个选项得0.5分）

71. 下列工作流程组织中，属于管理工作流程组织的有（　　）。

A. 基坑开挖施工流程 B. 设计变更工作流程
C. 投资控制工作流程 D. 房屋装修施工流程
E. 装配式构件深化设计流程

72. 根据《建设项目工程总承包管理规范》GB/T 50358—2017，工程总承包方在项目

管理收尾阶段的工作有（　　）。
A. 办理决算手续　　　　　　　B. 办理项目资料归档
C. 清理各种债权债务　　　　　D. 进行项目总结
E. 考核评价项目部人员

73. 根据《建设工程安全生产管理条例》，施工单位应当组织专家进行专项施工方案论证的有（　　）。
A. 深基坑工程　　　　　　　　B. 地下暗挖工程
C. 脚手架工程　　　　　　　　D. 高大模板工程
E. 拆除爆破工程

74. 项目风险管理过程中，风险识别工作包括（　　）。
A. 确定风险因素　　　　　　　B. 分析风险因素发生的概率
C. 分析各风险的损失量　　　　D. 编制项目风险识别报告
E. 收集与项目风险有关的信息

75. 下列建设工程项目施工生产费用中，属于直接成本的有（　　）。
A. 支付给生产工人的奖金　　　B. 管理人员的办公费
C. 周转材料租赁费　　　　　　D. 施工机具使用费
E. 管理人员的差旅交通费

76. 施工项目竞争性成本计划是（　　）的估算成本计划。
A. 选派项目经理阶段　　　　　B. 投标阶段
C. 施工准备阶段　　　　　　　D. 签订合同阶段
E. 制定企业年度计划阶段

77. 下列施工机械使用费控制措施中，属于控制台班数量的有（　　）。
A. 加强机械设备配件管理　　　B. 加强施工机械设备内部调配
C. 加强设备租赁计划管理　　　D. 按油料消耗定额控制油料消耗
E. 提高机械设备利用率

78. 关于工程项目成本核算的说法，正确的有（　　）。
A. 成本核算应坚持形象进度、产值统计、成本分析同步的原则
B. 工程成本核算是企业会计核算的重要组成部分
C. 工程项目内各岗位成本责任核算一般采用业务核算法
D. 施工单位应在项目部设成本会计进行成本核算
E. 会计核算法人为控制因素较多、精度不高

79. 下列成本分析工作中，属于综合成本分析的有（　　）。
A. 年度成本分析　　　　　　　B. 月度成本分析
C. 工期成本分析　　　　　　　D. 资金成本分析
E. 分部分项工程成本分析

80. 下列建设工程项目计划中，存在关联关系的进度计划有（　　）。
A. 施工总进度计划和主体工程进度计划
B. 主体钢结构施工进度计划和设备安装进度计划
C. 设计进度计划和维修进度计划
D. 项目月度计划和周计划

E. 土建施工进度计划和主材供货进度计划

81. 关于建设工程项目总进度目标论证的说法，正确的有（　　）。
A. 总进度目标的论证是项目决策阶段的策划工作
B. 总进度目标的论证涉及工程实施条件分析
C. 分析论证总进度目标实现的可能性应在项目实施过程中进行
D. 总进度目标的论证应分析实施阶段各项工作之间的逻辑关系
E. 论证前宜收集类似项目的进度资料

82. 混凝土预制构件吊运时需考虑的质量控制措施包括（　　）。
A. 选择符合环保要求的吊装机械设备　　B. 按照构件尺寸、重量选择吊具
C. 计算确定构件的吊点数量、位置　　D. 控制吊索水平夹角不应小于45°
E. 编制专项方案并组织专家评审

83. 某项目时标网络计划第2、4周末实际进度前锋线如下图所示，关于该项目进度情况的说法，正确的有（　　）。

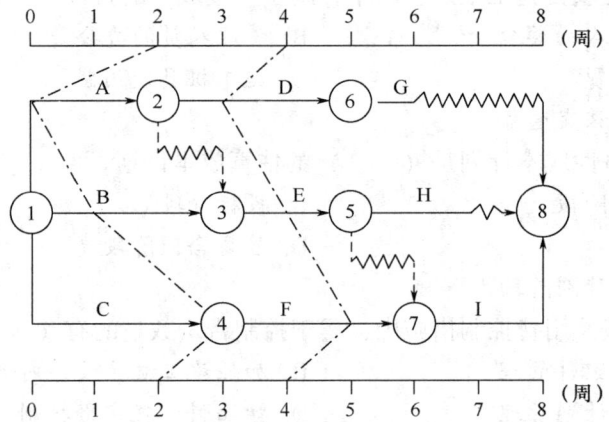

A. 第2周末，工作A拖后2周，但不影响工期
B. 第2周末，工作B拖后1周，但不影响工期
C. 第2周末，工作C提前1周，工期提前1周
D. 第4周末，工作D拖后1周，但不影响工期
E. 第4周末，工作F提前1周，工期提前1周

84. 某双代号网络计划如下图所示，关于工作时间参数的说法，正确的有（　　）。

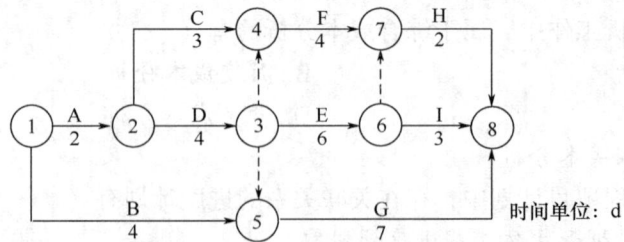

A. 工作B的最迟完成时间是第8天　　B. 工作C的最迟开始时间是第7天
C. 工作F的自由时差是1d　　D. 工作G的总时差是2d
E. 工作H的最早开始时间是第13天

85. 建筑施工企业进行质量管理体系认证的程序包括（   ）。
A. 申请和受理　　　　　　　　B. 审核
C. 审批与注册发证　　　　　　D. 培训
E. 定期监督检查

86. 下列双代号网络图中，存在的绘图错误有（   ）。

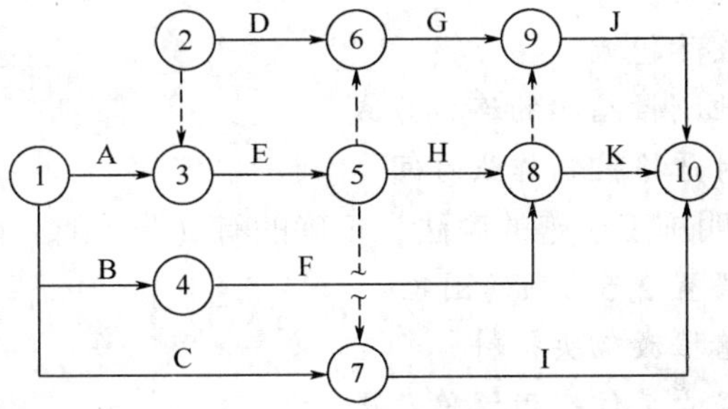

A. 存在多个起点节点　　　　　B. 存在多余的虚工作
C. 箭线交叉的方式错误　　　　D. 存在相同节点编号的工作
E. 存在没有箭尾节点的箭线

87. 装配式混凝土建筑预制构件的进场质量验收，对不允许出现裂缝的预应力混凝土构件应检验的内容包括（   ）。
A. 承载力　　　　　　　　　　B. 挠度
C. 强度　　　　　　　　　　　D. 抗裂
E. 灌料强度

88. 下列施工质量事故发生原因中，属于技术原因的有（   ）。
A. 因地质勘察不细导致的桩基方案不正确
B. 因施工管理混乱导致违章作业
C. 违反建设程序的"三边"工程
D. 因计算失误导致结构设计方案不正确
E. 采用不合适的施工方法、施工工艺

89. 直方图的分布形状及分布区间宽窄取决于质量特性统计数据的（   ）。
A. 平均值　　　　　　　　　　B. 标准偏差
C. 最大值　　　　　　　　　　D. 最小值
E. 离散性

90. 关于施工项目安全技术交底的说法，正确的有（   ）。
A. 施工项目必须实行逐级安全技术交底
B. 交底内容应针对潜在危险因素和存在问题
C. 定期向多工种交叉施工的作业队做口头技术交底
D. 涉及"四新"项目，必须经过两阶段技术交底
E. 交底时应将施工程序向班组长进行详细交底

91. 关于生产安全事故应急预案管理的说法，正确的有（   ）。
A. 生产经营单位应每半年至少组织一次现场处置方案演练
B. 生产经营单位应每年至少组织一次综合应急预案演练

C. 地方各级人民政府应急管理部门的应急预案应当报同级人民政府备案
D. 非生产经营单位的应急管理方面的专家均可受邀参加应急方案的评审
E. 施工单位应急预案涉及应急响应等级内容变更的，应重新进行修订

92. 下列施工现场噪声控制措施中，属于控制传播途径的有（　　）。
A. 使用耳塞、耳罩等防护用品
B. 限制高音喇叭的使用
C. 选用吸声材料搭设防护棚
D. 改变震动源与其他刚性结构的连接方式
E. 进行强噪声作业时严格控制作业时间

93. 关于施工现场文明施工措施的说法，正确的有（　　）。
A. 闹市区施工现场设置2.5m高的围挡
B. 利用现场施工道路堆放砌块材料
C. 材料库房内配备保管员住宿用的单人床
D. 施工作业区内禁止随意吸烟
E. 在总配电室设置灭火器和消防沙箱

94. 关于正式投标及投标文件的说法，正确的有（　　）。
A. 标书密封不满足要求，经甲方同意投标是有效的
B. 在招标文件要求提交的截止时间后送达的投标文件，招标人可以拒收
C. 项目经理部组织投标时不需要企业法人对于投标项目经理的授权书
D. 标书提交的基本要求是签章、密封
E. 通常情况下投标不需要提交投标担保

95. 下列影响工程进度因素中，属于承包人可以要求合理延长工期的有（　　）。
A. 业主在工程实施中增减工程量对工期产生不利影响
B. 业主在工程实施中改变工程设计对工期产生不利影响
C. 因进场材料不合格而对工期产生不利影响
D. 因施工操作工艺不规范而对工期产生不利影响
E. 突发的极端恶劣的气候对工期产生不利影响

96. 对业主而言，成本加酬金合同的优点有（　　）。
A. 可以通过分段施工缩短工期
B. 适用于时间紧迫的抢险救灾工程
C. 根据自身力量和需要，深入介入控制工程施工和管理
D. 适用于技术简单、结构方案容易确定的工程
E. 通过确定最大保证价格约束工程成本

97. 在招标文件中要求中标人提交履约担保的形式有（　　）。
A. 保证金
B. 由保险公司开具的履约担保书
C. 商业银行开具的担保函
D. 房屋抵押权证
E. 有价证券

98. 下列工程施工变更情形中，由业主承担责任的有（　　）。
A. 不可抗力导致的设计修改
B. 环境变化导致的设计修改
C. 原设计失误导致的设计修改
D. 政府部门要求导致的设计修改

E. 施工方案出现错误导致的设计修改

99. 建设工程索赔成立的前提条件有（　　）。

A. 与合同对照事件已造成了承包人工程项目成本的额外支出或直接工期损失

B. 造成费用增加或工期损失的原因，按合同约定不属于承包人的行为责任或风险责任

C. 承包人按合同规定的程序和时间提交了索赔意向通知和索赔报告

D. 造成费用增加或工期损失额度巨大，超出了正常的承受范围

E. 索赔费用计算正确，并且容易分析

100. 下列建设工程项目进度控制措施中，属于技术措施的有（　　）。

A. 分析装配式混凝土结构和现浇混凝土结构对施工进度的影响

B. 通过比较钢网架高空散装法和高空滑移法的优缺点选择施工方案

C. 采用网络计划技术优化工程施工工期

D. 分析无粘结预应力混凝土结构的技术风险

E. 通过变更落地钢管脚手架为外爬式脚手架缩短工期

2020 年度真题参考答案及解析

一、单项选择题

1. D;	2. D;	3. D;	4. C;	5. B;
6. D;	7. B;	8. D;	9. C;	10. D;
11. A;	12. A;	13. D;	14. A;	15. D;
16. B;	17. B;	18. B;	19. A;	20. A;
21. A;	22. A;	23. D;	24. C;	25. D;
26. C;	27. C;	28. A;	29. C;	30. D;
31. D;	32. C;	33. D;	34. C;	35. A;
36. B;	37. C;	38. B;	39. A;	40. D;
41. A;	42. A;	43. D;	44. B;	45. D;
46. C;	47. C;	48. A;	49. D;	50. D;
51. D;	52. B;	53. D;	54. D;	55. C;
56. D;	57. D;	58. B;	59. B;	60. B;
61. D;	62. A;	63. A;	64. D;	65. C;
66. D;	67. A;	68. B;	69. D;	70. C。

【解析】

1. D。本题考核的是建设工程管理工作的核心任务。建设工程管理工作是一种增值服务工作，其核心任务是为工程的建设和使用增值。

2. D。本题考核的是项目总承包方项目管理工作。《建设项目工程总承包管理规定》GB/T 50358—2017 的规定，项目总承包方的管理工作涉及：(1) 项目设计管理；(2) 项目采购管理；(3) 项目施工管理；(4) 项目试运行管理和项目收尾等。

3. D。本题考核的是项目管理职能分工表的规定。选项 A 错误，各方应编制各自的项目管理职能分工表。选项 B 错误，可以用于企业管理。选项 C 错误，管理职能分工描述书与管理职能分工表不同，如果使用管理职能分工表不足以明确每个工作部门的管理职能，则可辅以使用管理职能分工描述书。

4. C。本题考核的是项目决策阶段组织策划的工作内容。组织策划的主要工作内容包括：(1) 决策期的组织结构；(2) 决策期任务分工；(3) 决策期管理职能分工；(4) 决策期工作流程；(5) 实施期组织总体方案；(6) 项目编码体系分析。

5. B。本题考核的是实施阶段策划的工作内容。建设工程项目实施阶段策划的内容包括项目实施的环境和条件的调查与分析；项目目标的分析和再论证；项目实施的组织策划；项目实施的管理策划；项目实施的合同策划；项目实施的经济策划；项目实施的技术策划；项目实施的风险策划。

6. D。本题考核的是施工总承包管理模式的特点。施工总承包管理合同中一般只确定施工总承包管理费，而不需要确定建筑安装工程造价。施工总承包管理模式与施工总承包模式相比在合同价方面有以下优点：（1）合同总价不是一次确定，某一部分施工图设计完成以后，再进行该部分施工招标，确定该部分合同价，因此整个建设项目的合同总额的确定较有依据；（2）所有分包都通过招标获得有竞争力的投标报价，对业主方节约投资有利；（3）在施工总承包管理模式下，分包合同价对业主是透明的。

7. B。本题考核的是项目管理实施规划的编制。项目管理实施规划由项目经理组织编制。

8. D。本题考核的是施工组织设计的审批。选项 A 错误，专项施工方案应由施工单位技术部门组织相关专家评审，施工单位技术负责人批准。选项 B 错误，施工方案应由项目技术负责人审批。选项 C 错误，施工组织总设计应由总承包单位技术负责人审批。

9. C。本题考核的是动态控制在投资控制中的应用。相对于工程合同价，工程概算和工程预算都可作为投资的计划值。

10. D。本题考核的是沟通过程的五个要素。沟通过程包括五个要素，即：沟通主体、沟通客体、沟通介体、沟通环境和沟通渠道。

11. A。本题考核的是施工企业项目经理的担任。过渡期满后，大、中型工程项目施工的项目经理必须由取得建造师注册证书的人员担任；但取得建造师注册证书的人员是否担任工程项目施工的项目经理，由企业自主决定。

12. A。本题考核的是项目风险等级。一级风险：风险等级最高，风险后果是灾难性的，并造成恶劣社会影响和政治影响。选项 B 属于二级风险，选项 C 属于三级风险，选项 D 属于四级风险。

13. D。本题考核的是监理的工作方法。工程监理人员发现工程设计不符合建筑工程质量标准或者合同约定的质量要求的，应当报告建设单位要求设计单位改正。

14. A。本题考核的是成本核算周期。项目管理机构应按规定的会计周期进行项目成本核算。

15. B。本题考核的是施工成本管理措施。组织措施是其他各类措施的前提和保障，而且一般不需要增加额外的费用，运用得当可以取得良好的效果。

16. B。本题考核的是成本计划的类型。指导性成本计划是选派项目经理阶段的预算成本计划，是项目经理的责任成本目标。它是以合同价为依据，按照企业的预算定额标准制定的设计预算成本计划，且一般情况下确定责任总成本目标。

17. B。本题考核的是"两算"的含义。"两算"是指施工图预算与施工预算。

18. B。本题考核的是赢得值法参数分析与应对措施。计划工作预算费用（$BCWS$）＞已完工作实际费用（$ACWP$）＞已完工作预算费用（$BCWP$），说明效率较低，进度慢，投入超前；应采取的措施是增加高效人员投入。选项 A 三个参数关系是：计划工作预算费用（$BCWS$）＞已完工作预算费用（$BCWP$）＞已完工作实际费用（$ACWP$）。选项 C 三个参数关系是：已完工作实际费用（$ACWP$）＞已完工作预算费用（$BCWP$）＞计划工作预算费用（$BCWS$）。选项 D 三个参数关系是：已完工作实际费用（$ACWP$）＞计划工作预算费用（$BCWS$）＞已完工作预算费用（$BCWP$）。

19. A。本题考核的是赢得值法。进度偏差(SV)＝已完成工作量×预算单价－计划工作量×预算单价＝1000×[（2300×4+2500×2+1250×1）－（2500×4+2600×2+1200×2）]＝－2150000 元＝－215 万元。

20. A。本题考核的是其他直接费用的内容。其他直接费用是指施工过程中发生的材料搬运费、材料装卸保管费、燃料动力费、临时设施摊销、生产工具用具使用费、检验试验费、工程定位复测费、工程点交费、场地清理费，以及能够单独区分和可靠计量的为订立建造承包合同而发生的差旅费、投标费等费用。

21. A。本题考核的是施工项目成本表格核算法的特点。表格核算法的优点是简便易懂，方便操作，实用性较好；缺点是难以实现较为科学严密的审核制度，精度不高，覆盖面较小。

22. B。本题考核的是资金成本分析。进行资金成本分析通常应用"成本支出率"指标，即成本支出占工程款收入的比例。

23. D。本题考核的是成本核算依据。统计核算通过全面调查和抽样调查等特有的方法，不仅能提供绝对数指标，还能提供相对数和平均数指标，可以计算当前的实际水平，还可以确定变动速度以预测发展的趋势。

24. A。本题考核的是业主方进度控制的任务。对建设工程项目整个实施阶段的进度进行控制是业主方的任务。投资方属于业主方。

25. B。本题考核的是建设工程项目总进度目标论证的工作步骤。建设工程项目总进度目标论证的工作步骤：（1）调查研究和收集资料；（2）项目结构分析；（3）进度计划系统的结构分析；（4）项目的工作编码；（5）编制各层进度计划；（6）协调各层进度计划的关系，编制总进度计划；（7）若所编制的总进度计划不符合项目的进度目标，则设法调整；（8）若经过多次调整，进度目标无法实现，则报告项目决策者。

26. C。本题考核的是横道图进度计划的编制方法。根据项目施工横道图进度计划，第5天一层第一个施工段混凝土浇筑完毕，应间歇1d再进行第二层第一个施工段的支模。所以第6天位置（Z_3）为层间间歇。

27. C。本题考核的是横道图进度计划的特点。横道图进度计划法也存在一些问题，如：（1）工序（工作）之间的逻辑关系可以设法表达，但不易表达清楚；（2）适用于手工编制计划；（3）没有通过严谨的进度计划时间参数计算，不能确定计划的关键工作、关键路线与时差；（4）计划调整只能用手工方式进行，其工作量较大；（5）难以适应大的进度计划系统。

28. A。本题考核的是虚箭线的作用。虚箭线一般起着工作之间的联系、区分和断路三个作用。首先排除D选项。联系作用是指应用虚箭线正确表达工作之间相互依存的关系；区分作用是指双代号网络图中每一项工作都必须用一条箭线和两个代号表示，若两项工作的代号相同时，应使用虚工作加以区分；断路作用是用虚箭线断掉多余联系，即在网络图中把无联系的工作连接上时，应加上虚工作将其断开。

29. C。本题考核的是双代号时标网络计划的一般规定。选项A错误，双代号时标网络计划必须以水平时间坐标为尺度表示工作时间。选项B错误，时标网络计划中虚工作必须以垂直方向的虚箭线表示，有自由时差时加波形线表示。选项D错误，时标的时间单位应根据需要在编制网络计划之前确定，可为时、天、周、月或季。时标网络计划中所有符号在时间坐标上的水平投影位置，都必须与其时间参数相对应。节点中心必须对准相应的时标位置。

30. D。本题考核的是双代号网络计划中总时差和自由时差的计算。总时差等于其最迟开始时间减去最早开始时间，或等于最迟完成时间减去最早完成时间。最迟完成时间各紧后工作的最迟开始间的最小值，则本工作的最迟完成时间=min$\{(3+5), (3+6)\}$=8。工作的最早完成时间等于最早开始时间加上其持续时间，则本工作的最早完成时间=3+2=5。所以本工作的总时差=8-5=3d。当有紧后工作时，自由时差等于紧后工作最早开始时间减本工作的最早完成时间，所以本工作的自由时差=5-5=0d。

31. D。本题考核的是单代号搭接网络计划时间参数的计算。时距 FTF 是指本工作完成时间与其紧后工作完成时间的时间间隔。相邻时距为 FTF 时，该工作的最早开始时间=紧前工作的最早开始时间+紧前工作的持续时间+时距-该工作的持续时间=2+5+2-3=6。

32. C。本题考核的是关键线路的确定。线路上总的工作持续时间最长的线路为关键线路。本题的关键线路有：A→E→I→L，C→E→I→L，C→G→J→M。

33. B。本题考核的是质量控制活动。质量控制活动顺序：（1）设定目标；（2）测量检查；（3）评价分析；（4）纠正偏差。

34. C。本题考核的是项目质量风险。工程项目的建设、设计、施工、监理等工程质量责任单位的质量管理体系存在缺陷，组织结构不合理，工作流程组织不科学，任务分工和职能划分不恰当，管理制度不健全，或者各级管理者的管理能力不足和责任心不强。这些都属于管理风险。选项 A 属于技术风险，选项 B 属于自然风险，选项 D 属于环境风险。

35. A。本题考核的是全面质量管理（TQC）的思想。建设工程项目的全面质量管理，是指项目参与各方所进行的工程项目质量管理的总称，其中包括工程（产品）质量和工作质量的全面管理。

36. B。本题考核的是项目质量控制体系的特点。项目质量控制体系的有效性一般由项目管理的组织者进行自我评价与诊断，不需进行第三方认证，其评价方式不同。

37. C。本题考核的是施工质量控制的基本环节。事中质量控制也称作业活动过程质量控制，包括质量活动主体的自我控制和他人监控的控制方式。

38. B。本题考核的是施工环境因素的控制。环境因素对工程质量的影响，具有复杂多变和不确定性的特点，具有明显的风险特性。要减少其对施工质量的不利影响，主要是采取预测预防的风险控制方法。

39. A。本题考核的是施工过程质量检测试验参数。选项 B 是土钉墙的主要检测试验参数，选项 C 是混凝土性能检测试验参数，选项 D 是锚杆、锚索主要检测试验参数。

40. D。本题考核的是预制构件的质量验收。梁板类简支受弯预制构件进场时应进行结构性能检验，结构性能检验应符合国家现行有关标准的有关规定及设计的要求。

41. A。本题考核的是住宅工程质量分户验收的组织。住宅工程要分户验收。在住宅工程各检验批、分项、分部工程验收合格的基础上，在住宅工程竣工验收前，建设单位应组织施工、监理等单位，依据国家有关工程质量验收标准，对每户住宅及相关公共部位的观感质量和使用功能等进行检查验收。

42. A。本题考核的是施工质量事故预防措施。施工质量事故预防措施包括：（1）严格按照基本建设程序办事；（2）认真做好工程地质勘察；（3）科学地加固处理好地基；（4）进行必要的设计审查复核；（5）严格把好建筑材料及制品的质量关；（6）强化从业人员管理；（7）依法进行施工组织管理；（8）做好应对不利施工条件和各种灾害的预案；（9）加强施工安全与环境管理。注意第（4）条，要请具有合格专业资质的审图机构对施工图进行审查复核，不是施工单位的措施。

43. D。本题考核的是施工质量事故调查处理的一般程序。施工质量事故处理的一般程序：事故报告→事故调查→事故的原因分析→制定事故处理的技术方案→事故处理→事故处理的鉴定验收→提交事故处理报告。

44. B。本题考核的是因果分析图法的应用。混凝土轻度不合格因果分析图如下图所示。

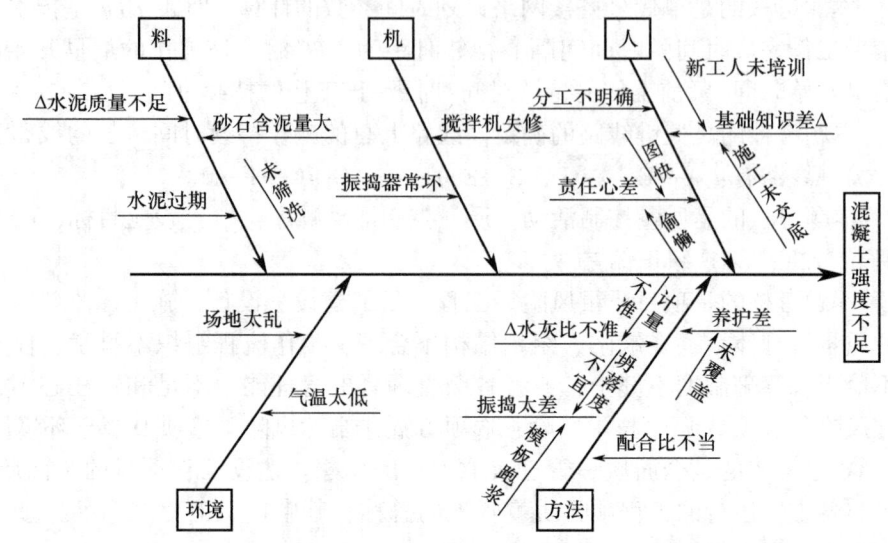

45. B。本题考核的是政府质量监督。工程实体质量监督，是指主管部门对涉及工程主体结构安全、主要使用功能的工程实体质量情况实施监督。工程质量行为监督，是指主管部门对工程质量责任主体和质量检测等单位履行法定质量责任和义务的情况实施监督。不包括 A、D 两项。

46. C。本题考核的是职业健康安全管理体系与环境管理体系的运行。管理评审是由组织的最高管理者对管理体系的系统评价，判断组织的管理体系面对内部情况和外部环境的变化是否充分适应有效，由此决定是否对管理体系做出调整，包括方针、目标、机构和程序等。

47. C。本题考核的是专项施工方案专家论证制度。根据《建设工程安全生产管理条例》规定，对下列达到一定规模的危险性较大的分部分项工程编制专项施工方案，并附具安全验算结果，经施工单位技术负债人、总监理工程师签字后实施，由专职安全生产管理人员进行现场监督，包括基坑支护与降水工程；土方开挖工程；模板工程；起重吊装工程；脚手架工程；拆除、爆破工程；国务院建设行政主管部门或其他有关部门规定的其他危险性较大的工程。

48. A。本题考核的是安全生产管理预警体系。一个完整的预警体系应由外部环境预警系统、内部管理不良的预警系统、预警信息管理系统和事故预警系统四部分构成。其中外部环境预警系统包括自然环境突变的预警、政策法规变化的预警、技术变化的预警。

49. D。本题考核的是安全事故隐患治理原则。预防与减灾并重治理原则是指治理安全事故隐患时，需尽可能减少发生事故的可能性，如果不能安全控制事故的发生，也要设法将事故等级减低。及时切断供料及切断能源的操作方法；及时降压、降温、降速以及停止运行的方法；及时排放毒物的方法；及时疏散及抢救的方法；及时请求救援的方法；应定期组织训练和演习等都属于预防与减灾并重治理原则。

50. D。本题考核的是应急预案体系的构成。现场处置方案是针对具体的装置、场所或设施、岗位所制定的应急处置措施。综合应急预案是从总体上阐述事故的应急方针、政策，应急组织结构及相关应急职责，应急行动、措施和保障等基本要求和程序，是应对各类事故的综合性文件。专项应急预案是针对具体的事故类别（如基坑开挖、脚手架拆除等事故）、危险源和应急保障而制定的计划或方案。

51. D。本题考核的是职业伤害事故的分类。按事故造成的人员伤亡或者直接经济损失分类见下表：

事故等级	造成死亡人数	造成重伤(包括急性工业中毒)人数	造成直接经济损失
特别重大事故	30人以上	100人以上	1亿元以上
重大事故	10人以上30人以下	50人以上100人以下	5000万元以上1亿元以下
较大事故	3人以上10人以下	10人以上50人以下	1000万元以上5000万元以下
一般事故	3人以下死亡	10人以下	100万元以上1000万元以下

每一事故等级所对应的3个条件是独立成立的，只要符合其中一条就可以判定。该等级标准中所称的以上包括本数，所称的以下不包括本数。

52. B。本题考核的是建设工程施工现场环境保护的措施。选项B正确，高大建筑物清理施工垃圾时，要使用封闭式的容器或者采取其他措施处理高空废弃物，严禁凌空随意抛撒。选项A错误，施工现场道路应指定专人定期洒水清扫，形成制度，防止道路扬尘。选项C错误，大城市市区的建设工程已不容许搅拌混凝土。选项D错误，除设有符合规定的装置外，禁止在施工现场焚烧油毡、橡胶、塑料、皮革、树叶、枯草、各种包装物等废弃物品以及其他会产生有毒、有害烟尘和恶臭气体的物质。

53. B。本题考核的是建设工程现场职业健康安全卫生的措施。选项A错误，非炊事人员不得随意进入制作间。选项C错误，食堂外应设置密闭式泔水桶，并应及时清运。选项D错误，食堂必须有卫生许可证，炊事人员必须持身体健康证上岗。

54. C。本题考核的是施工安全技术措施的一般要求。对爆破、拆除、起重吊装、水下、基坑支护和降水、土方开挖、脚手架、模板等危险性较大的作业，必须编制专项安全施工技术方案。

55. C。本题考核的是招标信息的发布。选项A、B错误，依法必须招标项目的招标公告和公示信息应当在"中国招标投标公共服务平台"或者项目所在地省级电子招标投标公共服务平台发布。选项D错误，招标文件或者资格预审文件售出后，不予退还。

56. D。本题考核的是隐蔽工程检查。除专用合同条款另有约定外，工程隐蔽部位经承包人自检确认具备覆盖条件的，承包人应在共同检查前48h书面通知监理人检查，通知中应载明隐蔽检查的内容、时间和地点，并应附有自检记录和必要的检查资料。

57. D。本题考核的是发包人的权利和义务。选项D错误，有权根据合同约定，对因承包人原因给发包人带来的任何损失和损害，提出赔偿。

58. B。本题考核的是专业工程分包人的主要责任和义务。选项A、D错误，分包人须服从承包人转发的发包人或工程师与分包工程有关的指令。未经承包人允许，分包人不得以任何理由与发包人或工程师发生直接工作联系，分包人不得直接致函发包人或工程师，也不得直接接受发包人或工程师的指令。选项C错误，遵守政府有关主管部门对施工场地交通、施工噪声以及环境保护和安全文明生产等的管理规定，按规定办理有关手续，并以书面形式通知承包人，承包人承担由此发生的费用，因分包人责任造成的罚款除外。

59. B。本题考核的是单价合同的特点。单价合同的特点是单价优先，当总价和单价的计算结果不一致时，以单价为准调整总价。

60. B。本题考核的是咨询费计算方法。常用的咨询费计算方法包括人月费单价法、按日计费法、工程建设费用百分比法。

61. D。本题考核的是一揽子保险（CIP）。选项A错误、选项D正确，CIP意思是"一揽子保险"。保障范围覆盖业主、承包商及所有分包商，内容包括劳工赔偿、雇主责任险、一般责任险、建筑工程一切险、安装工程一切险。选项B错误，能实施有效的风险管理。选项C错误，避免诉讼，便于索赔。

62. A。本题考核的是工程担保。保证担保，又称第三方担保，是指保证人和债权人约定，当债务人不能履行债务时，保证人按照约定履行债务或承担责任的行为。建设工程中经常采用的担保种类有：投标担保、履约担保、支付担保、预付款担保、工程保修担保等。

63. A。本题考核的是承包人施工合同分析的内容。选项B错误，工程变更的补偿范围，通常以合同金额一定的百分比表示。通常这个百分比越大，承包人的风险越大。选项C错误，在合同实施中，如果工程师指令的工程变更属于合同规定的工程范围，则承包人必须无条件执行。选项D错误，工程变更的索赔有效期，由合同具体规定，一般为28d，也有14d的。一般这个时间越短，对承包人管理水平的要求越高，对承包人越不利。

64. D。本题考核的是施工合同履行过程中的诚信自律。诚信行为记录由各省、自治区、直辖市建设行政主管部门在当地建筑市场诚信信息平台上统一公布。其中，不良行为记录信息的公布时间为行政处罚决定作出后7日内，公布期限一般为6个月至3年；良好行为记录信息公布期限一般为3年。

65. C。本题考核的是工期索赔的计算。工期索赔值=原合同工期×附加或新增工程造价/原合同总价=30×600/3000=6个月。

66. D。本题考核的是工程索赔。选项A、C属于发包人未按合同要求提供施工条件。选项B属于不可抗力事件。因为发包人未按合同要求提供施工条件，或者发包人指令工程暂停或不可抗力事件等原因造成工期拖延的，承包人向发包人提出索赔。

67. A。本题考核的是国际工程施工承包合同争议解决的方式。协商解决争议是最常见也是最有效的方式，也是应该首选的最基本的方式。双方依据合同，通过友好磋商和谈判，互相让步，折中解决合同争议。

68. B。本题考核的是建设项目信息分类。经济类信息包括投资控制信息、工作量控制信息。选项A、D属于管理类信息，选项C属于技术类信息。

69. D。本题考核的是进度控制功能的内容。进度控制功能包括：（1）计算工程网络计划的时间参数，并确定关键工作和关键路线；（2）绘制网络图和计划横道图；（3）编制资源需求量计划；（4）进度计划执行情况的比较分析；（5）根据工程的进展进行工程进度预测。选项A属于合同管理的功能，选项B属于投资控制的功能，选项C属于成本控制的功能。

70. C。本题考核的是建设工程项目进度控制措施。为确保进度目标的实现，应编制与进度计划相适应的资源需求计划（资源进度计划），包括资金需求计划和其他资源（人力和物力资源）需求计划，以反映工程实施的各时段所需要的资源。

二、多项选择题

71. B、C；　　　　　　72. B、D、E；　　　　　　73. A、B、D；
74. A、D、E；　　　　　75. A、C、D；　　　　　　76. B、D；
77. B、C、E；　　　　　78. B、D；　　　　　　　　79. A、B、E；
80. A、B、D、E；　　　81. B、D、E；　　　　　　82. A、B、C、D；
83. A、B、D、E；　　　84. A、B、D、E；　　　　85. A、B、C；
86. A、B；　　　　　　87. A、B、E；　　　　　　88. A、B、E；
89. A、B；　　　　　　90. A、B、D、E；　　　　91. A、B、C、E；
92. C、D；　　　　　　93. D、E；　　　　　　　94. B、D；
95. A、B、E；　　　　　96. A、B、C、E；　　　　97. A、B、C；
98. A、B、C、D；　　　99. A、B、C；　　　　　100. A、B、E。

【解析】

71. B、C。本题考核的是管理工作流程组织。管理工作流程组织包括投资控制、进度控制、合同管理、付款和设计变更等流程。

72. B、D、E。本题考核的是工程总承包方在项目管理收尾阶段的工作。项目管理收尾阶段工作包括：办理项目资料归档，进行项目总结，对项目部人员进行考核评价，解散项目部。选项 A、C 属于合同收尾阶段的工作。

73. A、B、D。本题考核的是专项施工方案专家论证制度。涉及深基坑、地下暗挖工程、高大模板工程的专项施工方案，施工单位还应当组织专家进行论证、审查。

74. A、D、E。本题考核的是风险识别工作内容。项目风险识别的任务是识别项目实施过程存在哪些风险，其工作程序包括：（1）收集与项目风险有关的信息；（2）确定风险因素；（3）编制项目风险识别报告。

75. A、C、D。本题考核的是直接成本。直接成本是指施工过程中耗费的构成工程实体或有助于工程实体形成的各项费用支出，是可以直接计入工程对象的费用，包括人工费、材料费和施工机具使用费等。

76. B、D。本题考核的是成本计划的类型。竞争性成本计划是施工项目投标及签订合同阶段的估算成本计划。

77. B、C、E。本题考核的是施工机械使用费的控制。施工机械使用费主要由台班数量和台班单价两方面决定，因此为有效控制施工机械使用费支出，应主要从这两个方面进行控制。控制台班数量的措施：（1）根据施工方案和现场实际情况，选择适合项目施工特点的施工机械，制定设备需求计划，合理安排施工生产，充分利用现有机械设备，加强内部调配，提高机械设备的利用率；（2）保证施工机械设备的作业时间，安排好生产工序的衔接，尽量避免停工、窝工，尽量减少施工中所消耗的机械台班数量；（3）核定设备台班定额产量，实行超产奖励办法，加快施工生产进度，提高机械设备单位时间的生产效率和利用率；（4）加强设备租赁计划管理，减少不必要的设备闲置和浪费，充分利用社会闲置机械资源。选项 A、D 属于台班单价控制。

78. B、D。本题考核的是成本核算的原则、依据、范围和程序。选项 A 错误，应是：项目成本核算应坚持形象进度、产值统计、成本归集同步的原则。选项 C 错误，用表格核算法进行工程项目施工各岗位成本的责任核算和控制，用会计核算法进行工程项目成本核算，两者互补，相得益彰，确保工程项目成本核算工作的开展。选项 E 错误，核算方法的优点是科学严密，人为控制的因素较小而且核算的覆盖面较大；缺点是对核算工作人员的专业水平和工作经验都要求较高。

79. A、B、E。本题考核的是综合成本的分析方法。综合成本的分析方法包括：分部分项工程成本分析，月（季）度成本分析，年度成本分析，竣工成本的综合分析。选项 C、D 属于专项成本分析方法。

80. A、B、D、E。本题考核的是不同类型的建设工程项目进度计划系统。在建设工程项目进度计划系统中各进度计划或各子系统进度计划编制和调整时必须注意其相互间的联系和协调，如：（1）总进度规划（计划）、项目子系统进度规划（计划）与项目子系统中的单项工程进度计划之间的联系和协调；（2）控制性进度规划（计划）、指导性进度规划（计划）与实施性（操作性）进度计划之间的联系和协调；（3）业主方编制的整个项目实施的进度计划、设计方编制的进度计划、施工和设备安装方编制的进度计划与采购和供货方编制的进度计划之间的联系和协调等。

81. B、D、E。本题考核的是项目总进度目标论证的工作内容。在建设工程项目总进度目标论证时，往往还没有掌握比较详细的设计资料，也缺乏比较全面的有关工程发包的组织、施工组织和施工技术等方面的资料，以及其他有关项目实施条件的资料，因此，总进度目标论证并不是单纯的总进度规划的编制工作，它涉及许多工程实施的条件分析和工程实施策划方面的问题。选项 A 错误，总进度目标论证是项目决策阶段项目定义时确定的。选项 D 正确，建设工程项目总进度目标论证应分析和论证项目实施阶段各项工作的进度，以及各线工作进展的相互关系。选项 C 错误，在进行建设工程项目总进度目标控制前，首先应分析和论证进度目标实现的可能性。

82. A、B、C、D。本题考核的是施工生产要素的质量控制。混凝土预制构件吊运应根据构件的形状、尺寸、重量和作业半径等要求选择吊具和起重设备，预制柱的吊点数量、位置应经计算确定，吊索水平夹角不宜小于 60°，不应小于 45°。

83. A、B、D、E。本题考核的是进度计划的检查。第 2 周末检查时，工作 A 拖后 2 周，因为工作 A 有 2 周的总时差，所以不影响工期。工作 B 拖后 1 周，工作 B 有 1 周的总时差，所以不影响工期。工作 C 虽然提前 1 周，但是也不能使得工期提前 1 周。第 4 周末检查时，工作 D 拖后 1 周，因为有 2 周的总时差，不影响工期。工作 F 提前 1 周，即使工作 D 拖后 1 周，工作 D 仍剩余 1 周的总时差，工作 E 进度正常，工作 E 也存在 1 周的总时差，所以工期提前 1 周。

84. A、B、D、E。本题考核的是双代号网络计划时间参数的计算。最迟开始时间等于最迟完成时间减去其持续时间。最迟完成时间等于各紧后工作的最迟开始时间的最小值。最早开始时间等于各紧前工作的最早完成时间的最大值。总时差等于其最迟开始时间减去最早开始时间，或等于最迟完成时间减去最早完成时间。以网络计划终点节点为箭头节点的工作，其自由时差等于计算工期减去该工作的最早完成时间；其他工作的自由时差等于紧后工作的最早开始时间减去本工作的最早完成时间。在计算工作最早时间参数时，应从起点节点起，顺着箭线方向依次逐项计算。在计算工作最迟时间参数时，应从终点节点起，逆着箭线方向依次逐项计算。本题中关键线路为：A→D→E→I，计算工期为 2+4+6+3＝15d。工作 B 的紧后工作只有工作 G，工作 B 的最迟完成时间＝工作 G 的最迟开始时间＝15-7＝8。故选项 A 正确。工作 C 的最迟完成时间＝工作 F 的最迟开始时间＝15-2-4＝9，所以工作 C 的最迟开始时间=9-3=6，即第 6 天下班，第 7 天上班，故选项 B 正确。工作 F 的自由时差=工作 H 的最早开始时间-工作 F 的最早完成时间=(2+4+6)-(2+4+4)=2。工作 H 的最早开始时间=2+4+6=12，即第 12 天下班，第 13 天上班。故选项 C 错误、选项 E 正确。工作 G 的总时差=工作 G 的最迟开始时间-工作 G 的最早开始时间=(15-7)-(2+4)=2d。故选项 D 正确。

85. A、B、C。本题考核的是建筑施工企业进行质量管理体系认证的程序。建筑施工企业进行质量管理体系认证的程序：(1) 申请和受理；(2) 审核；(3) 审批与注册发证。

86. A、B。本题考核的是双代号网络计划绘图规则。选项 A 错误，有①、②两个起点节点。选项 B 错误，存在多余虚工作。

87. A、B、D。本题考核的是装配式混凝土建筑的施工质量验收。钢筋混凝土构件和允许出现裂缝的预应力混凝土构件应进行承载力、挠度和裂缝宽度检验；不允许出现裂缝的预应力混凝土构件应进行承载力、挠度和抗裂检验。

88. A、D、E。本题考核的是施工质量事故发生原因。地质勘察过于疏略，对水文地质情况判断错误，致使地基基础设计采用不正确的方案；或结构设计方案不正确，计算失误，构造设计不符合规范要求；施工管理及实际操作人员的技术素质差，采用了不合适的施工方法或施工工艺等。这些技术上的失误是造成质量事故的常见原因。选项 B 属于管理原因，选项 C 属于社会、经济原因。

89. A、B。本题考核的是直方图的观察分析。直方图的分布形状及分布区间宽窄是由质量特性统计数据的平均值和标准偏差所决定的。

90. A、B、D、E。本题考核的是安全技术交底的要求。选项 C 错误，定期向由两个以上作业队和多工种进行交叉施工的作业队伍进行书面交底。

91. A、B、C、E。本题考核的是生产安全事故应急预案的管理。选项 D 错误，参加应急预案评审的人员应当包括应急预案涉及的政府部门工作人员和有关安全生产及应急管理方面的专家。

92. C、D。本题考核的是施工现场噪声控制措施。施工现场噪声控制措施包括声源控制、传播途径控制、接收者防护、严格控制人为噪声等。控制传播途径包括吸声、隔声、消声和减振降噪。选项 C 属于吸声，选项 D 属于减振降噪。选项 A 属于接收者防护。选项 B、E 属于严格控制人为噪声。

93. A、D、E。本题考核的是施工现场文明施工措施。选项 B 错误，施工现场道路畅通、平坦、整洁，无散落物。选项 C 错误，材料库房内不能配备保管员住宿用的单人床。

94. B、D。本题考核的是正式投标的规定。选项 A 错误，如果不密封或密封不满足要求，投标是无效的。选项 C 错误，如果项目所在地与企业距离较远，由当地项目经理部组织投标，需要提交企业法定代表人对于投标项目经理的授权委托书。选项 E 错误，通常投标需要提交投标担保。

95. A、B、E。本题考核的是索赔的分类。工程延期索赔：因为发包人未按合同要求提供施工条件，或者发包人指令工程暂停或不可抗力事件等原因造成工期拖延的，承包人向发包人提出索赔；如果由于承包人原因导致工期拖延，发包人可以向承包人提出索赔；由于非分包人的原因导致工期拖延，分包人可以向承包人提出索赔。选项 C、选项 D 属于承包人自身的原因导致，不可以要求延长工期。

96. A、B、C、E。本题考核的是成本加酬金合同的优点。对业主而言，这种合同形式也有一定优点：(1) 可以通过分段施工缩短工期，而不必等待所有施工图完成才开始招标和施工；(2) 可以减少承包商的对立情绪，承包商对工程变更和不可预见条件的反应会比较积极和快捷；(3) 可以利用承包商的施工技术专家，帮助改进或弥补设计中的不足；(4) 业主可以根据自身力量和需要，较深入地介入和控制工程施工和管理；(5) 也可以通过确定最大保证价格约束工程成本不超过某一限值，从而转移一部分风险。成本加酬金合同适用于时间特别紧迫，如抢险、救灾工程，来不及进行详细的计划和商谈。

97. A、B、C。本题考核的是履约担保的形式。履约担保可以采用银行保函、履约担保书和履约保证金的形式，也可以采用同业担保的方式，即由实力强、信誉好的承包商为其提供履约担保，但应当遵守国家有关企业之间提供担保的有关规定，不允许两家企业互相担保或多家企业交叉互保。

98. A、B、C、D。本题考核的是工程变更的责任分析。由于业主要求、政府部门要求、环境变化、不可抗力、原设计错误等导致的设计修改，应该由业主承担责任。选项 E 由施工单位承担。

99. A、B、C。本题考核的是建设工程索赔成立的前提条件。索赔的成立，应该同时具备以下三个前提条件：(1) 与合同对照，事件已造成了承包人工程项目成本的额外支出，或直接工期损失；(2) 造成费用增加或工期损失的原因，按合同约定不属于承包人的行为责任或风险责任；(3) 承包人按合同规定的程序和时间提交索赔意向通知和索赔报告。

100. A、B、E。本题考核的是建设工程项目进度控制措施。建设工程项目进度控制的技术措施涉及对实现进度目标有利的设计技术和施工技术的选用。不同的设计理念、设计技术路线、设计方案会对工程进度产生不同的影响，在设计工作的前期，特别是在设计方案评审和选用时，应对设计技术与工程进度的关系作分析比较。在工程进度受阻时，应分析是否存在设计技术的影响因素，为实现进度目标有无设计变更的可能性。在工程进度受阻时，应分析是否存在施工技术的影响因素，为实现进度目标有无改变施工技术、施工方法和施工机械的可能性。选项 C、D 属于管理措施。

2019年度全国一级建造师执业资格考试

《建设工程项目管理》

真题及解析

2019 年度《建设工程项目管理》真题

一、单项选择题（共70题，每题1分。每题的备选项中，只有1个最符合题意）

1. 下列建设工程管理的任务中，属于为工程使用增值的是（　　）。
   A. 有利于环保
   B. 提高工程质量
   C. 有利于投资控制
   D. 有利于进度控制

2. 根据《项目管理知识体系指南（PMBOK 指南）》，项目经理应具备的技能包括（　　）。
   A. 决策能力、领导能力和组织协调能力
   B. 项目管理技术、应变能力和生产管理技能
   C. 管理能力、应变能力、社交与谈判能力和项目管理经验
   D. 项目管理技术、领导力、商业管理技能和战略管理技能

3. 业主方项目管理的目标中，进度目标是指（　　）的时间目标。
   A. 项目动用
   B. 竣工验收
   C. 联动试车
   D. 保修期结束

4. 关于组织论及组织工具的说法，正确的是（　　）。
   A. 管理职能分工反映的是一种动态组织关系
   B. 工作流程图是反映工作间静态逻辑关系的工具
   C. 组织结构模式和组织分工都是一种相对的静态组织关系
   D. 组织结构模式反映一个组织系统中的工作任务分工和管理职能分工

5. 下列工程项目策划工作中，属于决策阶段经济策划的是（　　）。
   A. 项目总投资规划
   B. 项目总投资目标的分解
   C. 项目建设成本分析
   D. 技术方案分析和论证

6. 下列工程项目策划工作中，属于实施阶段管理策划的是（　　）。
   A. 项目实施期管理总体方案
   B. 生产运营期设施管理总体方案
   C. 生产运营期经营管理总体方案
   D. 项目风险管理与工程保险方案

7. 根据《建设项目工程总承包管理规范》GB/T 50358—2017，属于工程总承包方启动阶段工作的是（　　）。
   A. 任命项目经理，组建项目部
   B. 编制项目计划，召开开工会议
   C. 编制初步设计文件
   D. 做好施工开工前的准备工作

8. 项目管理实施规划的编制工作包括：①分析项目具体特点和环境条件；②熟悉相关的法规和文件；③了解相关方的要求；④履行报批手续；⑤实施编制活动。正确的工作程序是（　　）。
   A. ①—②—③—④—⑤
   B. ①—③—②—⑤—④
   C. ③—②—①—④—⑤
   D. ③—①—②—⑤—④

9. 根据《建设工程安全生产管理条例》，对达到一定规模的危险性较大的分部（分项）

工程编制专项施工方案，经施工单位技术负责人和（　　）签字后实施。
   A. 项目经理　　　　　　　　　B. 项目技术负责人
   C. 总监理工程师　　　　　　　D. 业主方项目负责人

10. 项目目标动态控制工作包括：①确定目标控制的计划值；②分解项目目标；③收集项目目标的实际值；④定期比较计划值和实际值；⑤纠正偏差。正确的工作流程是（　　）。
   A. ①—③—②—⑤—④　　　　B. ②—①—③—④—⑤
   C. ③—②—①—④—⑤　　　　D. ①—②—③—④—⑤

11. 根据《建设工程项目管理规范》GB/T 50326—2017，项目管理机构负责人的职责包括（　　）等。
   A. 参与组建项目管理机构
   B. 主持编制项目管理目标责任书
   C. 对各类资源进行质量监控和动态管理
   D. 确定项目管理实施目标

12. 建筑施工企业因暂时生产经营困难无法按劳动合同约定日期支付工资的，应当向劳动者说明情况，并与工会或职工代表协商一致后，可以延期支付工资，但最长不得超过（　　）日。
   A. 30　　　　　　　　　　　　B. 45
   C. 60　　　　　　　　　　　　D. 90

13. 关于风险量、风险等级、风险损失程度和损失发生概率之间关系的说法，正确的是（　　）。
   A. 风险量越大，损失程度越大
   B. 损失发生的概率越大，风险量越小
   C. 风险等级与风险损失程度成反比关系
   D. 损失程度和损失发生概率越大，风险量越大

14. 根据《建设工程质量管理条例》，监理工程师应当按照（　　）的要求，采取旁站、巡视和平行检验等形式，对建设工程实施监理。
   A. 工程监理规范　　　　　　　B. 建设工程强制性标准条文
   C. 委托监理合同　　　　　　　D. 工程技术标准

15. 建设工程项目施工成本控制涉及的时间范围是（　　）。
   A. 从施工准备开始至项目交付使用为止
   B. 从工程投标开始至项目竣工结算完成为止
   C. 从工程投标开始至项目保证金返还为止
   D. 从施工准备开始至项目竣工结算完成为止

16. 建设工程项目施工成本管理是指在保证工期和质量要求的情况下，采取相应措施（　　）。
   A. 全面分析实际成本的变动状态　　B. 将实际成本控制在计划范围内
   C. 严格控制计划成本的变动范围　　D. 把计划成本控制在目标范围内

17. 建设工程项目施工成本按构成要素可分解为（　　）。
   A. 直接费、间接费、利润、税金等

B. 单位工程施工成本、分部工程施工成本、分项工程施工成本等
C. 人工费、材料费、施工机具使用费、措施项目费等
D. 人工费、材料费、施工机具使用费、企业管理费等

18. 某工程施工成本计划采用时间—成本累计曲线（S形曲线）表示，因进度计划中存在有时差的工作，S形曲线必然被包络在由全部工作都按（　　）的曲线所组成的"香蕉图"内。

A. 最早开始时间开始和最迟开始时间开始
B. 最早开始时间开始和最早完成时间开始
C. 最迟开始时间开始和最迟完成时间开始
D. 最早开始时间开始和最迟完成时间开始

19. 某分项工程月计划完成工程量为 $3200m^2$，计划单价为 $15元/m^2$。月底承包商实际完成工程量为 $2800m^2$，实际单价为 $20元/m^2$，则该工程当月的计划工作预算费用（BCWS）为（　　）元。

A. 42000 B. 48000
C. 56000 D. 64000

20. 应用曲线法进行施工成本偏差分析时，已完工作实际成本曲线与已完工作预算成本曲线的竖向距离表示（　　）。

A. 进度累计偏差 B. 成本累计偏差
C. 进度局部偏差 D. 成本局部偏差

21. 施工项目成本核算的程序中，将每个月应计入工程成本的生产费用，在各个成本对象之间进行分配和归集，计算各工程成本后需进行的工作是（　　）。

A. 对所发生的费用进行审核，确定应计入成本的费用和期间费用
B. 将应计入工程成本的各项费用，区分计入本月或其他月份的工程成本
C. 对未完工程进行盘点，确定本期已完工程实际成本
D. 将已完工程成本转入工程结算成本

22. 某施工单位为订立某工程项目建造合同共发生差旅费、投标费 50 万元。该项目工程完工时共发生人工费 600 万元，差旅费 5 万元，管理人员工资 98 万元，材料采购及保管费 15 万元。根据《企业会计准则第 15 号——建造合同》，间接费用是（　　）万元。

A. 50 B. 55
C. 70 D. 103

23. 某工程项目进行月（季）度成本分析时，发现属于预算定额规定的"政策性"亏损，则应采取的措施是（　　）。

A. 从控制支出着手，把超支额压缩到最低限度
B. 增加变更收入，弥补政策亏损
C. 将亏损成本转入下一月（季）度
D. 停止施工生产，并报告业主方

24. 在项目成本分析的依据中，既可对已经发生的经济活动进行核算，又可对尚未发生的经济活动进行核算的方式是（　　）。

A. 会计核算 B. 成本核算
C. 统计核算 D. 业务核算

25. 关于项目进度计划和进度计划系统的说法，正确的是（ ）。
   A. 进度计划是实施性的，进度计划系统是控制性的
   B. 业主方编制的进度计划是控制性的，施工方编制的进度计划是实施性的
   C. 进度计划是项目参与方编制的，进度计划系统是业主方建立的
   D. 进度计划系统由多个进度计划组成，是逐步形成的

26. 根据项目总进度目标论证的工作步骤，进度计划系统结构分析的紧后工作是（ ）。
   A. 项目结构分析　　　　　　　　　B. 编制各层进度计划
   C. 项目的工作编码　　　　　　　　D. 编制总进度计划

27. 关于如下横道图进度计划的说法，正确的是（ ）。

   A. 圈梁浇筑工作的流水节拍是2周
   B. 如果不要求工作连续，工期可压缩1周
   C. 圈梁浇筑和基础回填间的流水步距是2周
   D. 所有工作都没有机动时间

28. 某装饰工程共有墙纸裱糊、墙面软包两项相互独立的施工过程，每项施工过程均包括备料、运输、现场施工三项工作，墙纸裱糊各项工作的持续时间分别是2d、1d、6d，墙面软包各项工作的时间分别是3d、2d、4d；由于运输工具的限制，每天只能运输一项施工过程的材料，该装饰工程的最短施工工期是（ ）d。
   A. 9　　　　　　　　　　　　　　B. 10
   C. 11　　　　　　　　　　　　　 D. 12

29. 某工作最短估计时间是5d，最长估计时间是10d，最可能估计时间是6d。根据三时估算法，该工作的持续时间是（ ）d。
   A. 6.25　　　　　　　　　　　　 B. 6.5
   C. 6.75　　　　　　　　　　　　 D. 7

30. 某工作持续时间2d，有两项紧前工作和三项紧后工作，紧前工作的最早开始时间分别是第3天、第6天（计算坐标系），对应的持续时间分别是5d、1d；紧后工作的最早开始时间分别是第15天、第17天、第19天，对应的总时差分别是3d、2d、0d。该工作的总时差是（ ）d。
   A. 8　　　　　　　　　　　　　　B. 9
   C. 10　　　　　　　　　　　　　 D. 13

31. 某工程网络计划如下图所示，工作D的最迟开始时间是第（　　）天。

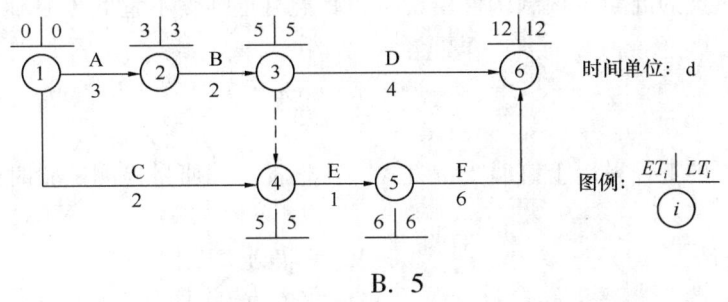

A. 3　　　　　　　　　　　　B. 5
C. 6　　　　　　　　　　　　D. 8

32. 关于双代号时标网络计划的说法，正确的是（　　）。
A. 能在图上直接显示各项工作的最迟开始与完成时间
B. 工作间的逻辑关系可以设法表达，但不易表达清楚
C. 没有虚箭线，绘图比较简单
D. 工作的自由时差可以通过比较与其紧后工作间波形线的长度得出

33. 关于单代号网络计划绘图规则的说法，正确的是（　　）。
A. 不允许出现虚工作
B. 箭线不能交叉
C. 只能有一个起点节点，但可以有多个终点节点
D. 不能出现双向箭头的连线

34. 下列建设工程项目进度计划的控制措施中，属于组织措施的是（　　）。
A. 定义项目进度计划系统的组成　　　B. 分析影响工程进度的风险
C. 树立动态控制的观念　　　　　　　D. 编制相应的资源需求计划

35. 国内实行建筑业企业资质管理制度，属于控制建设工程项目质量影响因素中（　　）。
A. 管理的因素　　　　　　　　　　　B. 人的因素
C. 方法的因素　　　　　　　　　　　D. 环境的因素

36. 下列质量风险应对策略中，属于风险转移策略的是（　　）。
A. 施工单位合理安排工期，避开可能发生的自然灾害对质量的影响
B. 建设单位在工程发包时，要求承包单位提供履约担保
C. 施工单位在施工中有针对性地制定质量事故应急预案
D. 建设单位在工程预算价格中预留一定比例的不可预见费

37. 建设工程项目质量管理的PDCA循环中，质量处置（A）阶段的主要任务是（　　）。
A. 明确质量目标并制定实现目标的行动方案
B. 将质量计划落实到工程项目的施工作业技术活动中
C. 对计划实施过程进行科学管理
D. 对质量问题进行原因分析，采取措施予以纠正

38. 根据质量管理体系认证制度，当在认证证书有效期内出现体系认证范围变更时，企业可以采取的行动是（　　）。
A. 申请复评　　　　　　　　　　　　B. 认证暂停

C. 重新换证　　　　　　　　　　D. 认证撤销

39. 装配式建筑的混凝土预制构件出厂时，其混凝土强度不宜低于混凝土设计强度等级值的（　　）。
A. 60%　　　　　　　　　　　　B. 65%
C. 70%　　　　　　　　　　　　D. 75%

40. 某基坑支护工程采用土钉墙支护方式，在施工过程质量检测试验时的主要检测试验参数是（　　）。
A. 墙身完整性　　　　　　　　　B. 抗拔力
C. 墙体强度　　　　　　　　　　D. 锁定力

41. 下列质量控制工作中，属于施工作业环境因素控制的工作是（　　）。
A. 建立统一的现场施工组织系统
B. 制定应对极端天气的专项紧急预案
C. 根据工程岩土地质资料采取基坑加固方案
D. 严格落实施工组织设计，保证现场施工条件

42. 施工过程质量验收中，分项工程质量验收的组织者是（　　）。
A. 专业监理工程师　　　　　　　B. 施工单位项目负责人
C. 建设单位项目负责人　　　　　D. 总监理工程师

43. 装配式混凝土建筑预制构件进场时需检查（　　）。
A. 生产记录　　　　　　　　　　B. 质量验收记录
C. 套筒灌浆记录　　　　　　　　D. 机械连接报告

44. 某工程发生质量事故导致12人重伤，按照事故损失的程度分级，该质量事故属于（　　）。
A. 特别重大事故　　　　　　　　B. 重大事故
C. 较大事故　　　　　　　　　　D. 一般事故

45. 某混凝土结构出现宽度为0.5mm的裂缝且裂缝深度较深，应采用的处理方法是（　　）。
A. 表面密封法　　　　　　　　　B. 嵌缝封闭法
C. 灌浆修补法　　　　　　　　　D. 粘钢加固法

46. 下列直方图中，表明生产过程处于正常、稳定状态的是（　　）。

A. 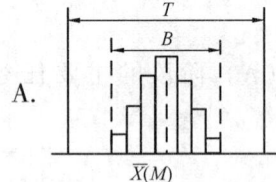　　　　B.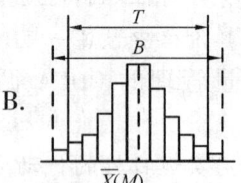

C. 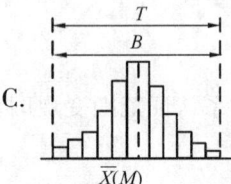　　　　D.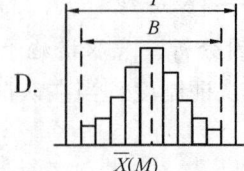

47. 建设工程质量监督机构对地基基础的混凝土强度进行监督检测，在质量监督的性质上属于（　　）。
   A. 建设行为监督
   B. 工程实体质量监督
   C. 工程质量行为监督
   D. 业务管理监督

48. 下列职业健康安全管理体系的基本要素中，属于核心要素的是（　　）。
   A. 记录控制
   B. 文件控制
   C. 目标和方案
   D. 应急准备和响应

49. 关于某起重信号工病休7个月后重返工作岗位的说法，正确的是（　　）。
   A. 应重新进行安全技术理论学习，经确认合格后上岗作业
   B. 应重新进行实际操作考试，经确认合格后上岗作业
   C. 应在从业所在地考核发证机关申请备案后上岗作业
   D. 应重新进行安全技术理论学习、实际操作考试，经确认合格后上岗作业

50. 按照国际通用的预警信号颜色表示，安全状况为"受到事故的严重威胁"时，预警信号颜色及等级为（　　）。
   A. 黄色，Ⅱ级预警
   B. 橙色，Ⅲ级预警
   C. 黄色，Ⅲ级预警
   D. 橙色，Ⅱ级预警

51. "施工现场在对人、机、环境进行安全治理的同时，还需治理安全管理措施"，体现了安全事故隐患的（　　）原则。
   A. 冗余安全度治理
   B. 单项隐患综合治理
   C. 预防与减灾并重治理
   D. 直接隐患与间接隐患并治

52. 建设工程安全事故调查组应当提交事故调查报告的时间为（　　）。
   A. 自事故发生之日起30日内
   B. 自事故发生之日起60日内
   C. 自调查组成立之日起30日内
   D. 自调查组成立之日起60日内

53. 关于按规定向有关部门报告建设工程安全事故情况的说法，正确的是（　　）。
   A. 事故发生后，事故现场有关人员应当于1h内向本单位安全负责人报告
   B. 专业工程施工中出现安全事故的，可以只向行业主管部门报告
   C. 事故现场人员可直接向事故发生地县级以上人民政府安全生产监督管理部门报告
   D. 安全生产监督管理部门每级上报的时间不得超过4h

54. 下列施工现场噪声控制的措施中，属于声源控制的是（　　）。
   A. 采用低噪声设备和加工工艺
   B. 利用消声器阻止传播
   C. 利用吸声材料吸收声能
   D. 应用隔声屏障阻碍噪声传播

55. 建设工程固体废物的处理方法中，进行资源化处理的重要手段是（　　）。
   A. 回收利用
   B. 减量化处理
   C. 填埋处置
   D. 稳定固化

56. 建设工程施工招投标程序中，评标阶段初步评审环节对商务标的审查内容是（　　）。
   A. 标书的计价方式
   B. 标书的优惠条件
   C. 报价计算的正确性
   D. 报价的构成和取费标准

57. 关于建设工程合同订立程序的说法，正确的是（　　）。
   A. 招标人通过媒体发布招标公告，称为承诺

B. 投标人向招标人提交投标文件，称为承诺

C. 招标人向中标人发出中标通知书，称为要约邀请

D. 招标人向符合条件的投标人发出招标文件，称为要约邀请

58. 某工程承包人于 2019 年 5 月 15 日提交了竣工验收申请报告，6 月 10 日工程竣工验收合格，6 月 15 日发包人签发了工程接收证书。根据《建设工程施工合同（示范文本）》通用条款，该工程的缺陷责任期、保修期起算日分别为（　　）。

A. 5 月 15 日、6 月 10 日
B. 6 月 10 日、6 月 15 日
C. 5 月 15 日、6 月 15 日
D. 6 月 15 日、6 月 10 日

59. 关于专业工程分包人责任和义务的说法，正确的是（　　）。

A. 分包人必须服从发包人直接发出的指令

B. 分包人应履行总包合同中与分包工程有关的承包人的义务，另有约定除外

C. 必须完成规定的设计内容，并承担由此发生的费用

D. 在合同约定的时间内，向监理人提交施工组织设计，并在批准后执行

60. 某土石方工程采用混合计价。其中土方工程采用总价包干，包干价 14 万元；石方工程采用综合单价合同，单价为 100 元/m³。该工程有关工程量和价格资料见下表，则该工程结算价款为（　　）万元。

项目	估计工程量(m³)	实际工程量(m³)	合同单价(元/m³)
土方工程	3300	3600	—
石方工程	2000	2500	100

A. 34
B. 37
C. 39
D. 42

61. 某项目招标时，因工程初期很难描述工作范围和性质，无法按常规编制招标文件，则适宜采用的合同形式是（　　）。

A. 成本加奖金合同
B. 成本加固定费用合同
C. 最大成本加费用合同
D. 成本加固定比例费用合同

62. 根据《建设工程施工合同（示范文本）》GF—2017—0201，除另有约定外，国内工程中通常由发包人投保的险种是（　　）。

A. 建筑工程一切险
B. 工伤保险
C. 人身意外伤害险
D. 执业责任险

63. 用于保证承包人能够按合同规定进行施工，合理使用发包人已支付的全部预付金额的工程担保是（　　）。

A. 支付担保
B. 预付款担保
C. 投标担保
D. 履约担保

64. 下列合同实施偏差处理措施中，属于合同措施的是（　　）。

A. 变更施工方案
B. 采取索赔手段
C. 调整工作计划
D. 增加经济投入

65. 根据《建设工程施工专业分包合同（示范文本）》GF—2003—0213，关于发包人、承包人和分包人关系的说法，正确的是（　　）。

A. 发包人向分包人提供具备施工条件的施工场地

B. 分包人可直接致函发包人或工程师

C. 就分包范围内的有关工作，承包人随时可以向分包人发出指令

D. 分包合同价款与总承包合同相应部分价款存在连带关系

66. 某建设工程项目在施工中发生下列人工费：完成业主要求的合同外工作花费3万元；由于业主原因导致工效降低，使人工费增加3万元；施工机械故障造成人员窝工损失1万元。则施工单位可向业主索赔的合理人工费为（　　）。

A. 3万元　　　　　　　　　　　　B. 4万元

C. 6万元　　　　　　　　　　　　D. 7万元

67. 某工程签约合同价为2400万元，总工期为24个月，施工过程中业主增加额外工程200万元，则根据比例分析法承包商可提出的合理工期索赔值为（　　）。

A. 1个月　　　　　　　　　　　　B. 2个月

C. 3个月　　　　　　　　　　　　D. 4个月

68. 关于FIDIC施工合同条件中采用DAB（争端裁决委员会）方式解决争议的说法，正确的是（　　）。

A. 特聘争端裁决委员的任期与合同期限一致

B. DAB成员一般是工程技术和管理方面的专家

C. 业主应按支付条件支付DAB报酬的70%

D. DAB提出的裁决具有强制性

69. 根据建设项目信息的内容属性，质量控制信息应归类为（　　）。

A. 组织类信息　　　　　　　　　　B. 管理类信息

C. 经济类信息　　　　　　　　　　D. 技术类信息

70. 项目信息门户建立和运行的理论基础是（　　）。

A. 绩效优化理论　　　　　　　　　B. 远程合作理论

C. 项目集成理论　　　　　　　　　D. 网络互联理论

二、多项选择题（共30题，每题2分。每题的备选项中，有2个或2个以上符合题意，至少有1个错项。错选，本题不得分；少选，所选的每个选项得0.5分）

71. 关于工作任务分工和管理职能分工的说法，正确的有（　　）。

A. 管理职能是由管理过程的多个工作环节组成

B. 在一个项目实施的全过程中，应视具体情况对工作任务分工进行调整

C. 管理职能分工表既可用于项目管理，也可用于企业管理

D. 编制任务分工表前应对项目实施各阶段的具体管理工作进行详细分解

E. 项目各参与方应编制统一的工作任务分工表和管理职能分工表

72. 关于施工总承包管理模式的说法，正确的有（　　）。

A. 施工总承包管理单位应自行完成主体结构工程的施工

B. 一般情况下，由施工总承包管理单位与分包单位签订分包合同

C. 施工总承包管理模式下，分包合同价对业主是透明的

D. 施工总承包管理的招标可以不依赖完整的施工图

E. 施工总承包管理单位负责对分包单位的质量、进度进行控制

73. 根据《建筑施工组织设计规范》GB/T 50502—2009，施工管理计划包括（　　）。

A. 进度管理计划　　　　　　　　　B. 质量管理计划

C. 安全管理计划 D. 环境管理计划
E. 运营管理计划

74. 项目风险管理过程中，项目风险评估包括（   ）。
A. 确定风险因素 B. 编制项目风险识别报告
C. 分析各种风险的损失量 D. 分析各种风险因素发生的概率
E. 确定各种风险的风险量和风险等级

75. 下列工作任务中，属于工程施工阶段监理人员工作任务的有（   ）。
A. 核验施工测量放线 B. 验收隐蔽工程
C. 审查施工进度计划 D. 参与编写施工招标文件
E. 检查施工单位试验室

76. 下列建设工程项目施工费用中，属于直接费用的有（   ）。
A. 人工费 B. 管理人员工资
C. 材料费 D. 机械费
E. 差旅交通费

77. 关于按工程实施阶段编制施工成本计划的说法，正确的有（   ）。
A. 可在网络图的基础上进一步扩充得到
B. 可以用成本计划直方图的方式表示
C. 按最早时间安排工作可节约资金贷款利息
D. 可以用时间—成本累积曲线表示
E. 可根据资金筹措情况在"香蕉图"内调整S形曲线

78. 某分项工程采用赢得值法分析得到：已完工作预算费用（BCWP）>计划工作预算费用（BCWS）>已完工作实际费用（ACWP）。则该工程（   ）。
A. 费用超支 B. 费用节余
C. 进度延误 D. 进度提前
E. 费用绩效指数大于1

79. 关于成本核算方法的说法，正确的有（   ）。
A. 表格核算法的基础是施工项目内部各环节的成本核算
B. 会计核算法科学严密，覆盖面较大
C. 表格核算法精度不高，覆盖面较小
D. 项目财务部门一般采用表格法进行成本核算
E. 会计核算法适用于工程项目内各岗位成本的责任核算

80. 施工项目专项成本分析包括（   ）。
A. 成本盈亏异常分析 B. 工期成本分析
C. 资金成本分析 D. 月度成本分析
E. 年度成本分析

81. 下列工程进度计划系统的构成内容中，属于由不同功能进度计划组成的有（   ）。
A. 施工总进度计划、主体工程施工进度计划、钢结构工程施工计划
B. 设计进度计划、物资采购进度计划、施工进度计划
C. 业主方的控制性进度计划、项目管理机构的操作性进度计划

D. 企业投标的指导性进度计划、项目部的实施性进度计划
E. 企业的年度进度计划、项目部的月度进度计划

82. 在项目的实施阶段，项目总进度包括（　　）。
A. 可行性研究工作进度 B. 设计工作进度
C. 招标工作进度 D. 物资采购工作进度
E. 用户管理工作进度

83. 关于横道图进度计划的说法，正确的有（　　）。
A. 能直接显示工作的开始和完成时间 B. 便于进行资源优化和调整
C. 计划调整工作量大 D. 可将工作简要说明直接放在横道上
E. 有严谨的时间参数计算，可使用电脑自动编制

84. 关于双代号网络计划中线路的说法，正确的有（　　）。
A. 长度最短的线路称为非关键线路
B. 线路中各节点应从小到大连续编号
C. 一个网络图中可能有一条或多条关键线路
D. 线路中各项工作持续时间之和就是该线路的长度
E. 没有虚工作的线路称为关键线路

85. 关于网络计划中工作自由时差（FF_i 或 FF_{i-j}）的说法，正确的有（　　）。
A. $FF_i = \min\{LAG_{i,j}\}$（$LAG_{i,j}$是本工作和紧后工作之间的间隔时间）
B. $FF_{i-j} = \min\{ES_{j-k} - EF_{i-j}\}$（$ES_{j-k}$是所有紧后工作的最早开始时间）
C. $FF_{i-j} = \min\{ET_j\} - ET_i - D_{i-j}$（$ET_j$是指所有紧后工作开始节点的最早时间）
D. 时标网络计划中，自由时差是该工作与紧后工作间最短波形线的长度
E. 自由时差是在不影响工期的前提下，工作所具有的机动时间

86. 下列项目进度控制的措施中，属于经济措施的有（　　）。
A. 编制工程网络计划 B. 编制资源需求计划
C. 分析影响进度的资源风险 D. 采取激励措施
E. 分析资金供应条件

87. 施工质量管理的PDCA循环中，检查C（check）包括（　　）。
A. 作业者的自检 B. 作业者的互检
C. 监理单位的平行检查 D. 政府部门的监督检查
E. 专职管理者的专检

88. 根据对装配式混凝土结构预制构件质量控制点的要求，需要设置的质量控制点包括（　　）。
A. 预制构件混凝土养护 B. 预制构件出厂强度
C. 预制构件吊装位置 D. 预制构件预留孔洞
E. 预制构件运输

89. 住宅工程质量分户验收的内容有（　　）。
A. 地面工程质量 B. 门窗工程质量
C. 电梯工程质量 D. 供暖工程质量
E. 防水工程质量

90. 下列工程质量事故发生的原因中，属于技术原因的有（　　）。

A. 材料质量检验不严 B. 盲目抢工
C. 施工工艺错误 D. 结构设计错误
E. 台风天气

91. 对某模板工程表面平整度、截面尺寸、平面水平度、垂直度、标高等项目进行抽样检查，按照排列图法对抽样数据进行统计分析，发现其质量问题累计频率分别为 30%、60%、75%、89% 和 100%，则 A 类质量问题包括（　　）。
A. 表面平整度 B. 截面尺寸
C. 平面水平度 D. 垂直度
E. 标高

92. 一个完整的施工企业安全生产管理预警体系由（　　）构成。
A. 事故预警系统 B. 外部环境预警系统
C. 预警评价分析系统 D. 预警信息管理系统
E. 内部管理不良预警系统

93. 生产安全事故综合应急预案的主要内容包括（　　）。
A. 信息发布 B. 应急响应
C. 培训与演练 D. 事故危害程度分析
E. 施工单位的危险性分析

94. 下列建设工程施工现场的防治措施中，属于空气污染防治措施的有（　　）。
A. 清理高大建筑物的施工垃圾时使用封闭式容器
B. 施工现场道路指定专人定期洒水清扫
C. 机动车安装减少尾气排放的装置
D. 化学用品妥善保管，库内存放避免污染
E. 拆除旧建筑时，适当洒水

95. 根据《中华人民共和国招标投标法》，下列项目宜采用公开招标方式确定承包人的有（　　）。
A. 大型基础设施项目 B. 部分使用国有资金投资的项目
C. 使用国际组织援助资金的项目 D. 关系公众安全的公共事业项目
E. 技术复杂且潜在投标人较少的项目

96. 根据《建设工程施工合同（示范文本）》通用条款，除专用条款另有约定外，发包人的责任与义务包括（　　）。
A. 应按照约定向承包人免费提供图纸
B. 提供场外交通设施的技术参数和具体条件
C. 提供"三通一平"施工条件
D. 提供正常施工所需要的进入施工现场的交通条件
E. 最迟于开工日期 14d 前向承包人移交施工现场

97. 关于单价合同的说法，正确的有（　　）。
A. 投标报价单中总价和单价计算结果不一致时，以单价为准调整总价
B. 对于投标书中出现明显的数字计算错误，业主有权利先作修改再评标
C. 采用单价合同时，业主和承包人都不担心存在工程量方面的风险
D. 采用固定单价合同时，业主招标准备时间较长

E. 采用变动单价合同时，承包人的风险相对较小

98. 履约担保的形式包括（　　）。
A. 保兑支票 B. 信用证明
C. 银行保函 D. 担保书
E. 保证金

99. 合同实施偏差处理的调整措施包括（　　）。
A. 组织措施 B. 技术措施
C. 法律措施 D. 监管措施
E. 经济措施

100. 在建设工程项目施工索赔中，可索赔的合理人工费包括（　　）。
A. 完成合同之外的额外工作所花费的人工费用
B. 超过法定工作时间加班劳动的人工费用
C. 法定人工费增长费用
D. 非承包商责任工程延期导致的人员窝工费用
E. 不可抗力造成的工期延长导致的工资增加费用

2019 年度真题参考答案及解析

一、单项选择题

1. A;	2. D;	3. A;	4. C;	5. C;
6. D;	7. A;	8. D;	9. C;	10. B;
11. C;	12. A;	13. D;	14. A;	15. C;
16. B;	17. D;	18. A;	19. B;	20. B;
21. C;	22. D;	23. A;	24. D;	25. D;
26. C;	27. A;	28. C;	29. C;	30. A;
31. D;	32. D;	33. C;	34. C;	35. D;
36. B;	37. D;	38. D;	39. C;	40. D;
41. D;	42. A;	43. B;	44. C;	45. C;
46. D;	47. B;	48. C;	49. C;	50. D;
51. D;	52. B;	53. C;	54. A;	55. A;
56. C;	57. D;	58. A;	59. B;	60. C;
61. D;	62. A;	63. B;	64. B;	65. C;
66. C;	67. B;	68. B;	69. D;	70. B。

【解析】

1. A。本题考核的是建设工程管理工作的任务。有利于环保属于工程使用（运行）增值的任务。提高工程质量、有利于投资控制与有利于进度控制均属于工程建设增值。

2. D。本题考核的是项目经理应具备的技能。根据《项目管理知识体系指南（PMBOK 指南）》，项目经理应具备四种技能：项目管理技术、领导力、商业管理技能和战略管理技能。

3. A。本题考核的是进度目标。进度目标指的是项目动用的时间目标，也即项目交付使用的时间目标。

4. C。本题考核的是组织论及组织工具。管理职能分工反映的应是静态的关系。故 A 选项错误。工作流程图反映的应是动态的关系。故 B 选项错误。组织结构模式反映了一个组织系统中各子系统之间或各元素（各工作部门或各管理人员）之间的指令关系。故 D 选项错误。

5. C。本题考核的是决策阶段经济策划的主要工作内容。决策阶段经济策划的主要工作内容包括：（1）项目建设成本分析；（2）项目效益分析；（3）融资方案；（4）编制资金需求量计划。

6. D。本题考核的是实施阶段管理策划的主要工作内容。项目实施阶段管理策划的主要工作内容包括：

（1）项目实施各阶段项目管理的工作内容。

（2）项目风险管理与工程保险方案。

7. A。本题考核的是项目总承包方的工作程序。项目启动阶段的工作：在工程总承包合同条件下，任命项目经理，组建项目部。

8. D。本题考核的是项目管理实施规划的编制工作程序。项目管理实施规划的编制工作程序如下：
（1）了解相关方的要求。
（2）分析项目具体特点和环境条件。
（3）熟悉相关的法规和文件。
（4）实施编制活动。
（5）履行报批手续。

9. C。本题考核的是施工组织设计的编制和审批。在《建设工程安全生产管理条例》中规定：对达到一定规模的危险性较大的分部（分项）工程编制专项施工方案，并附具安全验算结果，经施工单位技术负责人、总监理工程师签字后实施。

10. B。本题考核的是项目目标动态控制的工作程序。项目目标动态控制的工作程序：
（1）第一步，将项目的目标进行分解，以确定用于目标控制的计划值。
（2）第二步，在项目实施过程中项目目标的动态控制：
① 收集项目目标的实际值。
② 定期（如每两周或每月）进行项目目标的计划值和实际值的比较。
③ 通过项目目标的计划值和实际值的比较，如有偏差，则采取纠偏措施进行纠偏。

11. C。本题考核的是项目管理机构负责人的职责。项目管理机构负责人的职责包括：
（1）项目管理目标责任书中规定的职责。
（2）工程质量安全责任承诺书中应履行的职责。
（3）组织或参与编制项目管理规划大纲、项目管理实施规划，对项目目标进行系统管理。
（4）主持制定并落实质量、安全技术措施和专项方案，负责相关的组织协调工作。
（5）对各类资源进行质量监控和动态管理。
（6）对进场的机械、设备、工器具的安全、质量和使用进行监控等。

12. A。本题考核的是工资支付管理。建筑施工企业因暂时生产经营困难无法按劳动合同约定的日期支付工资的，应当向劳动者说明情况，并经与工会或职工代表协商一致后，可以延期支付工资，但最长不得超过30日。

13. D。本题考核的是风险、风险量和风险等级的内涵。风险量反映不确定的损失程度和损失发生的概率。若某个可能发生的事件其可能的损失程度和发生的概率都很大，则其风险量就很大。

14. A。本题考核的是监理的工作任务。根据《建设工程质量管理条例》，监理工程师应当按照工程监理规范的要求，采取旁站、巡视和平行检验等形式，对建设工程实施监理。

15. C。本题考核的是成本控制。建设工程项目施工成本控制应贯穿于项目从投标阶段开始直至保证金返还的全过程，它是企业全面成本管理的重要环节。

16. B。本题考核的是项目施工成本管理。成本管理就是要在保证工期和质量满足要求的情况下，采取相应管理措施，包括组织措施、经济措施、技术措施、合同措施，把成本控制在计划范围内，并进一步寻求最大程度的成本节约。

17. D。本题考核的是按成本组成编制成本计划的方法。按照成本构成要素划分，建筑安装工程费由人工费、材料（包含工程设备）费、施工机具使用费、企业管理费、利润、规费和增值税组成。

18. A。本题考核的是时间—成本累积曲线的绘制步骤。每一条 S 形曲线都对应某一特定的工程进度计划。因为在进度计划的非关键路线中存在许多有时差的工序或工作，因而 S 形曲线必然包络在由全部工作都按最早开始时间开始和全部工作都按最迟必须开始时间开始的曲线所组成的"香蕉图"内。

19. B。本题考核的是计划工作预算费用。计划工作预算费用（BCWS）= 计划工作量×预算单价 = 3200×15 = 48000 元。

20. B。本题考核的是成本偏差分析。已完工作实际成本曲线与已完工作预算成本曲线的竖向距离表示成本累计偏差。

21. C。本题考核的是成本核算的程序。根据会计核算程序，结合工程成本发生的特点和核算的要求，工程成本核算的程序为：

（1）对所发生的费用进行审核，以确定应计入工程成本的费用和计入各项期间费用的数额。

（2）将应计入工程成本的各项费用，区分为哪些应当计入本月的工程成本，哪些应由其他月份的工程成本负担。

（3）将每个月应计入工程成本的生产费用，在各个成本对象之间进行分配和归集，计算各工程成本。

（4）对未完工程进行盘点，以确定本期已完工程实际成本。

（5）将已完工程成本转入工程结算成本；核算竣工工程实际成本。

22. D。本题考核的是间接费用。间接费用是企业下属的施工单位或生产单位为组织和管理施工生产活动所发生的费用，则间接费用 = 5+98 = 103 万元。

23. A。本题考核的是月（季）度成本分析。在成本分析中，若发现人工费、机械费等项目大幅度超支，则应该对这些费用的收支配比关系进行研究，并采取应对措施，防止今后再超支。如果是属于规定的"政策性"亏损，则应从控制支出着手，把超支额压缩到最低限度。

24. D。本题考核的是成本分析的依据。业务核算的范围比会计、统计核算要广。会计和统计核算一般是对已经发生的经济活动进行核算，而业务核算不但可以核算已经完成的项目是否达到原定的目的、取得预期的效果，而且可以对尚未发生或正在发生的经济活动进行核算。

25. D。本题考核的是项目进度计划和进度计划系统。建设工程项目进度计划系统是由多个相互关联的进度计划组成的系统，它是项目进度控制的依据。项目进度计划系统的建立和完善也有一个过程，它是逐步形成的。故 D 选项正确。

26. C。本题考核的是建设工程项目总进度目标论证的工作步骤。建设工程项目总进度目标论证的工作步骤如下：

（1）调查研究和收集资料。

（2）项目结构分析。

（3）进度计划系统的结构分析。

（4）项目的工作编码。

（5）编制各层进度计划。

（6）协调各层进度计划的关系，编制总进度计划。
（7）若所编制的总进度计划不符合项目的进度目标，则设法调整。
（8）若经过多次调整，进度目标无法实现，则报告项目决策者。

27. A。本题考核的是横道图进度计划。
A 选项，围梁浇筑工作施工段数目 = 3，流水节拍 $t=2$ 周。
B 选项，横道图按每个工序均能连续施工安排，工期不可压缩。
C 选项，圈梁浇筑流水步距 K 是 1 周，基础回填的流水步距是 4 周，如下图所示。

工作名称	时间（周）									
	一	二	三	四	五	六	七	八	九	十
基础土方	1	2	3							
基础垫层		1	2	3						
砌砖基础			1	2	3					
圈梁浇筑					1	2		3		
基础回填								1	2	3

D 选项，本工作中砌砖基础、基础回填两项工作有机动时间。砌砖基础施工段 2 可以在第五周开始工作，施工段 3 可以在第七周开始工作；基础回填施工段 1 可以在第六周开始工作，施工段 2 可以在第八周开始工作。

28. A。本题考核的是施工工期的计算。因为墙纸裱糊、墙面软包是独立的施工过程，属于平行工作，两者可以同时施工，而且各施工过程的总时间均为 9d，所以该装饰工程的最短施工工期为 9d。

29. B。本题考核的是工作持续时间的计算。三时估算法指施工时间分别估算为三种时间，是确定工作持续时间的一种方法，分为以下三种时间：（1）最乐观时间 a，也就是工作顺利情况下的时间；（2）最可能的时间 m，就是完成某道工序的最大可能时间；（3）最悲观的时间 b，就是工作进行不利的情况下所用的时间。根据三时估算法确定这项工作的持续时间即 $=(a+4\times m+b)/6=(a+4m+b)/6=(5+4\times 6+10)/6=6.5d$。

30. A。本题考核的是总时差的计算。该工作有紧后工作，所以其总时差等于其最迟开始时间减去最早开始时间，或等于最迟完成时间减去最早完成时间。三项紧后工作中，最早开始时间为第 15 天的工作，其最迟开始时间为 15+3=18；最早开始时间为第 17 天的工作，其最迟开始时间为 17+2=19；最早开始时间为第 19 天的工作，其最迟开始时间为 19。所以该工作的最迟完成时间为 min{18，18，19}=18，最早开始时间 = max{（3+5），(6+1)}=8，最早完成时间 =8+2=10。所以工作的总时差 18-10=8d。

31. D。本题考核的是最迟开始时间的计算。求工作的最迟开始时间，首先应求其最迟完成时间。工作最迟完成时间等于各紧后工作的最迟开始时间的最小值。工作 D 的紧后工作的最迟开始时间为 12，即工作 D 的工作最迟完成时间为 12，工作 D 的最迟开始时间 = 最迟完成时间-持续时间 = 12-4=8。

32. D。本题考核的是双代号时标网络计划。A 选项错误，时标网络计划能在图上直接显示出各项工作的最早开始与完成时间、工作的自由时差及关键线路，不能显示最迟开始与完成时间。B 选项是横道图计划的特点。C 选项错误，可以有虚箭线，表示虚工作。

33. D。本题考核的是单代号网络图的绘图规则。不能出现双向箭头或无箭头的连线。故 D 选项正确。当网络图中有多项起点节点或多项终点节点时，应在网络图的两端分别设置一项虚工作。故 A 选项错误。绘制网络图时，箭线不宜交叉，当交叉不可避免时，可采用过桥法或指向法绘制。故 B 选项说法过于绝对。单代号网络图中只应有一个起点节点和一个终点节点。故 C 选项错误。

34. A。本题考核的是项目进度控制的措施。定义项目进度计划系统的组成属于组织措施。分析影响工程进度的风险与树立动态控制的观念属于管理措施。编制相应的资源需求计划属于经济措施。

35. B。本题考核的是项目质量的影响因素分析。我国实行建筑业企业经营资质管理制度、市场准入制度、执业资格注册制度、作业及管理人员持证上岗制度等，从本质上说，都是对从事建设工程活动的人的素质和能力进行必要的控制。

36. B。本题考核的是质量风险响应。A 选项属于风险规避，C 选项属于风险减轻，D 选项属于风险自留。

37. D。本题考核的是 PDCA 循环。PDCA 循环中的处置 A 是对于质量检查所发现的质量问题或质量不合格，及时进行原因分析，采取必要的措施，予以纠正，保持工程质量形成过程的受控状态。

38. C。本题考核的是企业质量管理体系获准认证后的维持与监督管理。在认证证书有效期内，出现体系认证标准变更、体系认证范围变更、体系认证证书持有者变更，可按规定重新换证。

39. D。本题考核的是材料设备的质量控制。混凝土预制构件出厂时的混凝土强度不宜低于设计混凝土强度等级值的 75%。

40. B。本题考核的是施工过程质量检测试验主要内容。墙身完整性与墙体强度是水泥土墙基础支护质量检测试验的主要参数。锁定力是锚杆、锚索基础支护质量检测试验的主要参数。

41. D。本题考核的是作业环境因素。作业环境因素主要指项目实施现场平面和空间环境条件，各种能源介质供应，施工照明、通风、安全防护设施，施工场地给水排水，以及交通运输和道路条件等因素。

42. A。本题考核的是分项工程质量验收。分项工程应由专业监理工程师组织施工单位项目专业技术负责人等进行验收。

43. B。本题考核的是装配式混凝土建筑的施工质量验收。预制构件进场时应检查质量证明文件或质量验收记录。

44. C。本题考核的是事故等级划分。较大事故，是指造成 3 人以上 10 人以下死亡，或者 10 人以上 50 人以下重伤，或者 1000 万元以上 5000 万元以下直接经济损失的事故。

45. C。本题考核的是返修处理。当裂缝宽度不大于 0.2mm 时，可采用表面密封法；当裂缝宽度大于 0.3mm 时，采用嵌缝密闭法；当裂缝较深时，则应采取灌浆修补的方法。

46. D。本题考核的是直方图的观察分析。正常直方图呈正态分布，其形状特征是中间高、两边低、成对称。正常直方图反映生产过程质量处于正常、稳定状态。生产过程的质量正常、稳定和受控，还必须在公差标准上、下界限范围内达到质量合格的要求。只有这样的正常、稳定和受控才是经济合理的受控状态。

47. B。本题考核的是工程实体质量监督。工程实体质量监督，是指主管部门对涉及工程主体结构安全、主要使用功能的工程实体质量情况实施监督。

48. C。本题考核的是职业健康安全管理体系的基本要素。目标和方案属于核心要素，记录控制、文件控制、应急准备和响应均属于辅助性要素。（注：此知识点已删除）

49. B。本题考核的是特种作业人员持证上岗制度。特种作业操作证在全国范围内有效，离开特种作业岗位6个月以上的特种作业人员，应当重新进行实际操作考试，经确认合格后方可上岗作业。

50. D。本题考核的是预警评价。Ⅱ级预警，表示受到事故的严重威胁，用橙色表示。

51. D。本题考核的是安全事故隐患治理原则。对人、机、环境系统进行安全治理的同时，还需治理安全管理措施体现的是事故直接隐患与间接隐患并治原则。

52. B。本题考核的是提交事故调查报告的时间限制。事故调查组应当自事故发生之日起60日内提交事故调查报告；特殊情况下，经负责事故调查的人民政府批准，提交事故调查报告的期限可以适当延长，但延长的期限最长不超过60日。

53. C。本题考核的是安全事故的报告。事故发生后，事故现场有关人员应当立即向本单位负责人报告。故A选项错误。各个行业的建设施工中出现了安全事故，都应当向建设行政主管部门报告。故B选项错误。安全生产监督管理部门每级上报的时间不得超过2h。故D选项错误。

54. A。本题考核的是施工现场噪声的控制措施。利用消声器阻止传播、利用吸声材料吸收声能和应用隔声屏障阻碍噪声传播均属于传播途径的控制措施。

55. A。本题考核的是建设工程固体废物的处理方法。回收利用是对固体废物进行资源化的重要手段之一。

56. C。本题考核的是初步评审。初步评审主要是进行符合性审查，即重点审查投标书是否实质上响应了招标文件的要求。审查内容包括：投标资格审查、投标文件完整性审查、投标担保的有效性、与招标文件是否有显著的差异和保留等。另外还要对报价计算的正确性进行审查。

57. D。本题考核的是合同订立的程序。招标人通过媒体发布招标公告，或向符合条件的投标人发出招标邀请，为要约邀请。投标人根据招标文件内容在约定的期限内向招标人提交投标文件，为要约。招标人通过评标确定中标人，发出中标通知书，为承诺。

58. A。本题考核的是缺陷责任期、保修期起算时间。缺陷责任期自工程实际竣工日期起计算。保修期从工程竣工验收合格之日起计算。

59. B。本题考核的是专业工程分包人的主要责任和义务。分包人不得直接致函发包人或工程师，也不得直接接受发包人或工程师的指令。故A选项错误。分包人应按照分包合同的约定，对分包工程进行设计（分包合同有约定时）、施工、竣工和保修。故C选项表达过于绝对。分包人应在合同约定的时间内，向承包人提交详细的施工组织设计，承包人应在专用条款约定的时间内批准，分包人方可执行。故D选项错误。

60. C。本题考核的是合同计价方式。本题中，土方工程为固定总价合同，石方工程为单价合同。单价合同中，实际工程款则按实际完成的工程量和合同中确定的单价计算。14+（2500×100）/10000＝39万元。

61. D。本题考核的是成本加酬金合同的形式。成本加固定比例费用合同的报酬费用总额随成本加大而增加，不利于缩短工期和降低成本。一般在工程初期很难描述工作范围和性质，或工期紧迫，无法按常规编制招标文件招标时采用。

62. A。本题考核的是建筑工程一切险的投保人。按照我国保险制度，工程一切险包括建筑工程一切险、安装工程一切险两类。国内工程通常由项目法人办理保险，国际工程一般要求承包人办理保险。

63. B。本题考核的是预付款担保的含义。预付款担保是指承包人与发包人签订合同后领取预付款之前，为保证正确、合理使用发包人支付的预付款而提供的担保。

64. B。本题考核的是合同实施偏差处理的措施。变更施工方案属于技术措施。调整工作计划属于组织措施。增加经济投入属于经济措施。

65. C。本题考核的是发包人、承包人和分包人关系。承包人应向分包人提供具备施工条件的施工场地。故 A 选项错误。分包人不得直接致函发包人或工程师。故 B 选项错误。分包合同价款与总包合同相应部分价款无任何连带关系。故 D 选项错误。

66. C。本题考核的是索赔费用的组成。对于索赔费用中的人工费部分而言，人工费是指完成合同之外的额外工作所花费的人工费用；由于非承包人责任的工效降低所增加的人工费用；超过法定工作时间加班劳动；法定人工费增长以及非承包人责任工程延期导致的人员窝工费和工资上涨费等。故本题中可向业主索赔的合理人工费为 $3+3=6$ 万元。

67. B。本题考核的是工期索赔值的计算。工期索赔值＝原工期×新增工程量/原工程量＝$24×200/2400=2$ 个月。

68. B。本题考核的是 DAB（争端裁决委员会）方式解决争议。特聘争端裁决委员会，由只在发生争端时任命的一名或三名成员组成，他们的任期通常在 DAB 对该争端发出其最终决定时期满。故 A 选项错误。业主和承包商应该按照支付条件各自支付其中的一半。故 C 选项错误。由于 DAB 提出的裁决不是强制性的，不具有终局性。故 D 选项错误。

69. D。本题考核的是项目信息的分类。根据建设项目信息的内容属性，技术类信息包括：前期技术信息、设计技术信息、质量控制信息、材料设备技术信息、施工技术信息、竣工验收技术信息。

70. B。本题考核的是项目信息门户。远程学中的一个核心问题是远程合作，其主要任务是研究和处理分散的各系统和网络服务的组织关系。应认识到项目信息门户的建立和运行的理论基础是远程合作理论。

二、多项选择题

71. A、B、C、D；	72. C、D、E；	73. A、B、C、D；
74. C、D、E；	75. A、B、C；	76. A、C、D；
77. A、B、D、E；	78. B、D、E；	79. A、B、C；
80. A、B、C；	81. C、D；	82. A、B、C；
83. A、C、D；	84. C、D、E；	85. A、C、D；
86. B、D、E；	87. A、B、E；	88. B、C、D；
89. A、B、D、E；	90. C、D；	91. A、B、C；
92. A、B、D、E；	93. A、B、C、E；	94. B、C、D；
95. A、B、C、D；	96. A、B、C、D；	97. A、B、C、E；

98. C、D、E；　　　　　　　　99. A、B、E；　　　　　　　　100. A、B、C、D。

【解析】

71. A、B、C、D。本题考核的是工作任务分工和管理职能分工。业主方和项目各参与方，如设计单位、施工单位、供货单位和工程管理咨询单位等都有各自的项目管理的任务和其管理职能分工，上述各方都应该编制各自的项目管理职能分工表。故 E 选项错误较为明显。

72. C、D、E。本题考核的是施工总承包管理模式的特点。一般情况下，施工总承包管理单位不参与具体工程的施工。故 A 选项错误。一般情况下，当采用施工总承包管理模式时，分包合同由业主与分包单位直接签订，但每一个分包人的选择和每一个分包合同的签订都要经过施工总承包管理单位的认可。故 B 选项错误。

73. A、B、C、D。本题考核的是施工管理计划。施工管理计划应包括进度管理计划、质量管理计划、安全管理计划、环境管理计划、成本管理计划以及其他管理计划等内容。

74. C、D、E。本题考核的是项目风险评估的工作。项目风险评估包括以下工作：

（1）利用已有数据资料和相关专业方法分析各种风险因素发生的概率。

（2）分析各种风险的损失量，包括可能发生的工期损失、费用损失，以及对工程的质量、功能和使用效果等方面的影响。

（3）根据各种风险发生的概率和损失量，确定各种风险的风险量和风险等级。

75. A、B、C。本题考核的是在建设工程项目实施的几个主要阶段建设监理工作的主要任务。参与编写施工招标文件属于施工招标阶段建设监理工作的主要任务。检查施工单位的试验室属于施工准备阶段建设监理工作的主要任务。

76. A、C、D。本题考核的是直接费用。直接费用包括：（1）耗用的材料费用；（2）耗用的人工费用；（3）耗用的机械使用费；（4）其他直接费用，指其他可以直接计入合同成本的费用。

77. A、B、D、E。本题考核的是按工程实施阶段编制施工成本计划。一般而言，所有工作都按最迟开始时间开始，对节约资金贷款利息是有利的。故 C 选项表述错误。

78. B、D、E。本题考核的是赢得值法。当费用偏差 CV 为正值时，表示项目运行节支，实际费用没有超出预算费用。故 B 选项正确。当进度偏差 SV 为正值时，表示进度提前，即实际进度快于计划进度。故 D 选项正确。费用绩效指数=已完工作预算费用/已完工作实际费用。故 E 选项正确。

79. A、B、C。本题考核的是成本核算方法。项目财务部门一般采用会计核算法进行成本核算。故 D 选项错误。E 选项的正确表述应为：表格核算对工程项目内各岗位成本的责任核算，比较实用。

80. A、B、C。本题考核的是施工项目专项成本分析。专项成本分析方法，针对与成本有关的特定事项的分析，包括成本盈亏异常分析、工期成本分析、资金成本分析等内容。

81. C、D。本题考核的是不同类型的建设工程项目进度计划系统。由不同功能的进度计划构成的计划系统，包括：

（1）控制性进度规划（计划）。

（2）指导性进度规划（计划）。

（3）实施性（操作性）进度计划等。

82. B、C、D。本题考核的是项目总进度。在项目的实施阶段，项目总进度应包括：

（1）设计前准备阶段的工作进度。
（2）设计工作进度。
（3）招标工作进度。
（4）施工前准备工作进度。
（5）工程施工和设备安装进度。
（6）工程物资采购工作进度。
（7）项目动用前的准备工作进度等。

83. A、C、D。本题考核的是横道图进度计划。横道图进度计划调整只能用手工方式进行，其工作量较大。故 B 选项错误。横道图进度计划适用于手工编制计划。没有通过严谨的进度计划时间参数计算，不能确定计划的关键工作、关键路线与时差。故 E 选项错误。

84. C、D。本题考核的是双代号网络计划。A 选项错误较为明显。网络图节点的编号顺序应从小到大，可不连续。故 B 选项错误。关键路线上可以有虚工作存在。故 E 选项表述错误。

85. A、B、C、D。本题考核的是自由时差。自由时差（FF_{i-j}）是指在不影响其紧后工作最早开始的前提下，工作 $i-j$ 可以利用的机动时间。故 E 选项错误。

86. B、D、E。本题考核的是项目进度控制的经济措施。建设工程项目进度控制的经济措施涉及资金需求计划、资金供应的条件和经济激励措施等。

87. A、B、E。本题考核的是质量管理的 PDCA 循环。质量管理的 PDCA 循环中，检查 C 指对计划实施过程进行各种检查，包括作业者的自检、互检和专职管理者专检。

88. B、C、D。本题考核的是质量控制点的设置。混凝土结构预制构件质量控制点的设置包括：预制构件吊装或出厂（脱模）强度，预留洞、孔及埋件规格、位置、尺寸、数量等。

89. A、B、D、E。本题考核的是住宅工程质量分户验收的内容。住宅工程质量分户验收的内容主要包括：
（1）地面、墙面和顶棚质量。
（2）门窗质量。
（3）栏杆、护栏质量。
（4）防水工程质量。
（5）室内主要空间尺寸。
（6）给水排水系统安装质量。
（7）室内电气工程安装质量。
（8）建筑节能和供暖工程质量。
（9）有关合同中规定的其他内容。

90. C、D。本题考核的是施工质量事故发生的原因。技术原因指引发的质量事故是由于在项目勘察、设计、施工中技术上的失误。例如，地质勘察过于疏略，对水文地质情况判断错误，致使地基基础设计采用不正确的方案；或结构设计方案不正确，计算失误，构造设计不符合规范要求；施工管理及实际操作人员的技术素质差，采用了不合适的施工方法或施工工艺等。

91. A、B、C。本题考核的是排列图法的应用。累计频率 0~80% 定为 A 类问题，即主要问题，进行重点管理。故 A、B、C 选项正确。

92. A、B、D、E。本题考核的是预警体系的构成。一个完整的预警体系应由外部环境预警系统、内部管理不良的预警系统、预警信息管理系统和事故预警系统四部分构成。

93. A、B、C、E。本题考核的是生产安全事故综合应急预案的主要内容。生产安全事故综合应急预案的主要内容包括：总则、施工单位的危险性分析、组织机构及职责、预防与预警、应急响应、信息发布、后期处置、保障措施、培训与演练、奖惩和附则。

94. A、B、C、E。本题考核的是施工现场环境保护的措施。化学用品妥善保管，库内存放避免污染属于施工过程水污染防治的措施。

95. A、B、C、D。本题考核的是招标方式的确定。《中华人民共和国招标投标法》规定，以下项目宜采用招标的方式确定承包人：
（1）大型基础设施、公用事业等关系社会公共利益、公众安全的项目。
（2）全部或者部分使用国有资金投资或者国家融资的项目。
（3）使用国际组织或者外国政府贷款、援助资金的项目。
技术复杂且潜在投标人较少的项目，属于可以采用邀请招标的情形。

96. A、B、C、D。本题考核的是发包人的责任和义务。最迟于开工日期 7d 前向承包人移交施工现场。故 E 选项错误。

97. A、B、C、E。本题考核的是单价合同。采用单价合同的，在招标前，发包单位无需对工程范围作出完整的、详尽的规定，从而可以缩短招标准备时间，投标人也只需对所列工程内容报出自己的单价，从而缩短投标时间。故 D 选项错误。

98. C、D、E。本题考核的是履约担保的形式。履约担保可以采用银行保函、履约担保书和履约保证金的形式，也可以采用同业担保的方式。

99. A、B、E。本题考核的是合同实施偏差处理的调整措施。合同实施偏差处理的调整措施包括：组织措施、技术措施、经济措施、合同措施。

100. A、B、C、D。本题考核的是索赔费用的组成。对于索赔费用中的人工费部分而言，人工费是指完成合同之外的额外工作所花费的人工费用；由于非承包人责任的工效降低所增加的人工费用；超过法定工作时间加班劳动；法定人工费增长以及非承包人责任工程延期导致的人员窝工费和工资上涨费等。

2018 年度全国一级建造师执业资格考试

《建设工程项目管理》

真题及解析

2018年度《建设工程项目管理》真题

一、单项选择题（共70题，每题1分。每题的备选项中，只有1个最符合题意）

1. 根据国际设施管理协会的界定，下列设施管理的内容中，属于物业运行管理的是（ ）。
   A. 财务管理   B. 空间管理
   C. 用户管理   D. 维修管理

2. 关于《项目管理知识体系指南（PMBOK 指南）》中项目集和项目组合的说法，正确的是（ ）。
   A. 项目组合的管理包括识别、排序、管理和控制项目等
   B. 项目组合中的项目一定彼此依赖或有直接关系
   C. 项目集指的是为有效管理、实现战略业务目标而组合在一起的项目
   D. 项目集中不包括各单个项目范围之外的相关工作

3. 关于施工方项目管理的说法，正确的是（ ）。
   A. 可以采用工程施工总承包管理模式
   B. 项目的整体利益和施工方本身的利益是对立关系
   C. 施工方项目管理工作涉及项目实施阶段的全过程
   D. 施工方项目管理的目标应根据其生产和经营的情况确定

4. 关于项目结构分析的说法，正确的是（ ）。
   A. 同一个建设工程项目只有一个项目结构的分解方法
   B. 居住建筑开发项目可根据建设的时间对项目结构进行逐层分解
   C. 群体项目最多可进行到第二层次的分解
   D. 单体工程不应再进行项目结构分解

5. 下列项目策划的工作内容中，属于项目决策阶段合同策划的是（ ）。
   A. 项目管理委托的合同结构方案   B. 方案设计竞赛的组织
   C. 实施期合同结构总体方案   D. 项目物资采购的合同结构方案

6. 下列项目策划的工作内容中，属于项目实施管理策划的是（ ）。
   A. 项目实施期管理总体方案
   B. 生产运营期设施管理总体方案
   C. 生产运营期经营管理总体方案
   D. 项目风险管理与工程保险方案

7. 施工总承包管理模式与施工总承包模式相比，在合同价方面的特点是（ ）。
   A. 合同总价可以一次确定
   B. 分包合同价对业主相对透明
   C. 不利于业主节约投资
   D. 确定建设项目合同总额的依据不足

8. 一般情况下，当采用施工总承包管理模式时，分包合同由（   ）与分包单位签订。
   A. 业主　　　　　　　　　　　　B. 施工总承包管理单位
   C. 施工总承包单位　　　　　　　D. 项目咨询单位

9. 建设工程项目管理规划属于（   ）项目管理的范畴。
   A. 工程总承包方　　　　　　　　B. 工程总承包管理方
   C. 业主方　　　　　　　　　　　D. 工程咨询方

10. 某施工企业针对建筑主体钢结构工程编制专项施工方案，该施工方案应由（   ）进行审批。
    A. 总包单位技术负责人　　　　　B. 总包单位项目技术负责人
    C. 专业分包单位技术负责人　　　D. 专业分包单位项目技术负责人

11. 应用动态控制原理控制项目投资时，属于设计过程中投资的计划值与实际值比较的是（   ）。
    A. 工程概算与工程合同价　　　　B. 工程预算与工程合同价
    C. 工程预算与工程概算　　　　　D. 工程概算与工程决算

12. 某项目经理超出了注册建造师执业范围从事执业活动，其可能受到的处罚是（   ）。
    A. 暂停注册执业资格1年　　　　B. 撤销建造师资格证书
    C. 记入建造师执业信用档案　　　D. 处以5万元罚款

13. 根据政府主管部门有关建设工程劳动用工管理规定，建筑施工企业应将项目作业人员有关情况在当地建筑业企业信息管理系统中如实填报，人员发生变更的，应在变更后（   ）个工作日内做相应变更。
    A. 7　　　　　　　　　　　　　B. 14
    C. 15　　　　　　　　　　　　　D. 30

14. 某施工企业承接了"一带一路"的国际项目，但缺乏具备国际工程施工经验的管理人员和施工人员，这类风险属于建设工程风险类型中的（   ）。
    A. 组织风险　　　　　　　　　　B. 经济与管理风险
    C. 工程环境风险　　　　　　　　D. 技术风险

15. 根据《建设工程质量管理条例》，未经（   ）签字，建设单位不拨付工程款、不进行竣工验收。
    A. 专业监理工程师　　　　　　　B. 总监理工程师
    C. 建设单位现场工程师　　　　　D. 政府质量管理部门

16. 对竣工工程进行现场成本、完全成本核算的目的是分别考核（   ）。
    A. 项目管理绩效、企业经营效益
    B. 企业经营效益、企业社会效益
    C. 项目管理绩效、项目管理责任
    D. 项目管理责任、企业经营效益

17. 结合项目的施工组织设计及自然地理条件，降低材料的库存成本和运输成本，属于成本管理的（   ）措施。
    A. 组织　　　　　　　　　　　　B. 技术

C. 经济 D. 合同

18. 某项目施工成本计划如下图所示，则5月末计划累积成本支出为（ ）万元。

项目名称	成本强度(万元/月)	工程进度（月）				
		1	2	3	4	5
A	10	━━━━━━━━━━━━━━				
B	20		━━━━━━━━━━━━━━━━━━━━			
C	15			━━━━━━━━━━━━━━━━		
D	30			━━━━━━━━━━━━		
E	25					━━━

A. 75 B. 180
C. 270 D. 325

19. 将已汇总的人工、材料、机械台班消耗数量分别乘以所在地区的人工工资标准、材料预算价格、机械台班单价，计算出人料机费的表格是（ ）。
A. 工程量计算汇总表 B. 施工预算工料分析表
C. 施工预算表 D. 项目造价取费表

20. 某项目地面铺贴的清单工程量为1000m²，预算费用单价60元/m²，计划每天施工100m²。第6天检查时发现，实际完成800m²，实际费用为5万元。根据上述情况，预计项目完工时的费用偏差（ACV）是（ ）元。
A. -2000 B. -2500
C. 2000 D. 2500

21. 项目成本指标控制的工作包括：①采集成本数据，监测成本形成过程；②制定对策，纠正偏差；③找出偏差，分析原因；④确定成本管理分层次目标。其正确的工作程序是（ ）。
A. ①—②—③—④ B. ①—③—②—④
C. ②—④—③—① D. ④—①—③—②

22. 工程成本应当包括（ ）所发生的、与执行合同有关的直接费用和间接费用。
A. 从工程投标开始至竣工验收为止 B. 从合同签订开始至合同完成为止
C. 从场地移交开始至项目移交为止 D. 从项目设计开始至竣工投产为止

23. 关于施工项目成本核算方法的说法，正确的是（ ）。
A. 表格核算法的优点是覆盖面较大
B. 会计核算法不核算工程项目在施工过程中出现的债权债务
C. 表格核算法可用于工程项目施工各岗位成本的责任核算
D. 会计核算法不能用于整个企业的生产经营核算

24. 某工程各门窗安装班组的相关经济指标见下表，按照成本分析的比率法，人均效益最好的班组是（ ）。

项目	班组甲	班组乙	班组丙	班组丁
工程量(m²)	5400	5000	4800	5200
班组人数(人)	50	45	42	43
班组人工费(元)	150000	126000	147000	129000

A. 甲 B. 乙
C. 丙 D. 丁

25. 某建设工程项目按施工总进度计划、各单位工程进度计划及相应分部工程进度计划组成了计划系统，该计划系统是由多个相互关联的不同（ ）的进度计划组成。
A. 项目参与方 B. 功能
C. 周期 D. 深度

26. 建设项目供货进度计划应包括的供货环节是（ ）。
A. 采购、制造、安装 B. 采购、制造、运输
C. 选型、制造、运输 D. 选型、供货、存储

27. 某工程采用建设项目工程总承包的模式，则项目总进度目标的控制是（ ）的任务。
A. 业主方与监理方 B. 监理方与工程总承包方
C. 业主方与工程总承包方 D. 工程总承包方与设计方

28. 建设工程项目总进度目标论证的工作包括：①编制各层进度计划；②项目结构分析；③编制总进度计划；④项目的工作编码。其正确的工作程序是（ ）。
A. ④—③—②—① B. ②—④—①—③
C. ②—④—③—① D. ④—②—①—③

29. 某网络计划中，工作 N 的持续时间为 6d，最迟完成时间为第 25 天；该工作三项紧前工作的最早完成时间分别为第 10 天、第 12 天和第 13 天，则工作 N 的总时差是（ ）d。
A. 4 B. 6
C. 8 D. 12

30. 某双代号时标网络计划如下图所示，工作 F、工作 H 的最迟完成时间分别为（ ）。

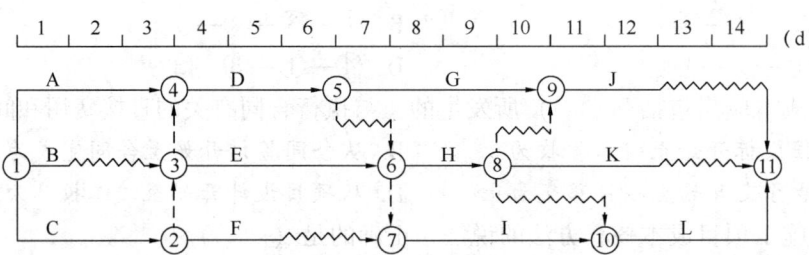

A. 第 7 天、第 9 天 B. 第 7 天、第 11 天
C. 第 8 天、第 9 天 D. 第 8 天、第 11 天

31. 某双代号网络计划如下图所示（单位：d），则工作 E 的自由时差为（ ）d。

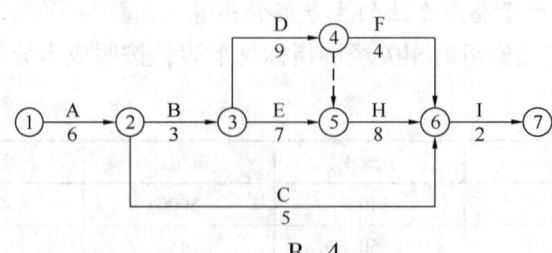

A. 0 B. 4
C. 2 D. 15

32. 某工作有三项紧后工作，持续时间分别为4d、5d、6d，对应的最迟完成时间分别为第18天、第16天、第14天，则该工作的最迟完成时间是第（　　）天。
   A. 6 　　　　　　　　　　　　B. 8
   C. 12 　　　　　　　　　　　 D. 14

33. 某双代号网络计划如下图所示，其关键路线有（　　）条。

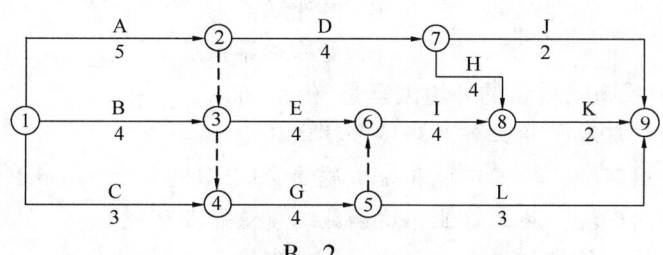

   A. 1 　　　　　　　　　　　　B. 2
   C. 3 　　　　　　　　　　　　D. 4

34. 某工程网络计划中，工作M的自由时差为2d，总时差为5d。进度检查时发现该工作的持续时间延长了4d，则工作M的实际进度（　　）。
   A. 既不影响总工期，也不影响其紧后工作的正常进行
   B. 将使其紧后工作的开始时间推迟4d，并使总工期延长2d
   C. 将使总工期延长4d，但不影响其紧后工作的正常进行
   D. 不影响总工期，但其紧后工作的最早开始时间推迟2d

35. 下列建设工程项目进度控制的措施中，属于经济措施的是（　　）。
   A. 编制与进度计划相适应的资源需求计划
   B. 重视信息技术在进度控制中的应用
   C. 分析设计方案对工程进度的影响，优化设计方案
   D. 分析影响工程进度的风险，减少进度失控的风险量

36. 某投标人在内部投标评审会中发现招标人公布的招标控制价不合理，因此决定放弃此次投标。该风险应对策略为（　　）。
   A. 风险规避 　　　　　　　　B. 风险减轻
   C. 风险自留 　　　　　　　　D. 风险转移

37. 我国实行建筑业企业资质管理制度、建造师执业资格注册制度、管理人员持证上岗等制度，都是对建设工程项目质量影响因素中（　　）的控制。
   A. 管理因素 　　　　　　　　B. 人的因素
   C. 环境因素 　　　　　　　　D. 技术因素

38. 关于工程项目质量控制体系的说法，正确的是（　　）。
   A. 目的是用于建筑业企业的质量管理
   B. 涉及工程项目实施中所有的质量责任主体
   C. 其控制目标是建筑业企业的质量管理目标
   D. 体系有效性需进行第三方审核认证

39. 下列质量管理体系程序性文件中，可视企业质量控制需要而制定、不作统一规定的是（　　）。
   A. 内部审核程序 　　　　　　B. 质量记录管理程序

C. 纠正措施控制程序　　　　　D. 生产过程管理程序

40. 下列质量控制工作中，事中质量控制的重点是（　　）。
A. 质量管理点的设置　　　　　B. 施工质量计划的编制
C. 工序质量的控制　　　　　　D. 工序质量偏差的纠正

41. 根据施工质量控制点的要求，混凝土冬期施工应重点控制的技术参数是（　　）。
A. 养护标准　　　　　　　　　B. 内外温差
C. 保温系数　　　　　　　　　D. 受冻临界强度

42. 影响建设项目施工质量的环境因素是（　　）。
A. 施工现场自然环境、施工作业环境和技术环境
B. 施工现场自然环境、技术环境和施工质量管理环境
C. 施工现场自然环境、施工作业环境和施工质量管理环境
D. 施工作业环境、技术环境和施工质量管理环境

43. 当无驻厂监督时，未做结构性能检验的装配式混凝土预制构件，进场时应按规定进行实体检验。关于检验数量的说法，正确的是（　　）。
A. 同一类型不超过 500 个为一批，每批随机抽取 1 个
B. 同一类型不超过 500 个为一批，每批随机抽取 3 个
C. 同一类型不超过 1000 个为一批，每批随机抽取 1 个
D. 同一类型不超过 1000 个为一批，每批随机抽取 3 个

44. 关于单位工程竣工验收的说法，错误的是（　　）。
A. 工程完工后，总监理工程师应组织各专业监理工程师进行竣工预验收
B. 对存在的质量问题整改完毕后，施工单位应提交工程竣工报告，申请验收
C. 竣工验收应由建设单位组织，并书面通知政府质量监督机构
D. 工程竣工验收合格后，施工单位应当及时提出工程竣工验收报告

45. 某砖混结构住宅墙体砌筑时，由于施工放线的错误，导致山墙上窗户的位置偏离 30cm，应采用的处理方法是（　　）。
A. 加固处理　　　　　　　　　B. 修补处理
C. 返工处理　　　　　　　　　D. 不作处理

46. 工程施工质量事故处理的工作包括：①事故调查；②事故原因分析；③事故处理；④事故处理的鉴定验收；⑤制定事故处理技术方案。其正确的工作程序是（　　）。
A. ①—②—③—④—⑤　　　　B. ②—①—③—④—⑤
C. ②—①—⑤—④—③　　　　D. ①—②—⑤—③—④

47. 工程质量控制中采用因果分析图法的目的是（　　）。
A. 找出工程中存在的主要质量问题
B. 全面分析工程中可能存在的质量问题
C. 找出影响工程质量问题的最主要原因
D. 动态地分析工程中的质量问题

48. 关于工程项目政府质量监督的说法，正确的是（　　）。
A. 政府质量监督的性质属于行政执法行为
B. 施工单位应在项目开工前向监督机构申报质量监督手续
C. 临时性房屋建筑工程也属于政府质量监督的范围

D. 质量监督机构可以聘请助理工程师协助质量监督工作

49. 下列职业健康安全管理体系的要素中，属于核心要素的是（　　）。
A. 应急准备和响应　　　　　　B. 法律法规和其他要求
C. 文件控制　　　　　　　　　D. 沟通、参与和协商

50. 关于安全生产教育培训的说法，正确的是（　　）。
A. 企业新员工按规定经过三级安全教育和实际操作训练后即可上岗
B. 项目级安全教育由企业安全生产管理部门负责人组织实施、安全员协助
C. 班组级安全教育由项目负责人组织实施、安全员协助
D. 企业安全教育培训包括对管理人员、特种作业人员和企业员工的安全教育

51. 根据《安全生产许可证条例》，安全生产许可证的有效期是（　　）年。
A. 3　　　　　　　　　　　　B. 4
C. 5　　　　　　　　　　　　D. 6

52. 关于施工安全技术措施要求的说法，正确的是（　　）。
A. 施工安全技术措施应包括应急预案
B. 施工企业针对工程项目可编制统一的施工安全技术措施
C. 编制施工安全技术措施应与工程施工同步进行
D. 编制施工组织设计时必须包括专项安全施工技术方案

53. 根据《生产安全事故报告和调查处理条例》，下列安全事故中，属于较大事故的是（　　）。
A. 2人死亡，980万元直接经济损失
B. 4人死亡，6000万元直接经济损失
C. 3人死亡，4800万元直接经济损失
D. 10人死亡，3000万元直接经济损失

54. 某县一建筑工地发生生产安全重大事故，则事故调查组应由（　　）负责组织。
A. 事故发生地县级人民政府　　B. 国务院安全生产监督管理部门
C. 事故发生单位　　　　　　　D. 事故发生地省级人民政府

55. 关于施工现场食堂职业健康安全卫生管理的说法，正确的是（　　）。
A. 食堂不需办理卫生许可证，但炊事人员须有健康证明
B. 除炊事人员和现场管理人员外，不得随意进入制作间
C. 食堂制作间灶台及周边贴1.8m高瓷砖
D. 食堂外设置敞开式泔水桶，并定期进行清理

56. 下列施工现场环境保护措施中，属于大气污染防治措施的是（　　）。
A. 禁止将有毒有害废弃物作土方回填
B. 禁止在施工现场焚烧各种包装物
C. 工地临时厕所化粪池采取防渗漏措施
D. 选用低噪声设备和加工工艺

57. 建设工程施工合同订立过程中，发承包双方开展合同谈判的时间是（　　）。
A. 投标人提交投标文件时　　　B. 订立、签署书面合同时
C. 招标人退还投标保证金后　　D. 明确中标人并发出中标通知书后

58. 某工程承包人于2018年6月15日向监理人提交了竣工验收申请报告，7月10日竣

工验收合格，7月18日发包人签发了工程接收证书。根据《建设工程施工合同（示范文本）》通用条款，该工程的实际竣工日期、保修期起算日分别为（　　）。

A. 6月15日、7月10日　　B. 7月10日、7月18日

C. 6月15日、7月18日　　D. 7月18日、7月10日

59. 根据《建设工程监理合同（示范文本）》GF—2012—0202，监理工作的内容包括（　　）。

A. 主持图纸会审会议　　B. 主持第一次工地会议

C. 组织工程竣工验收　　D. 编制工程质量评估报告

60. 工程咨询服务合同的计价方式主要采用（　　）。

A. 总价合同和单价合同

B. 单价合同和成本加酬金合同

C. 总价合同和成本加酬金合同

D. 总价合同、单价合同和成本加酬金合同

61. 某项目招标时，因图纸、规范准备不充分，不能据此确定合同价格，而仅能制定一个估算指标，则适宜采用的合同形式是（　　）。

A. 成本加奖金合同　　B. 成本加固定费用合同

C. 最大成本加费用合同　　D. 成本加固定比例费用合同

62. 我国建设工程常用的担保方式中，担保金额最大的是（　　）。

A. 投标担保　　B. 履约担保

C. 保修担保　　D. 付款担保

63. 根据我国保险制度，工程一切险通常由（　　）办理。

A. 承包人　　B. 监理人

C. 设计人　　D. 项目法人

64. 下列合同事件中，表示承包人工程施工任务完结的是（　　）。

A. 竣工结算　　B. 竣工验收

C. 工程移交　　D. 工程保修

65. 关于工程变更的说法，正确的是（　　）。

A. 承包人可直接变更能缩短工期的施工方案

B. 工程变更价款未确定之前，承包人可以不执行变更指示

C. 业主要求变更施工方案，承包人可以索赔相应费用

D. 因政府部门要求导致的设计修改，由业主和承包人共同承担责任

66. 某工程施工中出现了意外情况，导致工程量由原来的 2500m^3 增加到 3000m^3，原定工期为 30d，合同规定工程量变动10%为承包商应承担风险，则可索赔工期为（　　）d。

A. 2.5　　B. 3

C. 5　　D. 6

67. 最常用的索赔费用计算方法是（　　）。

A. 总费用法　　B. 修正总费用法

C. 网络分析法　　D. 实际费用法

68. 关于国际工程施工承包合同争议解决的说法，正确的是（　　）。

A. 国际工程施工承包合同争议解决中，仲裁实行一裁终局制

B. 国际工程施工承包合同争议解决中，诉讼是首选方式
C. FIDIC 合同中，DAB 作出的裁决是强制性的
D. 国际工程施工承包合同争议最有效的解决方式是协商

69. 关于 FIDIC《永久设备和设计—建造合同条件》的说法，正确的是（　　）。
A. 适用于由发包人负责设计的工程项目
B. 合同计价采用单价合同方式
C. 业主委派工程师负责合同管理
D. 承包商只负责提供设备及工程建造

70. 关于项目信息编码的说法，正确的是（　　）。
A. 投资项编码应采用概预算定额确定的分部分项工程编码
B. 项目实施的工作项编码就是指对施工和设备安装工作项的编码
C. 项目管理组织结构编码要依据组织结构图，对每一个工作部门进行编码
D. 进度项编码应根据不同层次的进度计划工作需要分别建立

二、多项选择题（共 30 题，每题 2 分。每题的备选项中，有 2 个或 2 个以上符合题意，至少有 1 个错项。错选，本题不得分；少选，所选的每个选项得 0.5 分）

71. 每一个建设项目根据其特点，应确定的工作流程有（　　）。
A. 设计准备工作的流程　　　　B. 施工招标工作的流程
C. 施工作业的流程　　　　　　D. 工作任务分工的流程
E. 信息处理的流程

72. 关于项目施工总承包模式特点的说法，正确的有（　　）。
A. 业主择优选择承包方范围小
B. 项目质量好坏取决于总承包单位的管理水平和技术水平
C. 开工日期不可能太早，建设周期会较长
D. 有利于业主方的总投资控制
E. 与平行发包模式相比，业主组织协调工作量大大减少

73. 下列具体情况中，施工组织设计应及时进行修改或补充的有（　　）。
A. 设计单位应业主要求对工程设计图纸进行了细微修改
B. 由于施工规范发生变更导致需要调整预应力钢筋施工工艺
C. 由于国际钢材市场价格大涨导致进口钢材无法及时供料，严重影响工程施工
D. 由于自然灾害导致工期严重滞后
E. 施工单位发现设计图纸存在严重错误，无法继续施工

74. 下列风险管理工作内容中，属于项目风险评估工作的有（　　）。
A. 分析各种风险因素发生的概率　　B. 分析各种风险发生的损失量
C. 确定风险等级　　　　　　　　　D. 确定风险量
E. 确定风险管理范围

75. 根据《建设工程监理规范》GB/T 50319—2013，工程建设监理实施细则应包括的内容有（　　）。
A. 专业工程的特点　　　　　　B. 监理的工作范围
C. 监理工作的流程　　　　　　D. 监理工作的控制要点
E. 监理工作的目标值

76. 下列施工费用中，可直接计入直接成本的有（   ）。
   A. 人工费
   B. 周转材料购置费
   C. 施工机械使用费
   D. 材料采购保管费
   E. 管理人员差旅交通费

77. 下列建筑安装工程费用中，属于企业管理费的有（   ）。
   A. 检验试验费
   B. 劳动保护费
   C. 城市维护建设税
   D. 教育费附加
   E. 增值税

78. 某混凝土工程的清单综合单价 1000 元/m³，按月结算，其工程量和施工进度数据见下表。按赢得值法计算，3月末已完工作实际费用（ACWP）是 9790 千元。该工程 3 月末参数或指标正确的有（   ）。

工作名称	计划工程量(m³/月)	实际工程量(m³/月)	工程进度（月）			
			1	2	3	4
工作A	4500	4500				
工作B	2500	2300				
工作C	1200	1250				

图例：实际进度 ▨ 计划进度 ▪

   A. 已完工作预算费用（BCWP）是 9100 千元
   B. 费用偏差（CV）是 690 千元
   C. 进度偏差（SV）是 -1600 千元
   D. 费用绩效指数（CPI）是 0.93
   E. 计划工作预算费用（BCWS）是 10700 千元

79. 根据《财政部关于印发〈企业产品成本核算制度（试行）〉的通知》（财会〔2013〕17号），建筑业企业可设置的成本项目有（   ）。
   A. 直接人工
   B. 其他直接费用
   C. 分包成本
   D. 借款费用
   E. 相关税费

80. 下列成本计划指标中，属于数量指标的有（   ）。
   A. 工程项目计划总成本指标
   B. 设计预算成本计划降低率
   C. 按主要生产要素划分的计划成本指标
   D. 各单位工程计划成本指标
   E. 责任目标成本计划降低率

81. 项目总进度目标论证时应调研和收集的资料包括（   ）。
   A. 项目决策阶段有关项目进度目标确定的情况和资料
   B. 与进度有关的该项目组织、管理、经济和技术资料
   C. 类似项目的进度资料

D. 该项目的总体部署
E. 该项目施工总承包单位的信用等级

82. 某双代号网络计划如下图所示，绘图的错误有（   ）。

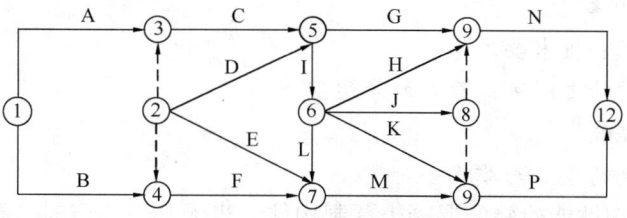

A. 有多个起点节点　　　　　　B. 有多个终点节点
C. 节点编号有误　　　　　　　D. 存在循环回路
E. 有多余虚工作

83. 某工程双代号网络计划如下图所示，已标明各项工作的最早开始时间（ES_{i-j}）、最迟开始时间（LS_{i-j}）和持续时间（D_{i-j}）。该网络计划表明（   ）。

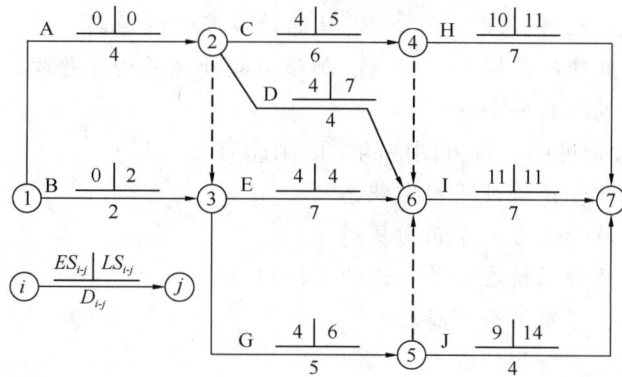

A. 工作 B 的总时差和自由时差相等
B. 工作 D 的总时差和自由时差相等
C. 工作 C 和工作 E 均为关键工作
D. 工作 G 的总时差、自由时差分别为 2d、0d
E. 工作 J 的总时差和自由时差相等

84. 网络进度计划的工期调整可通过（   ）来实现。
A. 调整关键工作持续时间　　　　B. 增减工作项目
C. 缩短非关键工作的持续时间　　D. 调整工作间的逻辑关系
E. 增加非关键工作的时差

85. 下列建设工程项目进度控制措施中，属于技术措施的有（   ）。
A. 建立图纸审查、工程变更管理制度
B. 深化设计，选用对实现目标有利的设计方案
C. 优化施工方案，合理选用机械设备
D. 编制与进度计划相适应的资金保证计划
E. 优化工作之间的逻辑关系，缩短持续时间

86. 根据《质量管理体系 基础和术语》GB/T 19000—2016，质量管理原则包括（   ）。
A. 以顾客为关注焦点　　　　　　B. 循证决策

C. 全要素控制 　　　　　　　D. 全员积极参与
E. 关系管理

87. 建设单位应组织设计单位进行设计交底，使施工单位（　　）。
A. 充分理解设计意图
B. 了解设计内容和技术要求
C. 解决各专业设计之间可能存在的矛盾
D. 消除施工图差错
E. 明确质量控制的重点与难点

88. 对于不做结构性能检验的混凝土预制构件，当无驻厂监督时，预制构件进场时应按规定进行实体检验，其检验内容包括（　　）。
A. 受力钢筋的数量、规格、间距　　B. 受力钢筋的保护层厚度
C. 预埋铁件的型号、数量　　　　　D. 混凝土强度
E. 外形尺寸偏差

89. 关于工程施工质量事故处理基本要求的说法，正确的有（　　）。
A. 确保技术先进、经济合理　　　　B. 消除造成事故的原因
C. 正确确定技术处理的范围　　　　D. 加强事故处理的检查验收工作
E. 确保事故处理期间的安全

90. 施工现场质量管理中，直方图法的主要用途有（　　）。
A. 分析生产过程质量是否处于稳定状态
B. 分析生产过程质量是否处于正常状态
C. 分析质量水平是否保持在公差允许的范围内
D. 整理统计数据，了解其分布特征
E. 找出质量问题的主要影响因素

91. 关于安全技术交底内容及要求的说法，正确的有（　　）。
A. 内容中必须包括事故发生后的避难和急救措施
B. 项目部必须实行逐级交底制度，纵向延伸到班组全体人员
C. 定期向交叉作业的施工班组进行口头交底
D. 内容中必须包括针对危险点的预防措施
E. 涉及"四新"项目的单项技术设计必须经过两阶段技术交底

92. 关于生产安全事故应急预案的说法，正确的有（　　）。
A. 编制目的是为了杜绝职业健康安全和环境事故的发生
B. 应急预案体系包括综合应急预案、专项应急预案和现场处置方案
C. 综合应急预案从总体上阐述应急的基本要求和程序
D. 专项应急预案是针对具体装置、场所或设施、岗位所制定的应急措施
E. 现场处置方案是针对具体事故类别、危险源和研究保障而制定的计划或方案

93. 关于施工现场文明施工管理措施的说法，正确的有（　　）。
A. 施工现场实行封闭管理，外来人员进场实行登记制度
B. 市区主要路段的工地围挡高度不低于2m
C. 施工现场作业区、生活区主干道地面必须硬化
D. 施工现场作业区内禁止随意吸烟

E. 施工现场消防重点部位设置灭火器和消防砂箱

94. 关于世界银行贷款项目工程和货物采购方式的说法，正确的有（　　）。
A. 首选国际竞争性招标方式
B. 可以采用直接签订合同的方式
C. 国际竞争性招标方式属于公开招标
D. 有限国际招标方式相当于邀请招标
E. 不允许采用自营工程和询价采购的方式

95. 根据《建设工程施工合同（示范文本）》GF—2017—0201 通用条款，除专用条款另有约定外，发包人的责任与义务有（　　）。
A. 按照承包人实际需要的数量免费提供图纸
B. 对施工现场发掘的文物古迹采取妥善保护措施
C. 负责完善无法满足施工需要的场外交通设施
D. 最迟于开工日期 7d 前向承包人移交施工现场
E. 无条件向承包人提供银行保函形式的支付担保

96. 采用固定总价合同时，承包商承担的价格风险有（　　）。
A. 漏报项目
B. 报价计算错误
C. 工程范围不确定
D. 工程量计算错误
E. 物价和人工费上涨

97. 下列工程合同风险中，属于信用风险的有（　　）。
A. 物价上涨
B. 知假买假
C. 偷工减料
D. 违法分包
E. 拖欠工程款

98. 关于建筑市场诚信行为记录的说法，正确的有（　　）。
A. 由地方建设行政主管部门统一公布
B. 良好行为记录信息的公布期限一般为 3 年
C. 不良行为记录信息的公布期限最短为 1 年
D. 不良行为记录信息公布时间是行政处罚决定做出后 7 日内
E. 不良行为记录信息公布期限可以根据整改审查结果延长

99. 承包人向发包人索赔成立的前提条件有（　　）。
A. 按合同规定程序和时间提交了索赔报告
B. 索赔前需进行现场保护
C. 按合同规定程序和时间提交了索赔意向通知
D. 与合同对照，事件已造成了承包人实际损失
E. 索赔原因按合同约定不属于承包人的行为责任

100. 工程项目管理信息系统的成本控制功能包括（　　）。
A. 进行项目的估算、概预算的比较分析
B. 计划成本与实际成本的比较分析
C. 根据工程进展进行成本预测
D. 计算实际成本
E. 合同执行情况的查询和统计分析

2018年度真题参考答案及解析

一、单项选择题

1. D；	2. A；	3. A；	4. B；	5. C；
6. D；	7. B；	8. A；	9. C；	10. A；
11. C；	12. C；	13. A；	14. A；	15. B；
16. A；	17. C；	18. C；	19. C；	20. B；
21. D；	22. B；	23. C；	24. A；	25. D；
26. B；	27. C；	28. B；	29. B；	30. D；
31. C；	32. B；	33. C；	34. D；	35. D；
36. A；	37. B；	38. D；	39. D；	40. D；
41. D；	42. C；	43. C；	44. D；	45. D；
46. D；	47. C；	48. A；	49. B；	50. D；
51. A；	52. A；	53. C；	54. D；	55. D；
56. B；	57. D；	58. A；	59. D；	60. C；
61. A；	62. B；	63. D；	64. C；	65. D；
66. B；	67. D；	68. D；	69. C；	70. C。

【解析】

1. D。本题考核的是物业运行管理的内容。物业运行管理主要包括维修管理和现代化。

2. A。本题考核的是建设工程项目管理的发展趋势（PMBOK）。项目组合中的项目或项目集不一定彼此依赖，或者有直接关系，B选项表述错误。一组相互关联且被协调管理的项目。协调管理是为了获得对单个项目分别管理所无法实现的利益和控制。项目集中可能包括各单个项目范围之外的相关工作。故C、D选项错误。

3. A。本题考核的是施工方的项目管理。项目的整体利益和施工方本身的利益是对立统一关系，两者有其统一的一面，也有其矛盾的一面。故B选项表述过于绝对。施工方项目管理工作涉及设计阶段、施工阶段、动用前准备阶段和保修期，主要在施工阶段进行。施工总承包方或施工总承包管理方的成本目标是由施工企业根据其生产和经营的情况自行确定的，要注意"目标"有"成本目标"的不同，故D选项错误。

4. B。本题考核的是项目结构分析。同一个建设工程项目可有不同的项目结构的分解方法。故A选项表述错误。一些居住建筑开发项目，可根据建设的时间对项目的结构进行逐层分解，如第一期工程、第二期工程和第三期工程等。B选项说法正确。群体项目、单体工程可以进行多层次分解。故C、D选项错误。

5. C。本题考核的是项目决策阶段策划的工作内容。A、B、D选项均属于项目实施阶段的合同策划内容。

6. D。本题考核的是项目实施管理策划的内容。项目实施的管理策划的主要工作内容包括：（1）项目实施各阶段项目管理的工作内容；（2）项目风险管理与工程保险方案。

7. B。本题考核的是施工总承包管理模式与施工总承包模式的比较。施工总承包管理模式与施工总承包模式相比在合同价方面有以下优点：（1）合同总价不是一次确定，某一部分施工图设计完成以后，再进行该部分施工招标，确定该部分合同价，因此整个建设项目的合同总额的确定较有依据；（2）所有分包都通过招标获得有竞争力的投标报价，对业主方节约投资有利；（3）在施工总承包管理模式下，分包合同价对业主是透明的。

8. A。本题考核的是分包单位的选择和认可。一般情况下，当采用施工总承包管理模式时，分包合同由业主与分包单位直接签订。

9. C。本题考核的是建设工程项目管理规划的概述。建设工程项目管理规划涉及项目整个实施阶段，它属于业主方项目管理的范畴。

10. A。本题考核的是施工组织设计的编制和审批。注意：因主体工程不能分包，C、D选项则可以直接排除。主体钢结构工程的专项施工方案应当由，施工单位技术负责人审批。

11. C。本题考核的是动态控制在投资控制中的应用。在设计过程中，投资的计划值和实际值的比较即工程概算与投资规划的比较，以及工程预算与概算的比较。

12. C。本题考核的是建筑市场诚信行为的奖惩。依据《注册建造师管理规定》，违法违规行为、被投诉举报处理、行政处罚等情况应当作为注册建造师的不良行为记录记入其信用档案。

13. A。本题考核的是劳动用工管理。建筑施工企业应当将每个工程项目中的施工管理、作业人员劳务档案中有关情况在当地建筑业企业信息管理系统中按规定如实填报。人员发生变更的，应当在变更后7个工作日内，在建筑业企业信息管理系统中，做相应变更。

14. A。本题考核的是建设工程项目的风险类型。建设工程项目的组织风险，如：（1）组织结构模式；（2）工作流程组织；（3）任务分工和管理职能分工；（4）业主方（包括代表业主利益的项目管理方）人员的构成和能力；（5）设计人员和监理工程师的能力；（6）承包方管理人员和一般技工的能力；（7）施工机械操作人员的能力和经验；（8）损失控制和安全管理人员的资历和能力等。

15. B。本题考核的是监理的工作任务。经总监理工程师签字，建设单位不拨付工程款，不进行竣工验收。

16. A。本题考核的是成本核算。对竣工工程的成本核算，应区分为竣工工程现场成本和竣工工程完全成本，分别由项目管理机构和企业财务部门进行核算分析，其目的在于分别考核项目管理绩效和企业经营效益。

17. B。本题考核的是成本管理的技术措施。结合项目的施工组织设计及自然地理条件，降低材料的库存成本和运输成本等均属于成本管理的技术措施。

18. C。本题考核的是施工成本计划。5月末计划累计成本支出＝（10×3）+（20×4）+（15×3）+（30×3）+25＝270万元。

19. C。本题考核的是施工预算表。将已汇总的人工、材料、机械台班消耗数量分别乘以所在地区的人工工资标准、材料预算价格、机械台班单价，计算出人料机费（有定额单价时可直接使用定额单价）。

20. B。本题考核的是 ACV（预测项目完工时费用偏差）的计算。ACV（预测项目完工时的费用偏差）＝BAC（项目完工预算）－EAC（预测项目完工估算）。

BAC＝完工的计划工程量×预算价＝1000×60＝60000元。

EAC＝工程量×预测的价格（实际单价）。

实际的价格 = 50000/800 = 62.5 元/m²。
$$EAC = 1000 \times 62.5 = 62500 \text{ 元}。$$
$ACV = BAC - EAC = 60000 - 62500 = -2500 \text{ 元}。$

21. D。本题考核的是成本控制的程序。项目成本指标控制程序如下：(1) 确定成本，管理分层次目标；(2) 采集成本数据监测成本形成过程；(3) 找出偏差，分析原因；(4) 制定对策，纠正偏差；(5) 调整改进成本管理方法。

22. B。本题考核的是成本核算的范围。根据《企业会计准则第 15 号——建造合同》，工程成本包括从建造合同签订开始至合同完成止所发生的、与执行合同有关的直接费用和间接费用。

23. C。本题考核的是成本核算的方法。表格法的缺点是难以实现较为科学严密的审核制度，精度不高，覆盖面小，故 A 选项错误。会计核算法不仅核算工程项目施工的直接成本，而且还要核算工程项目在施工过程中出现的债权债务、为施工生产而自购的工具、器具摊销、向发包单位的报量和收款、分包完成和分包付款等。故 B 选项错误。因为表格核算具有操作简单和表格格式自由等特点，因而对工程项目内各岗位成本的责任核算，比较实用。故 C 选项表述正确。会计核算可以对施工单位整个企业的生产经营进行核算。故 D 选项错误。

24. A。本题考核的是成本分析的基本方法。在一般情况下，都希望以最少的工资支出完成最大的产值。因此，用产值工资率指标来考核人工费的支出水平，可以很好地分析人工成本。经对比甲的人均效益最优。

25. D。本题考核的是不同类型的建设工程进度计划系统。由不同深度的进度计划构成的计划系统，包括：(1) 总进度规划（计划）；(2) 项目子系统进度规划（计划）；(3) 项目子系统中的单项工程进度计划等。

26. B。本题考核的是项目进度控制的任务。建设项目供货进度计划应包括供货的所有环节，如采购、加工制造、运输等。

27. C。本题考核的是项目总进度目标论证的工作内容。建设工程项目总进度目标的控制是业主方项目管理的任务（若采用建设项目工程总承包的模式，协助业主进行项目总进度目标的控制也是建设项目工程总承包方项目管理的任务）。

28. B。本题考核的是项目总进度目标论证的工作步骤。建设工程项目总进度目标论证的工作步骤：(1) 调查研究和收集资料；(2) 项目结构分析；(3) 进度计划系统的结构分析；(4) 项目的工作编码；(5) 编制各层进度计划；(6) 协调各层进度计划的关系，编制总进度计划；(7) 若所编制的总进度计划不符合项目的进度目标，则设法调整；(8) 若经过多次调整，进度目标无法实现，则报告项目决策者。

29. B。本题考核的是总时差的计算。首先判断工作 N 的最早开始时间：其 3 项紧前工作的最早完成时间的最大值，即第 13 天。最迟完成时间为第 25 天，持续时间为 6d，则工作 N 的最迟开始时间，为 19d。总时差等于其最迟开始时间减去最早开始时间，或等于最迟完成时间减去最早完成时间。工作的总时差=最迟开始时间-最早开始时间=25-19=6d。

30. B。本题考核的是双代号时标网络计划的计算。关于本题首先应从终点节点逆着箭线到起点节点，找出关键线路为：①→②→③→⑥→⑦→⑩→⑪。

F 工作的最迟完成时间=最早完成时间+总时差。

F 工作的最迟完成时间=5+2=7d。

H 工作的最迟完成时间=最早完成时间+总时差。

H 工作的最迟完成时间=9+2=11d。

31. C。本题考核的是双代号网络自由时差的计算。自由时差等于紧后工作的最早开始时间减去本工作的最早完成时间。本题的关键线路为：A→B→D→H→I（或①→②→③→④→⑤→⑥→⑦）。H 的最早开始时间为 6+3+9=18。E 工作的最早完成时间等于 6+3+7=16，自由时差=18-16=2d。

32. B。本题考核的是最迟完成时间的计算。本工作的最迟完成时间等于紧后工作最迟开始时间的最小值。

33. C。本题考核的是关键线路的计算。自始至终全部由关键工作组成的线路为关键线路，或线路上总的工作持续时间最长的线路为关键线路。关键线路有：A→D→H→K（或①→②→⑦→⑧→⑨），A→E→I→K（①→②→③→⑥→⑧→⑨），A→G→I→K（①→②→③→④→⑤→⑥→⑧→⑨）。

34. D。本题考核的是自由时差和总时差。该工作的持续时间延长了 4d，小于 5d 的总时差，说明并不影响总工期。M 的自由时差为 2d，该工作导致其紧后工作的最早开始时间推迟 2d（4-2）。故 D 选项正确。

35. A。本题考核的是项目进度控制的经济措施。建设工程项目进度控制的经济措施涉及资金需求计划、资金供应的条件和经济激励措施等。为确保进度目标的实现，应编制与进度计划相适应的资源、需求计划（资源进度计划）。B、D 选项属于管理措施；C 选项属于技术措施。

36. A。本题考核的是质量风险响应。风险规避是采取恰当的措施避免质量风险的发生。例如：依法进行招标投标，慎重选择有资质、有能力的项目设计、施工、监理单位，避免因这些质量责任单位选择不当而发生质量风险。不参与投标属于风险规避。

37. B。本题考核的是项目质量的影响因素分析。我国实行建筑业企业经营资质管理制度、市场准入制度、执业资格注册制度、作业及管理人员持证上岗制度等，从本质上说，都是对从事建设工程活动的人的素质和能力进行必要的控制。

38. B。本题考核的是项目质量控制体系的特点。建设工程项目的实施，涉及业主方、勘察方、设计方、施工方、监理方、供应方等多方质量责任主体的活动，各方主体各自承担不同的质量责任和义务。故 B 选项正确。项目质量控制体系以项目为对象，只用于特定的项目质量控制，而不是用于建筑企业或组织的质量管理。故 A 选项错误。项目质量控制体系的控制目标是项目的质量目标，并非某一具体企业或组织的质量管理目标。故 C 选项错误。项目质量控制体系的有效性一般由项目管理的组织者进行自我评价与诊断，不需进行第三方认证。故 D 选项错误。

39. D。本题考核的是企业质量管理体系程序性文件的管理程序。一般有六个方面的程序为通用性管理程序，适用于各类企业：（1）文件控制程序；（2）质量记录管理程序；（3）内部审核程序；（4）不合格品控制程序；（5）纠正措施控制程序；（6）预防措施控制程序。除以上六个程序以外，涉及产品质量形成过程各环节控制的程序文件，如生产过程、服务过程、管理过程、监督过程等管理程序文件，可视企业质量控制的需要而制定，不作统一规定。

40. C。本题考核的是施工质量控制的基本环节。事中控制的重点是工序质量，工作质量和质量控制点的控制。

41. D。本题考核的是质量控制点的重点控制对象。大体积混凝土内外温差及混凝土冬期施工受冻临界强度，装配式混凝土预制构件出厂时的强度等技术参数都是应重点控制的质量参数与指标。

42. C。本题考核的是影响建设项目施工质量的环境因素。影响项目质量的环境因素，包括项目的自然环境因素、社会环境因素、管理环境因素和作业环境因素。

43. C。本题考核的是预制构件的质量验收。当无驻厂监督时，预制构件进场时应对其主要受力钢筋数量、规格、间距、保护层厚度及混凝土强度等进行实体检验。检验数量：同一类型预制构件不超过1000个为一批，每批随机抽取1个构件进行结构性能检验。

44. D。本题考核的是竣工质量验收的程序和组织。工程竣工验收合格后，建设单位应当及时提出工程竣工验收报告。D选项中提出竣工验收报告的主体错误。

45. C。本题考核的是施工质量缺陷处理的基本方法。虽然该窗户位置的偏差不至于影响结构安全，但由于该工程正在进行墙体砌筑，偏差错误是可以返工处理纠正的。

46. D。本题考核的是施工质量事故报告和调查处理程序。事故报告→事故调查→事故的原因分析→制定事故处理的技术方案→事故处理→事故处理的鉴定验收→提交事故处理报告。

47. C。本题考核的是因果分析图法。因果分析图法，也称为质量特性要因分析法，其基本原理是对每一个质量特性或问题，逐层深入排查可能原因，然后确定其中最主要原因，进行有的放矢的处置和管理。

48. A。本题考核的是政府对工程项目的质量监督。B选项中的正确表述应为"建设单位"，而非"施工单位"。抢险救灾工程、临时性房屋建筑工程和农民自建低层住宅工程，不适用《房屋建筑和市政基础设施工程质量监督管理规定》。D选项的正确表述应为"监督机构可以聘请中级职称以上的工程类专业技术人员协助实施工程质量监督"。

49. B。本题考核的是职业健康安全管理体系和环境管理体系的要素。职业健康安全管理体系和环境管理体系的要素。核心要素包括10个要素：职业健康安全方针；对危险源辨识、风险评价和控制措施的确定；法律法规和其他要求；目标和方案；资源、作用、职责、责任和权限；合规性评价；运行控制；绩效测量和监视；内部审核；管理评审。（注：此知识点已删除）

50. D。本题考核的是安全生产教育培训制度。企业新员工上岗前必须进行三级安全教育，企业新员工须按规定通过三级安全教育和实际操作训练，并经考核合格后方可上岗。A选项错在缺少"经考核合格后方可上岗"。B选项的正确表述应为"项目级安全教育，由项目级负责人组织实施，专职或兼职安全员协助"。C选项的正确表述应为"班组级安全教育由班组长组织实施"。

51. A。本题考核的是安全生产许可证制度。安全生产许可证的有效期为3年。

52. A。本题考核的是施工安全技术措施的一般要求。施工安全技术措施必须包括应急预案。施工安全技术措施要有针对性，其针对每项工程的特点制定的，故B选项错误。施工安全技术措施必须在工程开工前制定，故C选项错误。对爆破、拆除、起重吊装、水下、基坑支护和降水、土方开挖、脚手架、模板等危险性较大的作业，必须编制专项安全施工技术方案，并非所有施工组织设计，故D选项错误。

53. C。本题考核的是职业伤害事故的分类。较大事故，是指造成3人以上10人以下死亡，或者10人以上50人以下重伤，或者1000万元以上5000万元以下直接经济损失的事故。

54. D。本题考核的是建设工程安全事故的调查处理。重大事故由事故发生地省级人民政府负责调查。省级人民政府可以直接组织事故调查组进行调查，也可以授权或者委托有关部门组织事故调查组进行调查。

55. C。本题考核的是施工现场食堂的管理。制作间灶台及其周边应贴瓷砖，所贴瓷砖高度不宜小于1.5m，C选项符合要求。食堂必须有卫生许可证，炊事人员必须持身体健康证上岗，故A选项错误。非炊事人员不得随意进入制作间，故B选项错误。食堂外应设置密闭式泔水桶，并应及时清运。并非"定期清理"。

56. B。本题考核的是建设工程施工现场环境保护的措施。A、C选项属于施工过程中的水污染防治措施。采用低噪声设备和加工工艺代替高噪声设备与加工工艺属于噪声污染的防治措施。

57. D。本题考核的是合同订立的程序。在明确中标人并发出中标通知书后，双方即可就建设工程施工合同的具体内容和有关条款展开谈判，直到最终签订合同。

58. A。本题考核的是实际竣工日期和工程保修期的起始时间。工程经竣工验收合格的，以承包人提交竣工验收申请报告之日为实际竣工日期，并在工程接收证书中载明。工程保修期从工程竣工验收合格之日起算。

59. D。本题考核的是监理的范围和工作内容。B选项的正确表述应为"参加由委托人主持的第一次工地会议"。审查施工承包人提交的竣工验收申请，编写工程质量评估报告属于监理工作的内容。C选项的正确表述应为"参加工程竣工验收，签署竣工验收意见"。发包人应按合同约定及时组织竣工验收。发包人应按照专用合同条款约定的期限、数量和内容向承包人免费提供图纸，并组织承包人、监理人和设计人进行图纸会审和设计交底。

60. C。本题考核的是工程咨询合同计价方式。工程咨询服务合同的计价主要采用总价和成本加酬金方式。

61. A。本题考核的是成本加酬金合同的形式。在招标时，当图纸、规范等准备不充分，不能据以确定合同价格，而仅能制定一个估算指标时可采用成本加奖金合同。

62. B。本题考核的是履约担保。所谓履约担保，是指招标人在招标文件中规定的要求中标的投标人提交的保证履行合同义务和责任的担保。这是工程担保中最重要也是担保金额最大的工程担保。

63. D。本题考核的是工程一切险。为了保证保险的有效性和连贯性，国内工程通常由项目法人办理保险，国际工程一般要求承包人办理保险。

64. C。本题考核的是工程的验收、移交和保修。移交表示业主认可并接收工程；承包人工程施工任务的完结；工程所有权的转让；承包人工程照管责任的结束和业主工程照管责任的开始；保修责任开始；合同规定的工程款支付条款有效。

65. C。本题考核的是工程变更管理。承包商提出的工程变更，应该交予工程师审查并批准并非"直接变更"。由于业主要求、政府部门要求、环境变化、不可抗力、原设计错误等导致的设计修改，应该由业主承担责任。由此所造成的施工方案的变更以及工期的延长和费用的增加应该向业主索赔。故C选项正确，D选项错误。即使工程变更价款没有确定，或者承包人对工程师答应给予付款的金额不满意，承包人也必须一边进行变更工作，一边根据合同寻求解决办法。故B选项错误较为明显。

66. B。本题考核的是工期索赔值的计算。工期索赔值=原工期×新增工程量/原工程量=30×[3000−2500×(1+10%)]/2500=3d。

67. D。本题考核的是索赔费用的计算方法。索赔费用的计算方法有：实际费用法、总费用法和修正的总费用法。其中，实际费用法是计算工程索赔时最常用的一种方法。

68. D。本题考核的是施工承包合同争议的解决方式。在双方的合同中应该约定仲裁的效力，即仲裁决定是否为终局性的。在我国，仲裁实行一裁终局制。故 A 选项错误。协商解决争议是最常见也是最有效的方式，也是应该首选的最基本的方式。故 B 选项错误，D 选项正确。DAB 提出的裁决不是强制性的，不具有终局性。

69. C。本题考核的是《永久设备和设计—建造合同条件》。FIDIC 系列合同条件中，《永久设备和设计—建造合同条件》适用于由承包商做绝大部分设计的工程项目，承包商要按照业主的要求进行设计、提供设备以及建造其他工程。故 A、D 选项错误。合同计价采用总价合同方式，如果发生法规规定的变化或物价波动，合同价格可随之调整。故 B 选项错误。

70. C。本题考核的是项目信息编码的方法。项目的投资项编码（业主方）并不是概预算定额确定的分部分项工程的编码，它应综合考虑概算、预算、标底、合同价和工程款的支付等因素，建立统一的编码。故 A 选项错误。施工和设备安装工作项的编码仅是其中一项，并不是全部，B 选项表述过于绝对。项目的进度项（进度计划的工作项）编码，应综合考虑不同层次、不同深度和不同用途的进度计划工作项的需要，建立统一的编码。故 D 选项错误。

二、多项选择题

71. A、B、C、E；	72. B、C、D、E；	73. B、C、D、E；
74. A、B、C、D；	75. A、C、D、E；	76. A、C、D；
77. A、B、C、D；	78. A、C、D、E；	79. A、B、C；
80. A、C、D；	81. A、B、C、D；	82. A、C；
83. A、B、D、E；	84. A、B、D；	85. A、C、D、E；
86. A、B、D、E；	87. A、B、D、E；	88. A、B、D、E；
89. A、B、D、E；	90. A、B、D、E；	91. A、B、D、E；
92. B、C；	93. A、C、D、E；	94. B、C、D；
95. B、C、D；	96. A、B、E；	97. A、C、D、E；
98. A、B、D、E；	99. A、C、D；	100. B、C、D。

【解析】

71. A、B、C、E。本题考核的是工作流程组织的任务。组织在项目管理中的应用，每一个建设项目应根据其特点，从多个可能的工作流程方案中确定以下几个主要的工作流程组织：（1）设计准备工作的流程；（2）设计工作的流程；（3）施工招标工作的流程；（4）物资采购工作的流程；（5）施工作业的流程；（6）各项管理工作（投资控制、进度控制、质量控制、合同管理和信息管理等）的流程；（7）与工程管理有关的信息处理的流程。

72. B、C、D、E。本题考核的是施工总承包模式的特点。"建设工程项目质量的好坏在很大程度上取决于施工总承包单位的管理水平和技术水平"属于施工总承包模式进度质量方面的特点，故 B 选项正确。"由于一般要等施工图设计全部结束后，业主才进行施工总承包的招标，因此，开工日期不可能太早，建设周期会较长"属于施工总承包模式进度控制方面的特点，故 C 选项正确。"在开工前就有较明确的合同价，有利于业主的总投资控制"是施工总承包模式投资控制方面的特点,故 D 选项正确。"由于业主只负责对施工总承包单位的管理及组织协调,其组织与协调的工作量比平行发包会大大减少,这对业主有利"是施工总承包模式进度质量方面的特点,故 E 选项正确。

73. B、C、D、E。本题考核的是施工组织设计的动态管理。项目施工过程中,发生以下情况之一时,施工组织设计应及时进行修改或补充:(1)工程设计有重大修改;(2)有关法律、法规、规范和标准实施、修订和废止;(3)主要施工方法有重大调整;(4)主要施工资源配置有重大调整;(5)施工环境有重大改变。

74. A、B、C、D。本题考核的是项目风险评估包括的工作。项目风险评估工作包括:(1)利用已有数据资料(主要是类似项目有关风险的历史资料)和相关专业方法分析各种风险因素发生的概率;(2)分析各种风险的损失量,包括可能发生的工期损失、费用损失,以及对工程的质量、功能和使用效果等方面的影响;(3)根据各种风险发生的概率和损失量,确定各种风险的风险量和风险等级。

75. A、C、D、E。本题考核的是工程建设监理实施细则应包括的内容。工程建设监理实施细则应包括下列内容:(1)专业工程的特点;(2)监理工作的流程;(3)监理工作的控制要点及目标值;(4)监理工作的方法和措施。监理的工作范围属于建设监理规划的内容。

76. A、C、D。本题考核的是直接费用。直接费用是指为完成合同所发生的、可以直接计入合同成本核算对象的各项费用支出。直接费用包括:(1)耗用的材料费用;(2)耗用的人工费用;(3)耗用的机械使用费;(4)其他直接费用,指其他可以直接计入合同成本的费用。

77. A、B、C、D。本题考核的是按成本组成编制成本计划的方法。E 选项的增值税不属于企业管理费。

78. A、C、D、E。本题考核的是赢得值(挣值)法。
(1)已完工作预算费用(BCWP)=已完成工作量×预算单价
$$BCWP=1000×(4500+2300×2)=9100 \text{千元}$$
故 A 选项正确。
(2)进度偏差(SV)=已完工作预算费用(BCWP)-计划工作预算费用(BCWS)
$$SV=BCWP-BCWS=-1600 \text{千元}$$
故 C 选项正确。
(3)费用绩效指数(CPI)=已完工作预算费用(BCWP)/已完工作实际费用(ACWP)
$$CPI=BCWP/ACWP=0.93$$
故 D 选项正确。
(4)计划工作预算费用(BCWS)=计划工作量×预算单价
$$BCWS=1000×(4500+2500×2+1200)=10700 \text{千元}$$
故 E 选项正确。
(5)费用偏差(CV)=已完工作预算费用(BCWP)-已完工作实际费用(ACWP)
$$CV=BCWP-ACWP=-690 \text{千元}$$
故 B 选项错误。

79. A、B、C。本题考核的是成本核算的范围。《财政部关于印发〈企业产品成本核算制度(试行)〉的通知》(财会[2013]17号),将成本项目分为:直接人工;直接材料;

机械使用费；其他直接费用；间接费用；分包成本。

80. A、C、D。本题考核的是成本考核的依据。成本考核的主要依据是成本计划确定的各类指标。其中，成本计划的数量指标，包括：按子项汇总的工程项目计划总成本指标；按分部汇总的各单位工程（或子项目）计划成本指标；按人工材料、机具等各主要生产要素划分的计划成本指标。

81. A、B、C、D。本题考核的是项目总进度目标论证的工作步骤。项目总进度目标论证的工作中，调查研究和收集资料的工作包括：（1）了解和收集项目决策阶段有关项目进度目标确定的情况和资料；（2）收集与进度有关的该项目组织、管理、经济和技术资料；（3）收集类似项目的进度资料；（4）了解和调查该项目的总体部署；（5）了解和调查该项目实施的主客观条件等。

82. A、C。本题考核的是双代号网络图的绘图规则。①、②均为起点节点。存在两个⑨。

83. A、B、D、E。本题考核的是双代号网络计划时间参数的计算。工作 B 的总时差＝4-2-0＝2，工作 B 的自由时差＝4-2-0＝2d，两者相等，故选项 A 正确。本题的关键线路为①→②→③→⑥→⑦，工作 C 为非关键工作。工作 D 的总时差＝11-4-4＝3d，工作 D 的自由时差＝11-4-4＝3d，两者相等，故选项 B 正确。工作 G 的总时差＝11-5-4＝2d，工作 G 的自由时差＝9-5-4＝0d。故选项 D 正确。工作 J 的总时差＝18-4-9＝5d，工作 J 的自由时差＝18-4-9＝5d。故选项 E 正确。

84. A、B、D。本题考核的是网络计划调整的内容。网络计划调整内容包括：调整关键线路的长度；调整非关键工作时差；增、减工作项目；调整逻辑关系；重新估计某些工作的持续时间；对于资源的投入作相应调整。

85. B、C。本题考核的是项目进度控制的技术措施。建设工程项目进度控制的技术措施涉及对实现进度目标有利的设计技术和施工技术的选用。在工程进度受阻时，应分析是否存在施工技术的影响因素，为实现进度目标有无改变施工技术、施工方法和施工机械的可能性。A 选项属于组织措施。D 选项属于经济措施。E 选项属于管理措施。

86. A、B、D、E。本题考核的是质量管理原则。《质量管理体系标准 基础和术语》提出了质量管理7项原则：（1）以顾客为关注焦点；（2）领导作用；（3）全员积极参与；（4）过程方法；（5）改进；（6）循证决策；（7）关系管理。

87. A、B、E。本题考核的是设计交底和图纸会审。建设单位和监理单位应组织设计单位向所有的施工实施单位进行详细的设计交底，使实施单位充分理解设计意图，了解设计内容和技术要求，明确质量控制的重点和难点；同时认真地进行图纸会审，深入发现和解决各专业设计之间可能存在的矛盾，消除施工图的差错。

88. A、B、D。本题考核的是装配式混凝土建筑的施工质量验收。不做结构性能检验的预制构件，施工单位或监理单位代表应驻厂监督生产过程。当无驻厂监督时，预制构件进场时应对其主要受力钢筋数量、规格、间距、保护层厚度及混凝土强度等进行实体检验。

89. B、C、D、E。本题考核的是施工质量事故处理的基本要求。施工质量事故处理的基本要求：（1）质量事故的处理应达到安全可靠、不留隐患、满足生产和使用要求、施工方便、经济合理的目的；（2）消除造成事故的原因，注意综合治理，防止事故再次发生；（3）正确确定技术处理的范围和正确选择处理的时间和方法；（4）切实做好事故处理的检查验收工作，认真落实防范措施；（5）确保事故处理期间的安全。

90. A、B、C、D。本题考核的是直方图法的主要用途。直方图法的主要用途：（1）整理统计数据，了解统计数据的分布特征，即数据分布的集中或离散状况，从中掌握质量能力状态；（2）观察分析生产过程质量是否处于正常、稳定和受控状态以及质量水平是否保持在公差允许的范围内。

91. A、B、D、E。本题考核的是安全技术交底的内容及要求。安全技术交底必须采用书面形式进行。安全技术交底主要内容如下：（1）本施工项目的施工作业特点和危险点；（2）针对危险点的具体预防措施；（3）应注意的安全事项；（4）相应的安全操作规程和标准；（5）发生事故后应及时采取的避难和急救措施。对于涉及"四新"项目或技术含量高、技术难度大的单项技术设计，必须经过两阶段技术交底。应定期向由两个以上作业队和多工种进行交叉施工的作业队伍进行书面交底。故 C 选项错误。

92. B、C。本题考核的是生产安全事故应急预案的目的及其构成。编制应急预案的目的，是防止一旦紧急情况发生时出现混乱，能够按照合理的响应流程采取适当的救援措施，预防和减少可能随之引发的职业健康安全和环境影响。故 A 选项错误。专项应急预案是针对具体的事故类别（如基坑开挖、脚手架拆除等事故）、危险源和应急保障而制定的计划或方案。故 D 选项错误。现场处置方案是针对具体的装置、场所或设施、岗位所制定的应急处置措施。故 E 选项错误。

93. A、C、D、E。本题考核的是建设工程现场文明施工的措施。市区主要路段和其他涉及市容景观路段的工地设置围挡的高度不低于 2.5m。故 B 选项错误。

94. B、D。本题考核的是招标方式的确定。世界银行贷款项目中的工程和货物的采购，可以采用国际竞争性招标、有限国际招标、国内竞争性招标、询价采购、直接签订合同、自营工程等采购方式。其中，国际竞争性招标和国内竞争性招标都属于公开招标，而有限国际招标则相当于邀请招标。

95. B、C、D。本题考核的是发包方的责任与义务。根据《建设工程施工合同（示范文本）》通用条款，发包人的责任与义务有许多，最主要的有：（1）图纸的提供和交底；（2）对化石、文物的保护；（3）出入现场的权利；（4）场外交通；（5）场内交通；（6）许可或批准；（7）提供施工现场；（8）提供施工条件；（9）提供基础资料；（10）资金来源证明及支付担保；（11）支付合同价款；（12）组织竣工验收；（13）现场统一管理协议。除专用合同条款另有约定外，发包人要求承包人提供履约担保的，发包人应当向承包人提供支付担保。支付担保可以采用银行保函或担保公司担保等形式。除专用合同条款另有约定外，发包人应最迟于开工日期 7d 前向承包人移交施工现场。

96. A、B、E。本题考核的是固定总价合同。固定总价合同中，承包商的风险主要有两个方面：（1）价格风险；（2）工作量风险。价格风险有：报价计算错误、漏报项目、物价和人工费上涨等；工作量风险有：工程量计算错误、工程范围不确定、工程变更或者由于设计深度不够所造成的误差等。

97. B、C、D、E。本题考核的是工程合同的信用风险。合同信用风险是指主观故意原因导致的。表现为合同双方的机会主义行为，如业主拖欠工程款，承包商层层转包、非法分包、偷工减料、以次充好、知假买假等。

98. A、B、D、E。本题考核的是施工合同履行过程中的诚信自律。诚信行为记录由各省、自治区、直辖市建设行政主管部门在当地建筑市场诚信信息平台统一公布。不良行为记录信息的公布时间为行政处罚决定作出后 7 日内，公布期限一般为 6 个月至 3 年；良好行为记录信息公布期限一般为 3 年。对于拒不整改或整改不力的单位,信息发布部门可延长其不良行为记录信息公布期限。

99. A、C、D、E。本题考核的是索赔成立的前提条件。索赔的成立,应该同时具备以下三个前提条件:(1) 与合同对照,事件已造成了承包人工程项目成本的额外支出,或直接工期损失;(2) 造成费用增加或工期损失的原因,按合同约定不属于承包人的行为责任或风险责任;(3) 承包人按合同规定的程序和时间提交索赔意向通知和索赔报告。

100. B、C、D。本题考核的是工程项目管理信息系统的功能。工程项目管理信息系统成本控制的功能包括:(1) 投标估算的数据计算和分析;(2) 计划施工成本;(3) 计算实际成本;(4) 计划成本与实际成本的比较分析;(5) 根据工程的进展进行施工成本预测等。

2017年度全国一级建造师执业资格考试

《建设工程项目管理》

真题及解析

2017 年度《建设工程项目管理》真题

一、单项选择题（共70题，每题1分。每题的备选项中，只有1个最符合题意）

1. 关于单价合同中承包商风险的说法，正确的是（　　）。
   A. 单价合同中承包商存在工程量方面的风险
   B. 单价合同中承包商存在投标总价过低方面的风险
   C. 固定单价合同条件下，承包商存在通货膨胀带来的单价上涨的风险
   D. 变动单价合同下，承包商存在通货膨胀带来的单价上涨的风险

2. 根据《工程网络计划技术规程》JGJ/T 121—2015，直接法绘制时标网络计划的第一步工作是（　　）。
   A. 绘制标时网络计划
   B. 计算各工作的最早时间
   C. 确定各节点的位置号
   D. 将起点节点定位在时标计划表的起始刻度线上

3. 根据《建设工程项目管理规范》GB/T 50326—2006，项目管理规划大纲的编制工作包括：①收集项目的有关资料和信息；②明确项目目标；③确定项目管理组织模式；④明确项目管理内容；⑤编制项目目标计划；⑥报送审批；⑦分析项目环境和条件。正确的编制程序是（　　）。
   A. ①—②—⑦—④—③—⑤—⑥
   B. ②—⑦—①—③—④—⑤—⑥
   C. ①—②—⑦—⑤—③—④—⑥
   D. ②—①—⑦—④—⑤—③—⑥

4. 根据《建设工程质量管理条例》，对国家重大技术改造项目实施监督检查的部门是（　　）。
   A. 建设行政主管部门
   B. 发展计划部门
   C. 环境保护部门
   D. 经济贸易主管部门

5. 根据《质量管理体系 基础和术语》GB/T 19000—2008/ISO 9000：2005，"凡工程产品没有满足某个与预期或规定用途有关的要求"称为（　　）。
   A. 质量问题
   B. 质量事故
   C. 质量不合格
   D. 质量缺陷

6. 在解决国际工程承包合同争议的时候，应该首选（　　）方式。
   A. 协商
   B. 仲裁
   C. DAB
   D. DRB

7. 下列合同实施偏差处理措施中，属于合同措施的是（　　）。
   A. 采取索赔手段
   B. 变更技术方案
   C. 调整工作流程
   D. 增加经济投入

8. 某工程基础包含开挖基槽、浇筑混凝土垫层、砌筑砖基础三项工作，分三个施工段组织流水施工，每项工作均由一个专业班组施工，各工作在各施工段上的流水节拍分别是

4d、1d 和 2d，混凝土垫层和砖基础之间有 1d 的技术间歇。在保证各专业班组连续施工的情况下，完成该基础施工的工期是（　　）d。

A. 8 B. 12
C. 18 D. 22

9. 编制实施性成本计划的主要依据是（　　）。

A. 施工图预算 B. 施工预算
C. 投资估算 D. 设计概算

10. 质量管理中，运用排列图法可以（　　）。

A. 划分调查分析的类别和层次 B. 描述质量问题的原因分析统计数据
C. 确定质量问题的原因层次 D. 掌握质量能力状态

11. 建设工程项目进度控制的措施中，"定义项目进度计划系统的组成"属于（　　）措施。

A. 管理 B. 经济
C. 组织 D. 技术

12. 根据《建筑施工场界环境噪声排放标准》GB 12523—2011，打桩机在昼间施工的噪声排放限值是（　　）dB（A）。

A. 55 B. 60
C. 65 D. 70

13. 下列工程质量事故中，可由事故发生单位组织事故调查组的是（　　）。

A. 2 人以下死亡、100 万~500 万元的直接经济损失
B. 未造成人员伤亡，100 万~1000 万元的直接经济损失
C. 5 人以下重伤、100 万~500 万元的直接经济损失
D. 未造成人员伤亡，1000 万~5000 万元的直接经济损失

14. 根据《工程网络计划技术规程》JGJ/T 121—2015，网络图存在的绘图错误是（　　）。

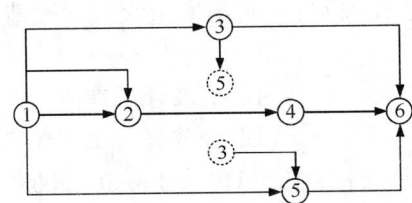

A. 编号相同的工作 B. 多个起点节点
C. 相同的节点编号 D. 无箭尾节点的箭线

15. 某双代号时标网络计划如下图所示，工作 G 的最迟开始时间是第（　　）天。

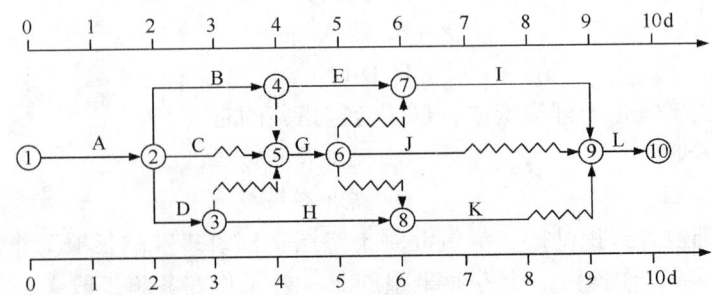

A. 4
B. 5
C. 6
D. 7

16. 建设工程管理工作是一种增值服务工作，下列属于工程建设增值的是（   ）。
A. 确保工程使用安全
B. 满足最终用户的使用功能
C. 有利于工程维护
D. 提高工程质量

17. 下列建设工程项目总进度目标论证的工作中，属于项目结构分析的是（   ）。
A. 了解和调查项目的总体部署
B. 对每一个工作项进行编码
C. 将项目进行逐层分解
D. 调查项目实施的主客观条件

18. 下列财产损失和人身伤害事件中，属于第三者责任险赔偿范围的是（   ）。
A. 项目承包商在施工工地的财产损失
B. 项目承包商职工在施工工地的人身伤害
C. 项目法人、承包商以外的第三人因施工原因造成的财产损失
D. 项目法人外聘员工在施工工地的人身伤害

19. 关于成本加酬金合同的说法，正确的是（   ）。
A. 成本加固定费用合同是指在工程直接费中加一定比例的报酬费
B. 最大成本加费用合同是指承包商报一个工程成本总价和一个固定的酬金
C. 成本加奖金合同是指对直接成本实报实销，同时确定固定数目的报酬金额
D. 成本加固定比例费用合同是指按成本估算的60%~75%作为酬金计算的基数

20. 对于依法批准开工报告的建设工程，建设单位应当自开工报告批准之日起（   ）日内将保证安全施工的措施报送工程所在地相关部门备案。
A. 7
B. 14
C. 15
D. 30

21. 关于建设工程项目施工成本管理责任体系的说法，正确的是（   ）。
A. 项目经理部的成本管理体现效益中心的管理职能
B. 项目经理部的成本管理贯穿于项目投标和实施、结算过程
C. 成本管理责任体系包括公司层和项目经理部的成本管理
D. 项目经理部的成本管理除生产成本以外，还包括经营管理费用

22. 美国建筑师学会（AIA）合同文件中，A系列的合同类型主要是用于（   ）。
A. 业主与建筑师之间
B. 建筑师与咨询机构之间
C. 国际工程项目
D. 业主与承包人之间

23. 施工单位内部的施工作业质量检查包括（   ）。
A. 自检、互检和旁站检查
B. 自检、专检和平行检验
C. 自检、互检、专检和交接检查
D. 自检、专检、旁站检查和平行检验

24. 关于建设工程项目施工质量验收的说法，正确的是（   ）。
A. 分项工程、分部工程应由专业监理工程师组织验收
B. 分项工程是工程验收的最小单元
C. 分部工程所含全部分项工程质量验收合格，即可认为该分部工程验收合格
D. 分部工程的质量验收在分项工程验收的基础上进行

25. 关于施工企业劳动用工管理的说法，正确的是（   ）。
A. 施工企业不得允许未与企业签订劳动合同的劳动者从事施工活动

B. 作业人员变更后的14个工作日内，在当地建筑业企业信息管理系统中变更
C. 施工企业与劳动者按相关规定可以订立口头劳动合同
D. 劳动合同一式两份，双方当事人各持一份

26. 项目质量控制体系得以运行的基础条件是（   ）。
   A. 项目合同结构合理   B. 人员和资源合理配置
   C. 组织制度健全   D. 程序性文件规范

27. 为确保安全，对设备的运转和零件的状况定时进行检查，发现损伤立刻更换，绝不能"带病"作业。此项工作属于（   ）。
   A. 全面安全检查   B. 要害部门重点安全检查
   C. 经常性安全检查   D. 专项安全检查

28. 关于建设工程项目施工成本控制的说法，正确的是（   ）。
   A. 施工成本管理体系由社会有关组织进行评审和认证
   B. 施工成本控制可分为事先控制、过程控制和事后控制
   C. 管理行为控制程序是进行成本过程控制的重点
   D. 管理行为控制程序和指标控制程序是相互独立的

29. 建设工程生产安全事故应急预案的管理包括应急预案的（   ）。
   A. 评审、备案、实施和奖惩   B. 制订、评审、备案和实施
   C. 制订、备案、实施和奖惩   D. 评审、备案、实施和落实

30. 编制设计任务书是项目（   ）阶段的工作。
   A. 决策   B. 设计准备
   C. 设计   D. 施工

31. 绘制时间—成本累积曲线的环节有：①计算单位时间成本；②确定工程项目进度计划；③计算计划累计支出的成本额；④绘制S形曲线。正确的绘制步骤是（   ）。
   A. ②—①—③—④   B. ①—②—③—④
   C. ①—③—②—④   D. ②—③—④—①

32. 下列策划内容中，属于建设工程项目实施阶段策划的是（   ）。
   A. 进行项目目标的分析和再论证   B. 编制项目实施期合同结构总体方案
   C. 确立项目实施期管理总体方案   D. 确定关键技术分析和论证

33. 根据《中华人民共和国建筑法》，工程监理人员发现工程设计不符合建筑工程质量标准或合同约定的质量要求的，应当报告（   ）要求设计单位改正。
   A. 总监理工程师   B. 专业监理工程师
   C. 建设单位   D. 质量监督站

34. 关于工程合同风险分配的说法，正确的是（   ）。
   A. 业主、承包商谁能更有效的降低风险损失，则应由谁承担相应的风险责任
   B. 承包商在工程合同风险分配中起主导作用
   C. 业主、承包商谁承担管理风险的成本最高，则应由谁来承担相应的风险责任
   D. 合同定义的风险没有发生，业主不用支付承包商投标中的不可预见风险费

35. 某住宅小区施工前，施工项目管理机构对项目分析后形成结果如下图所示，该图是（   ）。
   A. 组织结构图   B. 工作流程图

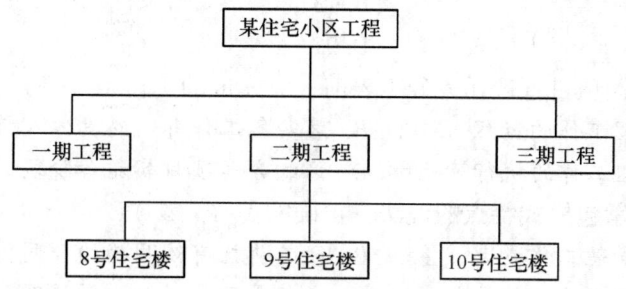

C. 项目结构图 D. 合同结构图

36. 施工单位在工程开工前编制的测量控制方案，需经（　　）批准后方可实施。
A. 项目经理 B. 项目技术负责人
C. 总监理工程师 D. 项目质量工程师

37. 下列工程项目管理工作中，属于信息管理部门工作任务的是（　　）。
A. 工程档案管理 B. 工程质量管理
C. 工程安全管理 D. 工程进度管理

38. 某项目部按施工总进度计划、主体工程施工计划、钢筋工程施工计划，构建了承包项目的进度计划系统，则该进度计划系统是按不同（　　）组成的计划系统。
A. 计划深度 B. 计划功能
C. 项目参与方 D. 计划周期

39. 关于建设工程现场宿舍管理的说法，正确的是（　　）。
A. 每间宿舍居住人员不得超过16人 B. 室内净高不得小于2.2m
C. 通道宽度不得小于0.8m D. 不宜使用通铺

40. 工程建设过程中，对施工场界范围内的污染防治属于（　　）。
A. 现场文明施工问题 B. 环境保护问题
C. 安全生产问题 D. 职业健康安全问题

41. 某工程项目截至8月末的有关费用数据为：BCWP为980万元，BCWS为820万元，ACWP为1050万元，则其SV为（　　）万元。
A. -160 B. 160
C. 70 D. -70

42. 根据《建筑施工组织设计规范》GB/T 50502—2009，"合理安排施工顺序"属于施工组织设计中（　　）的内容。
A. 施工进度计划 B. 施工部署和施工方案
C. 施工平面图 D. 施工准备工作计划

43. 某工程双代号网络计划如下图，其计算工期是（　　）d。

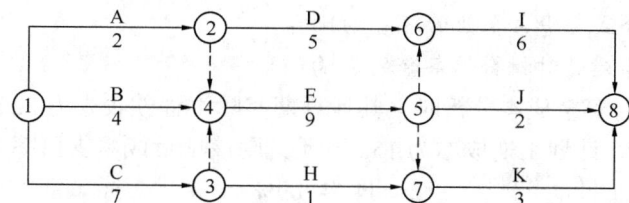

A. 11 B. 13
C. 15 D. 22

44. 施工单位编制项目管理任务分工表前，应完成的工作是（　　）。
   A. 明确各项管理工作的流程　　　B. 落实各工作部门的具体人员
   C. 检查各项管理工作的执行情况　D. 详细分解项目实施各阶段的工作

45. 关于施工总承包模式特点的说法，正确的是（　　）。
   A. 招标和合同管理工作量大　　　B. 开工前就有较明确的合同价
   C. 业主组织与协调的工作量大　　D. 分包合同价对业主是透明的

46. 编制安全技术措施计划包括以下工作：①工作活动分类；②风险评价；③危险源识别；④制订安全技术措施计划；⑤评价安全技术措施计划的充分性；⑥风险确定。正确的编制步骤是（　　）。
   A. ①—②—③—④—⑤—⑥　　　B. ③—①—②—⑥—④—⑤
   C. ①—③—⑥—②—⑤—④　　　D. ①—③—⑥—②—④—⑤

47. 企业获准质量管理体系认证后，维持与监督管理活动中的自愿行为是（　　）。
   A. 监督检查　　　　　　　　　　B. 企业通报
   C. 认证注销　　　　　　　　　　D. 认证暂停

48. 预警信号一般采用国际通用的颜色表示不同的安全状况，Ⅲ级预警用（　　）表示。
   A. 红色　　　　　　　　　　　　B. 橙色
   C. 黄色　　　　　　　　　　　　D. 蓝色

49. 根据《建设工程项目管理规范》GB/T 50326—2006 条文风险等级划分的说明，下图中风险区 A 的风险等级为（　　）等风险。

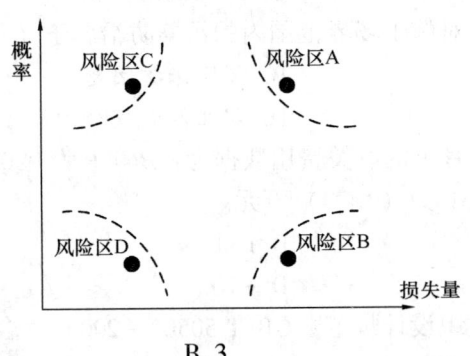

A. 1 B. 3
C. 5 D. 7

50. 下列成本项目的分析中，属于材料费分析的是（　　）。
   A. 分析材料节约奖对劳务分包合同的影响
   B. 分析施工机械燃料消耗量对施工成本的影响
   C. 分析材料检验试验费占企业管理费的比重
   D. 分析材料储备天数对材料储备金的影响

51. 某项目在进行资金成本分析时，其计算期实际工程款收入为 220 万元，计算期实际成本支出为 119 万元，计划工期成本为 150 万元，则该项目成本支出率为（　　）。
   A. 30.69% B. 54.09%
   C. 68.18% D. 79.33%

52. 某单代号网络计划如下图所示，工作A、D之间的时间间隔是（　　）d。

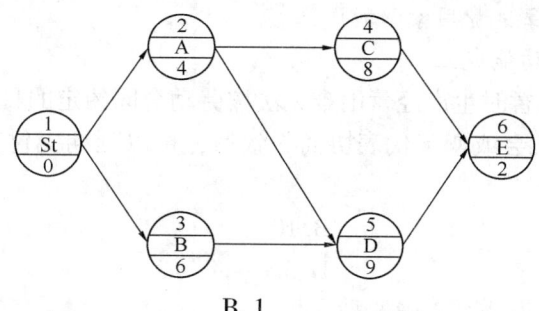

A. 0
B. 1
C. 2
D. 3

53. 关于施工成本分析依据的说法，正确的是（　　）。
 A. 业务核算主要是价值核算
 B. 统计核算的计量尺度比会计核算窄
 C. 会计核算可以对尚未发生的经济活动进行核算
 D. 统计核算可以用货币计算

54. 应用动态控制原理进行建设工程项目投资控制时，相对于工程合同价，投资的计划值是（　　）。
 A. 施工预算
 B. 工程进度款
 C. 工程预算
 D. 工程决算

55. 根据《建设工程监理合同（示范文本）》GF—2012—0202，关于监理人职责的说法，正确的是（　　）。
 A. 委托人与承包人之间发生合同争议时，监理人应代表委托人进行处理
 B. 在任何情况下，监理人的指令都必须经委托人批准后方可发出
 C. 委托人与承包人合同争议提交仲裁机构时，监理人应提供必要的证明资料
 D. 监理人发现承包人的人员不能胜任本职工作时，无权要求承包人予以替换

56. 关于施工承包合同中缺陷责任与保修的说法，正确的是（　　）。
 A. 缺陷责任期自实际竣工日期起计算，最长不得超过12个月
 B. 缺陷责任期届满，承包人仍应按合同约定的各部位保修年限承担保修义务
 C. 因发包人原因导致工程无法按合同约定期限进行竣工验收的，缺陷责任期自竣工验收合格之日开始计算
 D. 发包人未经竣工验收擅自使用工程的，缺陷责任期自承包人提交竣工验收申请报告之日开始计算

57. 物资采购管理程序中，完成编制采购计划后下一步应进行的工作是（　　）。
 A. 进行市场调查，选择合格的产品供应单位并建立名录
 B. 进行采购合同谈判，签订采购合同
 C. 选择材料设备的采购单位
 D. 明确采购产品的基本要求、采购分工和有关责任

58. 施工过程中，工程师下令暂停部分工程，而暂停的起因并非承包商违约或其他意外风险，承包商向业主提出索赔，则（　　）。
 A. 工期和费用索赔均不能成立

B. 工期索赔成立，费用索赔不能成立
C. 工期索赔不能成立，费用索赔能成立
D. 工期和费用索赔均能成立

59. 建筑施工企业因暂时生产经营困难无法按劳动合同约定的日期支付工资的，应当向劳动者说明情况，并与工会或职工代表协商一致后，可以延期支付工资，但最长不得超过（　　）d。
A. 7　　　　　　　　　　　　B. 10
C. 15　　　　　　　　　　　　D. 30

60. 关于投标文件的说法，正确的是（　　）。
A. 投标文件在对招标文件的实质性要求作出响应后，可另外提出新的要求
B. 投标书只需要盖有投标企业公章或企业法定代表人名章
C. 投标书可由项目所在地的企业项目经理部组织投标、不需授权委托书
D. 通常投标文件中需要提交投标担保

61. 在施工成本的过程控制中，需进行包干控制的材料是（　　）。
A. 钢钉　　　　　　　　　　　B. 水泥
C. 钢筋　　　　　　　　　　　D. 石子

62. 根据《建设工程施工劳务分包合同（示范文本）》GF—2003—0214，合同中对固定劳动报酬可以约定调整的情况是（　　）。
A. 法律及政策变化导致劳务价格变化的，按变化前后价格差予以调整
B. 市场人工价格低于合同约定基准价格，按变化前后价格差予以调整
C. 工程量超出设计图纸范围导致劳务价格变化的，按变化前后价格差予以调整
D. 施工工时超出原施工要求导致劳务价格变化的，按变化前后价格差予以调整

63. 某工程项目总价值1000万元，合同工期为18个月，现因建设条件发生变化需增加额外工程费用500万元，则承包方可提出的工期索赔为（　　）个月。
A. 6　　　　　　　　　　　　　B. 9
C. 24　　　　　　　　　　　　D. 27

64. 根据《中华人民共和国建筑法》和《建设工程质量管理条例》，设计单位的质量责任和义务是（　　）。
A. 按设计要求检验商品混凝土质量
B. 参与建设工程质量事故分析
C. 将施工图设计文件上报有关部门审查
D. 向施工单位提供设计原始资料

65. 某工作间逻辑关系如下图所示，则正确的是（　　）。

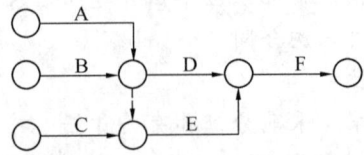

A. A、B均完成后同时进行C、D　　　B. A、B、C均完成后同时进行D、E
C. A、B均完成后进行D　　　　　　　D. B、C完成后进行E

66. 某房屋建筑拆除工程施工中，发生倒塌事故，造成12人重伤、6人死亡。根据《企业职工伤亡事故分类标准》，该事故属于（　　）。
   A. 较大事故　　　　　　　　B. 重大事故
   C. 特大伤亡事故　　　　　　D. 重大伤亡事故

67. 下列质量风险对策中，属"减轻"对策的是（　　）。
   A. 设立质量事故风险基金　　B. 正确进行项目规划选址
   C. 制订并落实施工质量保证措施　　D. 依法实行联合体承包

68. 关于工程变更的说法，正确的是（　　）。
   A. 工程变更的补偿范围越大，承包人的风险越大
   B. 合同实施中，承包人应就合同范围内的业主变更先提出补偿要求
   C. 工程变更的索赔有效期一般为7d，不超过14d
   D. 工程变更索赔期越短，对承包人越有利

69. 某工程项目的赢得值曲线如下图所示，关于项目偏差原因分析与纠偏措施的说法，正确的是（　　）。

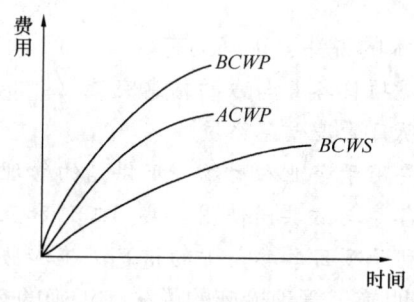

   A. 效率高，进度较慢，投入延后　　B. 抽出部分人员，放慢进度
   C. 效率较高，进度较快，投入超前　　D. 增加人员投入，加快进度

70. 关于住宅工程分户验收的说法，正确的是（　　）。
   A. 分户验收应在住宅工程竣工验收合格后进行
   B. 《住宅工程质量分户验收表》需要建设单位和设计单位项目负责人分别签字
   C. 分户验收的内容不包括建筑节能工程质量的验收
   D. 《住宅工程质量分户验收表》要作为《住宅质量保证书》的附件一同交给住户

二、多项选择题（共30题，每题2分。每题的备选项中，有2个或2个以上符合题意，至少有1个错项。错选，本题不得分；少选，所选的每个选项得0.5分）

71. 某工程网络计划中，工作N的自由时差为5d，计划执行过程中检查发现，工作N的工作时间延长了3d，其他工作均正常，此时（　　）。
   A. 工作N的总时差不变，自由时差减少3d
   B. 总工期不会延长
   C. 工作N的最迟完成时间推迟3d
   D. 工作N的总时差减少3d
   E. 工作N将会影响紧后工作

72. 关于施工分包单位管理责任主体的说法，正确的有（　　）。
   A. 分包单位的选择可由业主指定，也可在业主同意下由总承包单位自主选择

B. 分包合同由总承包单位签订的，分包单位的管理责任由总承包单位承担

C. 分包合同由业主签订的，分包单位的管理责任由业主承担

D. 施工总承包单位不需承担分包单位施工的安全责任

E. 对施工分包单位进行管理的第一责任主体是业主

73. 某双代号网络计划如下图所示（图中粗实线为关键工作），若计划工期等于计算工期，则自由时差一定等于总时差且不为零的工作有（　　）。

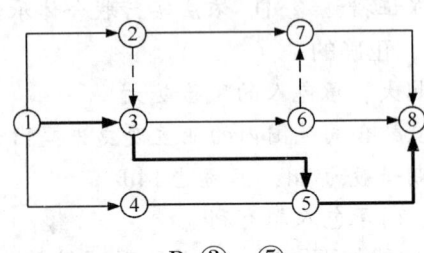

A. ①—② B. ③—⑤
C. ④—⑤ D. ⑥—⑧
E. ②—⑦

74. 关于工程管理信息技术的说法，正确的有（　　）。

A. 管理信息系统可以实现项目各参与方的信息交流

B. 项目信息门户不同于项目管理信息系统

C. 项目管理信息系统主要用于企业人财物、产供销的管理

D. 项目信息门户是项目各参与方共同使用、共同工作和互动的管理工具

E. 项目管理信息系统有利于项目各参与方的信息交流和协同工作

75. 关于建设工程现场文明施工管理措施的说法，正确的有（　　）。

A. 项目安全负责人是施工现场文明施工的第一责任人

B. 沿工地四周连续设置围挡，市区主要路段的围挡高度不得低于1.8m

C. 施工现场必须实行封闭管理，严格执行外来人员进场登记制度

D. 现场必须有消防平面布置图，临时设施按消防条例有关规定搭设

E. 施工现场设置排水系统，泥浆、污水、废水有组织地排入下水道或排入河道

76. 下列建设工程项目进度控制的措施中，属于管理措施的有（　　）。

A. 采用工程网络计划实现进度控制科学化

B. 明确进度控制管理职能分工

C. 编制资源需求计划

D. 选择合理的工程物资采购模式

E. 重视信息技术在进度控制中的应用

77. 根据《建设工程安全生产管理条例》，下列专项施工方案中，应当组织专家进行论证的有（　　）。

A. 深基坑工程 B. 脚手架工程
C. 地下暗挖工程 D. 高大模板工程
E. 爆破工程

78. 根据《建设项目工程总承包合同示范文本（试行）》GF—2011—0216，承包人在技术和设计方面的工作和义务有（　　）。

A. 提供建筑设计总体布局、功能分区方案
B. 对工程的安全、环境保护、职业健康标准负责
C. 提供项目基础资料
D. 提供现场障碍资料
E. 组织设计阶段审查会议

79. 某工程工作逻辑关系见下表，C 工作的紧后工作有（　　）。

工作	A	B	C	D	E	F	G	H
紧前工作	—	—	A	A、B	C	B、E	D、E	C、F、G

A. 工作 D
B. 工作 E
C. 工作 F
D. 工作 G
E. 工作 H

80. 关于总价合同的说法，正确的有（　　）。
A. 总价合同中业主风险较大、承包人风险较小
B. 当施工内容及有关条件未发生变化时，业主付给承包商的价款总额不变
C. 采用总价合同的前提是施工图设计完成、施工任务和范围比较明确
D. 总价合同中可约定在发生设计变更时对合同价格进行调整
E. 总价合同在施工进度上能够调动承包人的积极性

81. 工程质量验收时，设计单位项目负责人应参加验收的分部工程有（　　）。
A. 装饰装修
B. 环境保护
C. 地基与基础
D. 主体结构
E. 节能工程

82. 根据《建设工程项目管理规范》GB/T 50326—2006，项目风险管理计划应包括（　　）。
A. 风险分类和风险排序要求
B. 确定风险因素
C. 分析各种风险损失量
D. 收集风险信息
E. 可使用的风险管理方法、工具

83. 施工成本计划的编制方式有（　　）。
A. 按施工进度编制施工成本计划
B. 按施工成本组成编制施工成本计划
C. 按施工质量编制施工成本计划
D. 按施工项目组成编制施工成本计划
E. 按施工合同编制施工成本计划

84. 专项成本分析中，工期成本分析一般采用的方法有（　　）。
A. 构成比率法
B. 成本盈亏异常分析
C. 成本支出率法
D. 比较法
E. 因素分析法

85. 建设工程项目施工准备阶段，建设监理工作的主要任务有（　　）。
A. 审查分包单位资质条件
B. 检查施工单位的试验室
C. 签署单位工程质量评定表
D. 审查施工单位提交的施工进度计划
E. 审查工程开工条件

86. 关于建筑材料采购合同中违约责任的说法，正确的有（　　）。

A. 供货方提前发运或交付的货物，采购方要按实际发运或交付时间付款
B. 供货方发生逾期交货，要按合同约定依据逾期交货部分货款总价计算违约金
C. 供货方部分交货，应按合同约定违约金比例乘不能交货部分货款计算违约金
D. 合同签订后采购方中途退货，应向供货方支付按退货货款总额计算的违约金
E. 合同签订后，采购方逾期付款，应按照合同约定支付逾期付款利息

87. 根据《中华人民共和国招标投标法实施条例》，招标人以不合理条件限制、排斥投标人的行为有（ ）。
    A. 就同一招标项目向投标人提供有差别的项目信息
    B. 就同一招标项目对投标人采取不同的资格审查标准
    C. 招标项目以获得鲁班奖工程业绩作为加分条件
    D. 依照招标项目的具体特点设定专门的技术条件
    E. 招标项目指定特定的专利作为中标条件

88. 根据《建筑工程施工质量验收统一标准》GB 50300—2013，分项工程的划分依据有（ ）。
    A. 工种   B. 工程部位
    C. 材料   D. 施工工艺
    E. 设备类别

89. 在项目实施阶段，项目总进度应包括（ ）。
    A. 设计工作进度   B. 招标工作进度
    C. 项目建议书编制进度   D. 工程施工和设备安装进度
    E. 项目投产运行工作进度

90. 关于履约担保的说法，正确的有（ ）。
    A. 履约担保有效期始于工程开工之日，终止日期可以约定在工程竣工交付之日
    B. 履约担保是为保证正确、合理使用发包人支付的预付款而提供的担保
    C. 银行履约保函担保金额通常为合同金额的10%左右
    D. 履约担保书由商业银行开具，金额在保证金的担保金额之内
    E. 保留金由发包人从工程进度款中扣除，总额一般限制在合同总价款的5%

91. 下列可能导致施工质量事故发生的原因中，属于管理原因的有（ ）。
    A. 操作人员技术素质差   B. 质量控制不严格
    C. 材料质量检验不严   D. 违章作业
    E. 地质勘察过于疏略

92. 施工成本控制的主要依据包括（ ）。
    A. 工程承包合同   B. 施工成本计划
    C. 进度报告   D. 工程变更
    E. 施工图预算

93. 在企业质量管理体系的运行中，开展内部质量审核活动的主要目的有（ ）。
    A. 检查质量体系运行的信息   B. 为质量改进提供依据
    C. 评价质量管理程序的完善性 D. 减少社会重复检验费用
    E. 向外部审核单位提供体系有效的证据

94. 根据《建设工程项目管理规范》GB/T 50326—2006，施工项目经理的职责有

( )。
A. 进行授权范围内的利益分配　　B. 确保项目建设资金的落实到位
C. 对资源进行动态管理　　　　　D. 与建设单位签订承包合同
E. 参与工程竣工验收

95. 项目施工过程中,对施工组织设计进行修改或补充的情形有( )。
A. 某桥梁工程由于新规范的实施而需要重新调整施工工艺
B. 由于自然灾害导致施工资源的配置有重大变更
C. 设计单位应业主要求对楼梯部分进行局部修改
D. 施工单位发现设计图纸存在重大错误需要修改工程设计
E. 某钢结构工程施工期间,钢材价格上涨

96. 根据《建设项目工程总承包管理规范》GB/T 50358—2005,工程总承包项目管理的主要内容有( )。
A. 编制和报批项目可行性研究报告　B. 落实项目建设资金
C. 实施项目运行管理　　　　　　　D. 任命项目经理,组建项目部
E. 进行项目策划,编制项目计划

97. 下列施工成本管理的措施中,属于经济措施的有( )。
A. 对施工方案进行经济效果分析论证
B. 通过生产要素的动态管理控制实际成本
C. 对各种变更及时落实业主签证并结算工程款
D. 抽检进场的工程材料、构配件质量
E. 对施工成本管理目标进行风险分析并制订防范性对策

98. 关于生产安全事故报告和调查处理原则的说法,正确的有( )。
A. 事故原因未查清不放过
B. 事故未整改到位不放过
C. 事故责任人和周围群众未受到教育不放过
D. 事故未及时报告不放过
E. 事故责任人未受到处理不放过

99. 在建设工程项目施工过程中,施工机具使用费的索赔款项包括( )。
A. 因机械故障停工维修而导致的窝工费
B. 因监理工程师指令错误导致机械停工的窝工费
C. 非承包商责任导致工效降低增加的机械使用费
D. 因机械操作工患病停工而导致的机械窝工费
E. 由于完成额外工作增加的机械使用费

100. 与施工总承包模式相比,施工总承包管理模式的优点有( )。
A. 整个建设项目合同总额的确定较有依据
B. 对业主方节约投资较为有利
C. 缩短建设周期,进度控制较为有利
D. 能为分包单位提供更好的管理和服务
E. 施工现场的总体管理与协调较为有利

2017年度真题参考答案及解析

一、单项选择题

1. C;	2. D;	3. B;	4. D;	5. D;
6. A;	7. A;	8. C;	9. B;	10. B;
11. C;	12. D;	13. B;	14. A;	15. B;
16. D;	17. C;	18. C;	19. B;	20. C;
21. C;	22. D;	23. C;	24. D;	25. A;
26. B;	27. B;	28. B;	29. A;	30. B;
31. A;	32. A;	33. C;	34. A;	35. B;
36. B;	37. C;	38. A;	39. A;	40. D;
41. B;	42. B;	43. D;	44. D;	45. B;
46. D;	47. C;	48. C;	49. C;	50. D;
51. B;	52. C;	53. D;	54. C;	55. C;
56. B;	57. A;	58. D;	59. D;	60. D;
61. A;	62. A;	63. B;	64. B;	65. C;
66. C;	67. C;	68. A;	69. B;	70. D。

【解析】

1. C。本题考核的是单价合同的运用。由于单价合同允许随工程量变化而调整工程总价，业主和承包商都不存在工程量方面的风险，故A选项错误。固定单价合同条件下，无论发生哪些影响价格的因素都不对单价进行调整，因而对承包商而言就存在一定的风险，故C选项正确。单价合同中承发包双方根据投标单价和最终工程量确定总价，不存在投标总价方面风险，故B选项错误。当采用变动单价合同时，合同双方可以约定一个估计的工程量，当实际工程量发生较大变化时可以对单价进行调整，因此，承包商的风险就相对较小，故D选项错误。

2. D。本题考核的是直接法绘制时标网络计划。根据网络计划中工作之间的逻辑关系及各工作的持续时间，直接在时标计划表上绘制时标网络计划。绘制步骤如下：

（1）将起点节点定位在时标计划表的起始刻度线上；

（2）按工作持续时间在时标计划表上绘制起点节点的外向箭线；

（3）其他工作的开始节点必须在其所有紧前工作都绘出以后，定位在这些紧前工作最早完成时间最大值的时间刻度上，某些工作的箭线长度不足以到达该节点时，用波形线补足，箭头画在波形线与节点连接处；

（4）用上述方法从左至右依次确定其他节点位置，直至网络计划终点节点定位，绘图完成。

3. B。本题考核的是项目管理规划大纲的编制工作程序。编制项目管理规划大纲应遵循下列程序：（1）明确项目目标；（2）分析项目环境和条件；（3）收集项目的有关资料和信息；(4) 确定项目管理组织模式、结构和职责；(5) 明确项目管理内容；(6) 编制项目目标计划和资源计划；(7) 汇总整理，报送审批。注：《建设工程项目管理规范》GB/T 50326—2006 现已被《建设工程项目管理规范》GB/T 50326—2017 所替代，现行考试用书中对编制项目管理规划大纲的程序有调整，请读者留意。

4. D。本题考核的是监督管理部门职责的划分。国务院经济贸易主管部门按照国务院规定的职责，对国家重大技术改造项目实施监督检查。

5. D。本题考核的是工程质量不合格和质量缺陷。根据我国标准《质量管理体系 基础和术语》GB/T 19000—2008/ISO 9000：2005 的规定，凡工程产品没有满足某个规定的要求，就称之为质量不合格；而未满足某个与预期或规定用途有关的要求，称为质量缺陷。注：《质量管理体系 基础和术语》GB/T 19000—2008/ISO 9000：2005 现已被《质量管理体系 基础和术语》GB/T 19000—2016/ISO 9000：2015 所替代。

6. A。本题考核的是施工承包合同争议的解决方式。国际工程施工承包合同争议解决的方式一般包括协商、调解、仲裁或诉讼等。协商解决争议是最常见也是最有效的方式，也是应该首选的最基本的方式。

7. A。本题考核的是合同实施偏差处理的措施。合同实施偏差处理的措施中，合同措施包括：进行合同变更，签订附加协议，采取索赔手段等。B 选项是技术措施，C 选项是组织措施，D 选项是经济措施。

8. C。本题考核的是成倍节拍流水施工工期的计算。在考试教材中没有成倍节拍流水施工工期计算的知识点介绍。解答本题可以采用画横道图或时标网络计划的方法解答，也可以采用累加数列错位相减取大差法计算。我们以取大差法来计算一下。

(1) 求各施工过程流水节拍的累加数列：
开挖基槽施工过程：4，8，12。
浇筑混凝土垫层施工过程：1，2，3。
砌筑砖基础施工过程：2，4，6。
(2) 错位相减求得差数列：
开挖基槽与浇筑混凝土垫层：

$$\begin{array}{r} 4,\ 8,\ 12 \\ -)\ 1,\ 2,\ 3 \\ \hline 4,\ 7,\ 10,\ -3 \end{array}$$

浇筑混凝土垫层与砌筑砖基础：

$$\begin{array}{r} 1,\ 2,\ 3 \\ -)\ 2,\ 4,\ 6 \\ \hline 1,\ 0,\ -1,\ -6 \end{array}$$

(3) 在差数列中取最大值求得流水步距：
开挖基槽与浇筑混凝土垫层之间的流水步距：$K_{1,2}=\max[4, 7, 10, -3]=10d$。
浇筑混凝土垫层与砌筑砖基础之间的流水步距：$K_{2,3}=\max[1, 0, -1, -6]=1d$。
(4) 流水施工工期 = (10+1) + (2+2+2) +1 = 18d。

9. B。本题考核的是实施性成本计划的编制。实施性成本计划是项目施工准备阶段的施工预算成本计划，它是以项目实施方案为依据，以落实项目经理责任目标为出发点，采用企业的施工定额通过施工预算的编制而形成的实施性施工成本计划。

10. B。本题考核的是排列图法的适用范围。在质量管理过程中，通过抽样检查或检验试验所得到的关于质量问题、偏差、缺陷、不合格等方面的统计数据，以及造成质量问题的原因分析统计数据，均可采用排列图方法进行状况描述，它具有直观、主次分明的特点。

11. C。本题考核的是建设工程项目进度控制的措施。在组织措施中包括了应当编制项目进度控制的工作流程包括：定义项目进度计划系统的组成；各类进度计划的编制程序、审批程序和计划调整程序等，都属于组织措施。

12. D。本题考核的是建筑施工过程中场界环境噪声排放限值。根据国家标准《建筑施工场界环境噪声排放标准》GB 12523—2011 的要求，对建筑施工过程中场界环境噪声排放限值昼间为 70dB（A）。本题中，A 选项为夜间的限值。

13. B。本题考核的是事故调查。未造成人员伤亡的一般事故，县级人民政府也可以委托事故发生单位组织事故调查组进行调查。一般事故，是指造成 3 人以下死亡，或者 10 人以下重伤，或者 100 万元以上 1000 万元以下直接经济损失的事故。故 A、C、D 选项均应排除。

14. A。本题考核的是网络计划的绘图规则。本题中 B、C 选项可能会对复习不全面的考生造成干扰。此处应注意实线数字序号和虚线数字序号的区别。①→②存在两条路径，属于存在编号相同的工作。

15. B。本题考核的是双代号时标网络计划中某工作的时间参数的计算。这个题目主要考查的双代号时标网络计划，实质上是在考查总时差的计算。从这个图上我们可以判断 G 工作开始的最早开始时间是第 4 天，总时差是 1d。由于最迟开始时间-最早开始时间 = 总时差，那么，最迟开始时间 = 最早开始时间+总时差 = 4+1 = 5d。

16. D。本题考核的是建设工程管理工作。建设工程管理工作是一种增值服务工作，其核心任务是为工程的建设和使用增值。其中，确保工程建设安全、提高工程质量、有利于投资（成本）控制、有利于进度控制都属于建设增值。A、B、C 选项是工程使用（运行）增值的内容。

17. C。本题考核的是建设工程项目的结构分析。大型建设工程项目的结构分析是根据编制总进度纲要的需要，将整个项目进行逐层分解，并确立相应的工作目录。

18. C。本题考核的是第三者责任险。第三者责任险是指由于施工的原因导致项目法人和承包人以外的第三人受到财产损失或人身伤害的赔偿。应当注意，属于承包商或业主在工地的财产损失，或其公司和其他承包商在现场从事与工作有关的职工的伤亡不属于第三者责任险的赔偿范围，而属于工程一切险和人身意外伤害险的范围。

19. B。本题考核的是成本加酬金合同。成本加固定费用合同是指根据双方讨论同意的工程规模、估计工期、技术要求、工作性质及复杂性、所涉及的风险等来考虑确定一笔固定数目的报酬金额作为管理费及利润，对人工、材料、机械台班等直接成本则实报实销，故 A 选项错误。最大成本加费用合同是指在工程成本总价合同基础上加固定酬金费用的方式，即当设计深度达到可以报总价的深度，投标人报一个工程成本总价和一个固定的酬金，故 B 选项正确。奖金是根据报价书中的成本估算指标制定的，在合同中对这个估算指标规定一个底点和顶点，分别为工程成本估算的 60%～75% 和 110%～135%。承包商在估算指标的顶点以下完成工程则可得到奖金，超过顶点则要对超出部分支付罚款。如果成本在底点之下，则可加大酬金值或酬金百分比，故 C 选项错误。工程成本中直接费加一定比例的报酬费，报酬部分的比例在签订合同时由双方确定，故 D 选项错误。

20. C。本题考核的是建设工程施工阶段的安全要求。对于依法批准开工报告的建设工程，建设单位应当自开工报告批准之日起15日内，将保证安全施工的措施报送至建设工程所在地的县级以上人民政府建设行政主管部门或者其他有关部门备案。

21. C。本题考核的是建设工程项目施工成本管理责任体系。公司层贯穿于项目投标、实施和结算过程，体现效益中心的管理职能；项目经理部则着眼于执行公司确定的施工成本管理目标，发挥现场生产成本控制中心的管理职能，故A、B选项错误。根据成本运行规律，成本管理责任体系应包括公司层的成本管理和项目经理部的成本管理，故C选项正确。公司层的成本管理除生产成本以外，还包括经营管理费用；项目经理部应对生产成本进行管理，故D选项错误。（注：此知识点已删除）

22. D。本题考核的是美国AIA系列合同条件。美国建造师学会（AIA）合同文件中，A系列是关于业主与承包人之间的合同文件。

23. C。本题考核的是施工作业质量的检验。施工作业的质量检查，是贯穿整个施工过程的最基本的质量控制活动，包括施工单位内部的工序作业质量自检、互检、专检和交接检查以及现场监理机构的旁站检查、平行检验等。

24. D。本题考核的是施工过程质量验收的内容。分项工程是由专业监理工程师组织验收的，分部工程师由总监理工程师组织验收的，故A选项错误。分部工程的验收在其所含各分项工程验收的基础上进行，故D选项正确。检验批是工程验收的最小单位，是分项工程乃至整个建筑工程质量验收的基础，故B选项错误。由于分部工程所含的各分项工程性质不同，因此它并不是在所含分项验收基础上的简单相加，即所含分项验收合格且质量控制资料完整，只是分部工程质量验收的基本条件，还必须在此基础上对涉及安全、节能、环境保护和主要使用功能的地基基础、主体结构和设备安装分部工程进行见证取样试验或抽样检测；而且还需要对其观感质量进行验收，并综合给出质量评价，故C选项错误。

25. A。本题考核的是劳动用工管理。人员发生变更的，应当在变更后7个工作日内，在建筑业企业信息管理系统中作相应变更，故B选项错误。建筑施工企业与劳动者建立劳动关系，应当自用工之日起按照劳动合同法规的规定订立书面劳动合同，故C选项错误。劳动合同应一式三份，双方当事人各持一份，劳动者所在工地保留一份备查，故D选项错误。

26. B。本题考核的是项目质量控制体系的运行。人员和资源的合理配置是质量控制体系得以运行的基础条件。

27. B。本题考核的是安全生产检查监督的主要类型。对于企业要害部门和重要设备必须进行重点检查。由于其重要性和特殊性，一旦发生意外，会造成大的伤害，给企业的经济效益和社会效益带来不良的影响。为了确保安全，对设备的运转和零件的状况要定时进行检查，发现损伤立刻更换，决不能"带病"作业；一过有效年限即使没有故障，也应该予以更新，不能因小失大。

28. B。本题考核的是施工成本控制的步骤。施工成本管理体系属于企业内部的管理，不需要社会组织的评审和认证，故A选项错误。管理行为控制程序是对成本全过程控制的基础；指标控制程序则是成本进行过程控制的重点，故C选项错误。管理行为控制程序和指标控制程序既相对独立又相互联系，既相互补充又相互制约，故D选项错误。

29. A。本题考核的是生产安全事故应急预案的管理。建设工程生产安全事故应急预案的管理包括应急预案的评审、备案、实施和奖惩。

30. B。本题考核的是设计准备阶段项目管理的任务。编制设计任务书是属于设计准备阶段项目管理的任务。

31. A。本题考核的是时间—成本累积曲线的绘制步骤。时间—成本累积曲线的绘制步骤如下：（1）确定工程项目进度计划，编制进度计划的横道图；（2）根据每单位时间内完成的实物工程量或投入的人力、物力和财力，计算单位时间（月或旬）的成本，在时标网络图上按时间编制成本支出计划；（3）计算规定时间 t 计划累计支出的成本额；（4）按各规定时间的 Q_t 值，绘制 S 形曲线。

32. A。本题考核的是建设工程项目实施阶段策划的基本内容。建设工程项目实施阶段策划的基本内容如下：（1）项目实施的环境和条件的调查与分析；（2）项目目标的分析和再论证；（3）项目实施的组织策划；（4）项目实施的管理策划；（5）项目实施的合同策划；（6）项目实施的经济策划；（7）项目实施的技术策划；（8）项目实施的风险策划等。故 A 选项正确。

33. C。本题考核的是监理的工作方法。根据《中华人民共和国建筑法》的规定，工程监理人员认为工程施工不符合工程设计要求、施工技术标准和合同约定的，有权要求建筑施工企业改正。工程监理人员发现工程设计不符合建筑工程质量标准或者合同约定的质量要求的，应当报告建设单位要求设计单位改正。

34. A。本题考核的是工程合同风险分配。谁能最有效地（有能力和经验）预测、防止和控制风险，或能有效地降低风险损失，或能将风险转移给其他方面，则应由他承担相应的风险责任，故 A 选项正确，C 选项错误。业主起草招标文件和合同条件，确定合同类型，对风险的分配起主导作用，故 B 选项错误。如果合同所定义的风险没有发生，则业主多支付了报价中的不可预见风险费，承包商取得了超额利润，故 D 选项错误。

35. C。本题考核的是项目结构图。项目结构图是一个组织工具，它通过树状图的方式对一个项目的结构进行逐层分解，以反映组成该项目的所有工作任务。项目结构图中，矩形表示工作任务（或第一层、第二层子项目等），矩形框之间的连接用连线表示。

36. B。本题考核的是施工现场测量控制。施工单位在开工前应编制测量控制方案，经项目技术负责人批准后实施。

37. A。本题考核的是信息管理部门的工作任务。信息管理部门的工作任务包括：（1）负责编制信息管理手册；（2）负责协调和组织项目管理班子中各个工作部门的信息处理工作；（3）负责信息处理工作平台的建立和运行维护；（4）与其他工作部门协同组织收集信息、处理信息和形成各种反映项目进展和项目目标控制的报表和报告；（5）负责工程档案管理等。

38. A。本题考核的是不同类型的建设工程项目进度计划系统。由不同深度的进度计划构成的计划系统，包括：（1）总进度规划（计划）；（2）项目子系统进度规划（计划）；（3）项目子系统中的单项工程进度计划等。

39. A。本题考核的是现场宿舍的管理。宿舍内应保证有必要的生活空间，室内净高不得小于 2.4m，故 B 选项错误。通道宽度不得小于 0.9m，故 C 选项错误。每间宿舍居住人员不得超过 16 人，故 A 选项正确。宿舍严禁使用通铺。D 选项错误在叙述不够严谨，应注意 D 选项中，"不宜"与"严禁"的不同。

40. D。本题考核的是工程建设过程中的污染种类。工程建设过程中的污染主要包括对施工场界内的污染和对周围环境的污染。对施工场界内的污染防治属于职业健康安全问题，而对周围环境的污染防治是环境保护的问题。

41. B。本题考核的是进度偏差（SV）的计算。$SV=BCWP-BCWS=$已完工作预算费用-计划工作预算费用$=980-820=160$万元。

42. B。本题考核的是施工组织设计中施工部署及施工方案的内容。合理安排施工顺序属于施工部署及施工方案的内容。

43. D。本题考核的是计算工期。计算工期等于以网络计划的终点节点为箭头节点的各个工作的最早完成时间的最大值。考生遇到求总工期的，先把每个线路找出来，把每个线路的长度进行计算，最长的就是计算工期。

44. D。本题考核的是编制项目管理任务分工表的准备工作。为了编制项目管理任务分工表，首先应对项目实施各阶段的费用（投资或成本）控制、进度控制、质量控制、合同管理、信息管理和组织与协调等管理任务进行详细分解。

45. B。本题考核的是施工总承包模式的特点。业主只需要进行一次招标，与施工总承包商签约，因此招标及合同管理工作量将会减小，故A选项错误。由于业主只负责对施工总承包单位的管理及组织协调，其组织与协调的工作量比平行发包会大大减少，这对业主有利，故C选项错误。在施工总承包管理模式下，分包合同价对业主是透明的。在施工总承包模式下，分包合同价对业主并不透明，故D选项错误。投资控制方面，在开工前就有较明确的合同价，有利于业主的总投资控制，故B选项正确。

46. D。本题考核的是编制安全技术措施计划的步骤。编制安全技术措施计划可以按照下列步骤进行：（1）工作活动分类；（2）危险源识别；（3）风险确定；（4）风险评价；（5）制定安全技术措施计划；（6）评价安全技术措施计划的充分性。

47. C。本题考核的是获准认证后的维持与监督管理。获准认证后的质量管理体系，维持与监督管理内容如下：企业通报、监督检查、认证注销、认证暂停、认证撤销、复评、重新换证等，其中只有认证注销是企业自愿行为。

48. C。本题考核的是预警评价。预警信号一般采用国际通用的颜色表示不同的安全状况，如：Ⅰ级预警，表示安全状况特别严重，用红色表示。Ⅱ级预警，表示受到事故的严重威胁，用橙色表示。Ⅲ级预警，表示处于事故的上升阶段，用黄色表示。Ⅳ级预警，表示生产活动处于正常状态，用蓝色表示。

49. C。本题考核的是风险等级。根据《建设工程项目管理规范》GB/T 50326—2006条文说明，风险等级评估表如下：

风险等级 可能性	后果 轻度损失	中度损失	重大损失
很大	3	4	5
中等	2	3	4
极小	1	2	3

（注：此知识点已删除）

根据《建设工程项目管理规范》GB/T 50326—2017，风险等级由风险概率发生等级和风险损失等级间的关系矩阵确定，参见下表。

风险等级矩阵表

风险等级		损失等级			
		1	2	3	4
概率等级	1	Ⅰ级	Ⅰ级	Ⅱ级	Ⅱ级
	2	Ⅰ级	Ⅱ级	Ⅱ级	Ⅲ级
	3	Ⅱ级	Ⅱ级	Ⅲ级	Ⅲ级
	4	Ⅱ级	Ⅲ级	Ⅲ级	Ⅳ级

《建设工程项目管理规范》GB/T 50326—2017 将工程建设风险事件按照不同风险程度分为四个等级。其中，一级风险的风险等级最高，二级风险的风险等级较高，三级风险的风险等级一般，四级风险的风险等级较低。

50. D。本题考核的是材料费分析。材料费分析包括主要材料、结构件和周转材料使用费的分析以及材料储备的分析。

51. B。本题考核的是资金成本支出率的计算。进行资金成本分析通常应用"成本支出率"指标，即成本支出占工程款收入的比例，计算公式如下：成本支出率=（计算期实际成本支出/计算期实际工程款收入）×100%=（119/220）×100%=54.09%。

52. C。本题考核的是单代号网络计划有关时间参数的计算。在单代号网络计划计算中，相邻两项工作之间的时间间隔等于紧后工作的最早开始时间和本工作的最早完成时间之差。工作A的最早完成时间为4。工作D的最早开始时间为6，则工作A和D之间的时间间隔=6-4=2d。

53. D。本题考核的是会计核算、业务核算与统计核算的特点。统计核算可以用货币计算，也可以用实物或劳动量计量，故D选项正确。会计核算主要是价值核算，故A选项错误。统计核算的计量尺度要比会计核算统计核算宽，故B选项错误。会计核算主要是对已经发生的经济活动进行核算，故C选项错误。

54. C。本题考核的是投资的计划值。投资的计划值和实际值是相对的，如：相对于工程预算而言，工程概算是投资的计划值；相对于工程合同价，则工程概算和工程预算都可作为投资的计划值等。

55. C。本题考核的是监理人职责。当委托人与承包人之间发生合同争议时，监理人应协助委托人、承包人协商解决，故A选项错误。在紧急情况下，为了保护财产和人身安全，监理人所发出的指令未能事先报委托人批准时，应在发出指令后的24h内以书面形式报委托人，故B选项错误。除专用条件另有约定外，监理人发现承包人的人员不能胜任本职工作的，有权要求承包人予以调换，故D选项错误。

56. B。本题考核的是缺陷责任与保修。缺陷责任期自实际竣工日期起计算，合同当事人应在专用合同条款约定缺陷责任期的具体期限，但该期限最长不超过24个月，故A选项错误。因发包人原因导致工程无法按合同约定期限进行竣工验收的，缺陷责任期自承包人提交竣工验收申请报告之日起开始计算，故C选项错误。发包人未经竣工验收擅自使用工程的，缺陷责任期自工程转移占有之日起开始计算，故D选项错误。

57. A。本题考核的是物资采购管理应遵循的程序。采购管理应当遵循的程序是：（1）明确采购产品或服务的基本要求、采购分工及有关责任；（2）进行采购策划，编制采购计划；（3）进行市场调查，选择合格的产品供应或服务单位，建立名录；（4）采用招标或协商等方式实施评审工作，确定供应或服务单位；（5）签订采购合同；（6）运输、验证、移交采购产品或服务；（7）处置不合格产品或不符合要求的服务；（8）采购资料归档。

58. D。本题考核的是工程暂停、终止合同的索赔。施工过程中，工程师有权下令暂停全部或任何部分工程，只要这种暂停命令并非承包人违约或其他意外风险造成的，承包人不仅可以得到要求工期延长的权利，而且可以就其停工损失获得合理的额外费用补偿。

59. D。本题考核的是工资支付管理。建筑施工企业因暂时生产经营困难无法按劳动合同约定的日期支付工资的，应当向劳动者说明情况，并经与工会或职工代表协商一致后，可以延期支付工资，但最长不得超过 30 日。

60. D。本题考核的是正式投标。投标文件不完备或投标没有达到招标人的要求，在招标范围以外提出新的要求，均被视为对于招标文件的否定，不会被招标人所接受，故 A 选项错误。标书的提交要有固定标准的要求，基本内容是：签章、密封，故 B 选项错误。如果项目所在地与企业距离较远，由当地项目经理部组织投标，需要提交企业法人对于投标项目经理的授权委托书，故 C 选项错误。

61. A。本题考核的是包干控制。在材料使用过程中，对部分小型及零星材料（如钢钉、钢丝等）根据工程量计算出所需材料量，将其折算成费用，由作业者包干使用。

62. A。本题考核的是劳务报酬。在合同中可以约定，下列情况下，固定劳务报酬或单价可以调整：（1）以本合同约定价格为基准，市场人工价格的变化幅度超过一定百分比时，按变化前后价格的差额予以调整；（2）后续法律及政策变化，导致劳务价格变化的，按变化前后价格的差额予以调整；（3）双方约定的其他情形。

63. B。本题考核的是工期索赔的计算方法。工期索赔的计算方法主要有直接法、比例分析法和网络分析法。本题采用比例分析法来计算，工期索赔值=原合同工期×附加或新增工程造价/原合同总价=18×（500/1000）= 9 个月。

64. B。本题考核的是设计单位的质量责任和义务。设计单位应当参与建设工程质量事故分析，并对因设计造成的质量事故，提出相应的技术处理方案，故 B 选项正确。A 选项属于施工单位的质量责任和义务。C、D 选项属于建设单位的质量责任与义务。

65. C。本题考核的是双代号网络计划中工作的逻辑关系，故 A 选项中，A、B 工作均完成后进行 D 工作，C 工作与 A、B 工作没有先后逻辑关系，故 A 选项错误，C 选项正确。D、E 工作无需同时进行，故 B 选项错误。A、B、C 工作均完成后，E 工作才能开始，故 D 选项错误。

66. C。本题考核的是质量事故等级的划分。我国《企业职工伤亡事故分类标准》GB 6441—1986 规定，按事故严重程度分类，事故分为轻伤事故、重伤事故和死亡事故。死亡事故中，重大伤亡事故指一次事故中死亡 1~2 人的事故；特大伤亡事故指一次事故死亡 3 人以上（含 3 人）的事故。回答本题应注意《企业职工伤亡事故分类标准》与《生产安全事故报告和调查处理条例》的混淆。

67. C。本题考核的是质量风险应对策略。质量风险应对策略中，"减轻"是针对无法规避的质量风险，研究制定有效的应对方案，尽量把风险发生的概率和损失量降到最低程度，从而降低风险量和风险等级。例如，在施工中有针对性地制定和落实有效的施工质量保证措施和质量事故应急预案，可以降低质量事故发生的概率和减少事故损失量，故 C 选项正确。A 选项是属于风险自留；B 选项是属于风险规避；D 选项属于风险转移。

68. A。本题考核的是关于工程变更的规定。工程变更如果属于合同范围内的，施工方要无条件执行，而不是先提出补偿要求，故 B 选项错误。工程变更的补偿范围，通常以合同金额一定的百分比表示。通常这个百分比越大，承包人的风险越大，故 A 选项正确。工程变更的索赔有效期，由合同具体规定，一般为 28d，也有 14d 的。一般这个时间越短，对承包人管理水平的要求越高，对承包人越不利，故 C、D 选项错误。

69. B。本题考核的是赢得值法参数分析与对应措施。在任何一个时点上 $BCWP > ACWP > BCWS$，也就意味着 $SV > 0$，$CV > 0$，说明效率较高，进度快，投入延后，其对应措施是抽出部分人员，放慢进度。A 选项中进度较慢的说法错误；C 选项中投入超前的说法错误；D 选项中增加投入、加快速度的说法也错误。

70. D。本题考核的是竣工质量验收的标准。分户验收不合格，不能进行住宅工程整体验收，故 A 选项错误。每户住宅和规定的公共部位验收完毕，应填写《住宅工程质量分户验收表》，建设单位和施工单位项目负责人、监理单位项目总监理工程师要分别签字，故 B 选项错误。C 选项的正确表述应为"住宅工程质量分户验收的主要内容包括建筑节能和采暖工程质量等"。

二、多项选择题

71. B、D；	72. A、B；	73. C、D；
74. B、D；	75. C、D；	76. A、D、E；
77. A、C、D；	78. A、B；	79. B、C、E；
80. B、C、D、E；	81. C、D、E；	82. A、E；
83. A、B、D；	84. D、E；	85. A、B、C；
86. B、C、D、E；	87. A、B、C、E；	88. C、D、E；
89. A、B、D；	90. A、C、E；	91. B、C、E；
92. A、B、C、D；	93. A、C、E；	94. A、C、E；
95. A、B、D；	96. D、E；	97. C、E；
98. A、C、E；	99. B、C、E；	100. A、B、C。

【解析】

71. B、D。本题考核的是网络进度计划的检查。工作 N 拖延 3d 后，其自由时差变为 2d，所以不会影响紧后工作，也不会影响总工期，所以选项 B 正确，选项 E 错误。按照"本工作的总时差=本工作所有紧后工作总时差的最小值+本工作的自由时差"。其他工作正常，自由时差减少了 3d，所以总时差减少 3d，因此选项 D 正确，选项 A 错误。因为 N 工作延长了 3d，因此最早完成时间推迟了 3d，所以选项 C 错误。

72. A、B。本题考核的是对施工分包单位进行管理的责任主体。一般情况下，无论是业主指定的分包单位还是施工总承包或者施工总承包管理单位选定的分包单位，其分包合同都是与施工总承包或者施工总承包管理单位签订。对分包单位的管理责任，也是由施工总承包或者施工总承包管理单位承担。故 C 选项错误。由施工总承包或者施工总承包管理单位向业主承担分包单位负责施工的工程质量、工程进度、安全等的责任，故 D 选项错误。E 选项的正确表述应为"对施工分包单位进行管理的第一责任主体是施工总承包单位或施工总承包管理单位"。

73. C、D。本题考核的是双代号网络计划的时间参数。本题的实质是自由时差与总时差的关系。本工作的总时差＝min｛各紧后工作的总时差＋本工作的自由时差｝。当计划工期等于计算工期的时候，只要完成节点是关键节点且不在关键线路上的工作符合这个条件。

74. B、D。本题考核的是工程质量信息技术。A选项的正确表述应为"项目管理信息系统有利于项目各参与方的信息交流"。C选项的正确表述应为"管理信息系统"，并非"项目管理信息系统"。E选项应为工程管理信息化的意义。

75. C、D。本题考核的是建设工程现场文明施工的措施。项目经理为现场文明施工的第一责任人，故A选项错误。B选项中的"高度不低于1.8m"错误，正确表述应为"高度不低于2.5m"。严禁泥浆、污水、废水外流或未经允许排入河道，故E选项错误。

76. A、D、E。本题考核的是项目进度控制的管理措施。本题中，B选项属于组织措施，C选项属于经济措施。A、D、E为正确选项。

77. A、C、D。本题考核的是专项施工方案专家论证制度。工程中涉及深基坑、地下暗挖工程、高大模板工程的专项施工方案，施工单位还应当组织专家进行论证、审查。

78. A、B。本题考核的是项目总承包合同的主要内容。C、D选项属于发包人的义务。发包人负责组织设计阶段审查会议，并承担会议费用及发包人的上级单位、政府有关部门参加审查会议的费用。故C、D、E均应排除。

79. B、C、E。本题考核的是双代号网络计划。从表格当中C是E、F、H的紧前工作，那么C工作的紧后工作就是E、F、H。

80. B、C、D、E。本题考核的是总价合同的运用。A选项的正确表述应为，"业主的风险较小，承包人将承担较多的风险"。

81. C、D、E。本题考核的是分部工程质量验收。勘察、设计单位项目负责人和施工单位技术、质量部门负责人应参加地基与基础分部工程验收；设计单位项目负责人和施工单位技术、质量部门负责人应参加主体结构、节能分部工程验收。

82. A、E。本题考核的是项目风险管理计划。项目风险对策应形成风险管理计划，它包括：（1）风险管理目标；（2）风险管理范围；（3）可使用的风险管理方法、工具以及数据来源；（4）风险分类和风险排序要求；（5）风险管理的职责和权限；（6）风险跟踪的要求；（7）相应的资源预算。（注：此知识点已删除）

83. A、B、D。本题考核的是施工成本计划的编制方式。施工成本计划的编制方式有：（1）按施工成本构成编制施工成本计划；（2）按施工项目组成编制施工成本计划；（3）按施工进度编制施工成本计划。

84. D、E。本题考核的是工期成本分析的方法。工期成本分析一般采用比较法，即将计划工期成本与实际工期成本进行比较，然后应用"因素分析法"。

85. A、B、E。本题考核的是施工准备阶段建设监理工作的主要任务。施工准备阶段建设监理工作的主要任务：（1）审查施工单位提交的施工组织设计中的质量安全技术措施、专项施工方案与工程建设强制性标准的符合性；（2）参与设计单位向施工单位的设计交底；（3）检查施工单位工程质量、安全生产管理制度及组织机构和人员资格；（4）检查施工单位专职安全生产管理人员的配备情况；（5）审核分包单位资质条件；（6）检查施工单位的试验室；（7）查验施工单位的施工测量放线成果；（8）审查工程开工条件，签发开工令。故A、B、E选项正确。

86. B、C、D、E。本题考核的是建筑材料采购合同的违约责任。对于供货方提前发运或交付的货物，采购方仍可按合同规定的时间付款，故A选项错误。

87. A、B、C、E。本题考核的是属于以不合理条件限制、排斥潜在投标人或者投标人的情形。招标人有下列行为之一的，属于以不合理条件限制、排斥潜在投标人或者投标人：（1）就同一招标项目向潜在投标人或者投标人提供有差别的项目信息；（2）设定的资格、技术、商务条件与招标项目的具体特点和实际需要不相适应或者与合同履行无关；（3）依法必须进行招标的项目以特定行政区域或者特定行业的业绩、奖项作为加分条件或者中标条件；（4）对潜在投标人或者投标人采取不同的资格审查或者评标标准；（5）限定或者指定特定的专利、商标、品牌、原产地或者供应商；（6）依法必须进行招标的项目非法限定潜在投标人或者投标人的所有制形式或者组织形式；（7）以其他不合理条件限制、排斥潜在投标人或者投标人。

88. A、C、D、E。本题考核的是工程质量检查验收的项目划分。分项工程可按主要工种、材料、施工工艺、设备类别等进行划分。工程部位属于分部工程的划分标准，应注意区分。

89. A、B、D。本题考核的是在项目的实施阶段，项目总进度的内容。在项目的实施阶段，项目总进度应包括：（1）设计前准备阶段的工作进度；（2）设计工作进度；（3）招标工作进度；（4）施工前准备工作进度；（5）工程施工和设备安装进度；（6）工程物资采购工作进度；（7）项目动用前的准备工作进度等。

90. A、C、E。本题考核的是履约担保。B 选项为预付款担保的含义。所谓履约担保，是指招标人在招标文件中规定的要求中标的投标人提交的保证履行合同义务和责任的担保。故 B 选项错误。由担保公司或者保险公司开具履约担保书，故 D 选项错误。

91. B、C、D。本题考核的是施工质量事故发生的原因。施工质量事故发生的原因中，管理原因：指引发的质量事故是由于管理上的不完善或失误。例如，施工单位或监理单位的质量管理体系不完善，质量管理措施落实不力，施工管理混乱，不遵守相关规范，违章作业，检验制度不严密，质量控制不严格，检测仪器设备管理不善而失准，以及材料质量检验不严等原因引起质量事故。A、E 选项属于技术原因。

92. A、B、C、D。本题考核的是施工成本控制的依据。施工成本控制的依据包括以下内容：（1）工程承包合同；（2）施工成本计划；（3）进度报告；（4）工程变更。

93. A、B、E。本题考核的是开展内部质量审核活动的目的。落实质量体系的内部审核程序，有组织有计划开展内部质量审核活动，其主要目的是：（1）评价质量管理程序的执行情况及适用性；（2）揭露过程中存在的问题，为质量改进提供依据；（3）检查质量体系运行的信息；（4）向外部审核单位提供体系有效的证据。

94. A、C、E。本题考核的是项目经理应履行的职责。项目经理应履行下列职责：（1）项目管理目标责任书规定的职责；（2）主持编制项目管理实施规划，并对项目目标进行系统管理；（3）对资源进行动态管理；（4）建立各种专业管理体系，并组织实施；（5）进行授权范围内的利益分配；（6）收集工程资料，准备结算资料，参与工程竣工验收；（7）接受审计，处理项目经理部解体的善后工作；（8）协助组织进行项目的检查、鉴定和评奖申报工作。注：现行考试用书中对项目管理机构负责人职责的说法已调整，请读者留意。

95. A、B、D。本题考核的是施工组织设计的动态管理。项目施工过程中，发生以下情况之一时，施工组织设计应及时进行修改或补充：（1）工程设计有重大修改；（2）有关法律、法规、规范和标准实施、修订和废止；（3）主要施工方法有重大调整；（4）主要施工资源配置有重大调整；（5）施工环境有重大改变。C 选项属于局部修改，不需要进行施工组织设计的修改或者补充。E 选项中，钢材价格上涨，不需要进行施工组织设计的修改和补充。

96. D、E。本题考核的是工程总承包项目管理的主要内容。工程总承包项目管理的主要内容应包括：（1）任命项目经理，组建项目部，进行项目策划并编制项目计划；（2）实施设计管理，采购管理，施工管理，试运行管理；（3）进行项目范围管理，进度管理，费用管理，设备材料管理，资金管理，质量管理，安全、职业健康和环境管理，人力资源管理，风险管理，沟通与信息管理，合同管理，现场管理，项目收尾等。《建设项目工程总承包管理规范》GB/T 50358—2005 现已被《建设项目工程总承包管理规范》GB/T 50358—2017 所替代。现行考试用书中对项目总承包方工作内容的说法已调整，请读者注意。

97. C、E。本题考核的是施工成本管理的措施。A 选项属于技术措施。B 选项属于组织措施。D 选项不属于成本管理的内容，较容易进行排除。C、E 选项属于经济措施。

98. A、C、E。本题考核的是事故处理的原则。事故处理的原则：（1）事故原因未查清不放过；（2）事故责任人未受到处理不放过；（3）事故责任人和周围群众没有受到教育不放过；（4）事故没有制定切实可行的整改措施不放过。

99. B、C、E。本题考核的是施工机具使用费的索赔。施工机具使用费的索赔包括：由于完成额外工作增加的机械使用费；非承包人责任工效降低增加的机械使用费；由于业主或监理工程师原因导致机械停工的窝工费。A、D 选项均为承包人自身的原因引起的，较容易排除。

100. A、B、C。本题考核的是施工总承包管理与施工总承包模式的比较。施工总承包管理模式可以在很大程度上缩短建设周期。施工总承包管理模式与施工总承包模式相比在合同价方面有以下优点：（1）合同总价不是一次确定，某一部分施工图设计完成以后，再进行该部分施工招标，确定该部分合同价，因此整个建设项目的合同总额的确定较有依据；（2）所有分包都通过招标获得有竞争力的投标报价，对业主方节约投资有利；（3）在施工总承包管理模式下，分包合同价对业主是透明的。

《建设工程项目管理》

考前冲刺试卷（一）及解析

《建设工程项目管理》考前冲刺试卷（一）

一、单项选择题（共70题，每题1分。每题的备选项中，只有1个最符合题意）

1. 对业主方而言，建设工程项目管理的"费用目标"是指项目的（　　）。
   A. 投资目标　　　　　　　　　　B. 成本目标
   C. 财务目标　　　　　　　　　　D. 经营目标

2. 甲单位拟新建一电教中心，经设计招标，由乙设计院承担该项目设计任务。下列目标中，不属于乙设计院项目管理目标的是（　　）。
   A. 项目投资目标　　　　　　　　B. 设计进度目标
   C. 施工质量目标　　　　　　　　D. 设计成本目标

3. 具有两个工作指令源，指令分别来自纵向和横向两个工作部门的组织结构模式是（　　）。
   A. 职能组织结构　　　　　　　　B. 矩阵组织结构
   C. 网络组织结构　　　　　　　　D. 线性组织结构

4. 关于编制项目管理工作任务分工的说法，正确的是（　　）。
   A. 项目各参与方应编制统一的项目管理任务分工表
   B. 首先要明确项目经理的工作任务
   C. 已经确定的工作任务表在项目实施过程中不能调整
   D. 需要明确各工作部门的工作任务

5. 关于施工总承包管理模式特点的说法，正确的是（　　）。
   A. 总承包管理单位的招标依赖于完整的施工图
   B. 施工总承包管理合同中一般只确定施工总承包管理费，不需要确定建筑安装工程造价
   C. 业主负责各分包之间的关系
   D. 各分包单位的各种款项必须通过总承包管理单位支付

6. 下列建设工程项目目标动态控制的工作中，属于准备工作的是（　　）。
   A. 收集项目目标的实际值　　　　B. 对项目目标进行分解
   C. 对产生的偏差采取纠偏措施　　D. 将项目目标的实际值和计划值相比较

7. 某项目因资金缺乏导致总体进度延误，项目经理部采取尽快落实资金解决此问题，该措施属于项目目标控制的（　　）。
   A. 管理措施　　　　　　　　　　B. 组织措施
   C. 经济措施　　　　　　　　　　D. 技术措施

8. 某建设工程项目在施工中发生了紧急性的安全事故，若短时间内无法与发包人代表和总监理工程师取得联系，则项目经理有权采取措施保证与工程有关的人身和财产安全，但应（　　）。
   A. 立即向建设主管部门报告

B. 在48h内向发包人代表提交书面报告

C. 在24h内向发包人代表进行口头报告

D. 在48h内向承包人的企业负责人提交书面报告

9. 下列项目各参与方的沟通障碍中，属于组织沟通障碍的是（　　）。

A. 对信息的看法不同造成的障碍

B. 知识、经验水平的差距导致的障碍

C. 机构组织庞大，中间层次太多构成的障碍

D. 下属对上级的恐惧心理而形成的障碍

10. 根据《建设工程项目管理规范》GB/T 50326—2017，项目风险管理正确的程序是（　　）。

A. 风险识别—风险评估—风险应对—风险监控

B. 风险计划—风险分析—风险评估—风险应对

C. 风险识别—风险分析—风险应对—风险监控

D. 风险规划—风险评估—风险自留—风险转移

11. 项目监理机构在施工阶段进度控制的主要工作是（　　）。

A. 合同执行情况的分析和跟踪管理

B. 定期与施工单位核对签证台账

C. 审查单位工程施工组织设计

D. 监督施工单位严格按照合同规定的工期组织施工

12. 根据《建设工程监理规范》GB/T 50319—2013，工程建设监理实施细则应在工程施工开始前编制完成并必须经（　　）批准。

A. 专业监理工程师　　　　B. 总监理工程师

C. 发包人代表　　　　　　D. 总监理工程师代表

13. 下列成本管理措施中，属于经济措施的是（　　）。

A. 做好施工采购计划　　　B. 选用合适的合同结构

C. 确定施工任务单管理流程　　D. 分解成本管理目标

14. 施工准备阶段的项目施工成本计划，应当是采用（　　）编制形成的实施性施工成本计划。

A. 估算指标　　　　　　　B. 概算定额

C. 预算定额　　　　　　　D. 施工定额

15. 关于施工预算、施工图预算"两算"对比的说法，正确的是（　　）。

A. "两算"对比的方法包括实物对比法

B. 施工预算的编制以预算定额为依据，施工图预算的编制以施工定额为依据

C. 一般情况下，施工图预算的人工数量及人工费比施工预算低

D. 一般情况下，施工图预算的材料消耗量及材料费比施工预算低

16. 某分部工程的成本计划数据见下表，则第5周的成本计划值是（　　）万元。

编码	项目名称	时间(周)	费用强度 (万元/周)	\multicolumn{12}{c}{工程进度(周)}
				1	2	3	4	5	6	7	8	9	10	11	12
11	场地平整	1	20	■											

续表

编码	项目名称	时间(周)	费用强度(万元/周)	工程进度(周)											
				1	2	3	4	5	6	7	8	9	10	11	12
12	土方开挖	4	30		━	━	━	━							
13	基础垫层	4	45				━	━	━	━					
14	混凝土基础	6	80					━	━	━	━	━	━		
15	土方回填	3	30										━	━	━

A．155 B．75
C．80 D．125

17．某清单项目计划工程量为300m³，预算单价为600元，已完工程量为350m³，实际单价为650元。采用赢得值法分析该项目成本正确的是（　　）。

A．费用节约，进度延误 B．费用节约，进度提前
C．费用超支，进度延误 D．费用超支，进度提前

18．某工程项目的赢得值曲线如下图所示，关于项目偏差原因分析与纠偏措施的说法，正确的是（　　）。

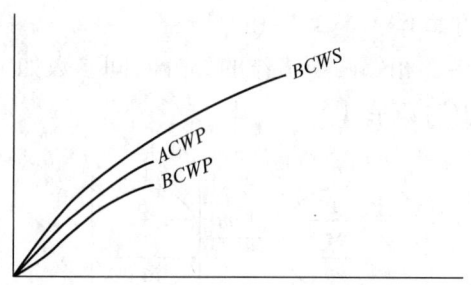

A．效率较高，进度快，投入延后 B．维持现状
C．增加高效人员投入 D．迅速增加人员投入

19．某施工项目某月的成本数据见下表，应用差额计算法得到预算成本增加对成本的影响是（　　）万元。

项目	单位	计划	实际
预算成本	万元	600	640
成本降低率	%	4	5

A．12.0 B．8.0
C．6.4 D．1.6

20．某项目在进行资金成本分析时，其计算期实际工程款收入为250万元，计算期实际成本支出为125万元，计划工期成本为160万元，则该项目成本支出率为（　　）。

A．36.00% B．50.00%
C．64.00% D．78.13%

21．项目总进度目标论证的主要工作有：①确定项目的工作编码；②编制总进度计划；③编制各层进度计划；④进行进度计划系统的结构分析。这些工作的正确顺序是（　　）。

A．④—①—③—② B．②—④—③—①

C. ①—④—③—② D. ③—②—①—④

22. 关于建设项目进度计划系统的说法，正确的是（   ）。
A. 进度计划系统是指组成进度计划的各项内容，包括执行时需要的资源和措施等
B. 为便于协调各项目参与方，计划系统应由业主负责建立，各参与方协助完善
C. 一个特定项目的进度计划系统是唯一的
D. 同一进度计划系统中，各进度计划之间必须相互协调

23. 某双代号网络图如下图所示，关于各项工作逻辑关系的说法，正确的是（   ）。

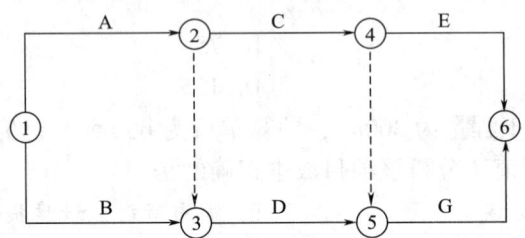

A. 工作 G 的紧前工作有工作 C 和工作 D
B. 工作 B 的紧后工作有工作 C 和工作 D
C. 工作 D 的紧后工作有工作 E 和工作 G
D. 工作 C 的紧前工作有工作 A 和工作 B

24. 某单代号网络计划中，相邻两项工作的部分时间参数如下图所示（时间单位：d），此两项工作的间隔时间（$LAG_{i,j}$）是（   ）d。

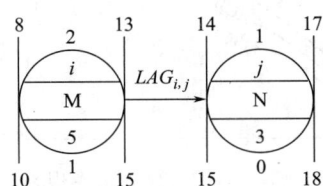

A. 0 B. 1
C. 2 D. 3

25. 工程网络计划中，工作的最迟开始时间是指在不影响（   ）的前提下，必须开始的最迟时刻。
A. 紧后工作最早开始 B. 紧前工作最迟开始
C. 整个任务按期完成 D. 所有后续工作机动时间

26. 某工程双代号时标网络计划如下图所示（单位：d），关于时间参数的说法正确的是（   ）。

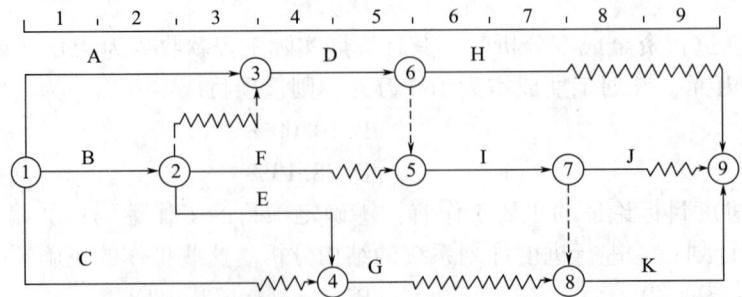

A. 工作B的总时差为0 B. 工作E的最早开始时间为第4天
C. 工作G的总时差为2d D. 工作I的自由时差为1d

27. 某工程网络计划中，工作E的持续时间为6d，最迟完成时间为第28天。该工作有三项紧前工作，其最早完成时间分别为第16天、第19天和第20天，则工作E的总时差是（　　）d。
A. 1 B. 2
C. 3 D. 6

28. 建设工程项目进度控制工作包括：①编制进度计划；②调整进度计划；③进度目标的分析和论证；④跟踪检查计划的执行情况。其正确的工作程序是（　　）。
A. ①—②—③—④ B. ③—①—④—②
C. ③—①—②—④ D. ④—②—③—①

29. 在影响项目质量的五大主要因素中，建设主管部门推广的绿色施工技术，属于（　　）的因素。
A. 机械 B. 环境
C. 材料 D. 方法

30. 建立建设工程项目质量控制系统时，首先应完成的工作是（　　）。
A. 制定系统质量控制制度 B. 编制系统质量控制计划
C. 分析系统质量控制界面 D. 建立系统质量控制网络

31. 企业质量管理体系文件应由（　　）等构成。
A. 质量目标、质量手册、质量计划和质量记录
B. 质量手册、程序文件、质量计划和质量记录
C. 质量方针、质量手册、程序文件和质量记录
D. 质量手册、质量计划、质量记录和质量评审

32. 某企业通过质量管理体系认证后，由于管理不善，经认证机构调查做出了撤销认证的决定，则该企业（　　）。
A. 可以提出申诉，并在一年后可重新提出认证申请
B. 不能提出申诉，不能再重新提出认证申请
C. 不能提出申诉，但在一年后可以重新提出认证申请
D. 可以提出申诉，并在半年后可重新提出认证申请

33. 下列建筑工程施工质量要求中，能够体现个性化的是（　　）。
A. 国家法律、法规的要求 B. 质量管理体系标准的要求
C. 施工质量验收标准的要求 D. 工程勘察、设计文件的要求

34. 下列施工测量控制工作，应由建设单位完成的是（　　）。
A. 提供原始坐标点、基准线 B. 建立施工测量控制网
C. 建筑物垂直度测量 D. 施工期间建筑物沉降观测

35. 施工质量检查中工序交接检查的"三检"制度是指（　　）。
A. 质量员检查、技术负责人检查、项目经理检查
B. 施工单位检查、监理单位检查、建设单位检查
C. 施工单位内部检查、监理单位检查、质量监督机构检查
D. 自检、互检、专检

36. 下列现场质量检查方法中,属于无损检测方法的是( )。
   A. 托线板挂锤吊线检查　　　　　B. 铁锤敲击检查
   C. 留置试块试验检查　　　　　　D. 超声波探伤检查

37. 验收建筑节能分部工程质量,应由( )组织。
   A. 施工单位技术负责人　　　　　B. 总监理工程师
   C. 建设单位项目负责人　　　　　D. 施工单位项目负责人

38. 某工程发生的质量事故导致2人死亡,直接经济损失4800万元,则该质量事故等级是( )。
   A. 一般事故　　　　　　　　　　B. 较大事故
   C. 重大事故　　　　　　　　　　D. 特别重大事故

39. 某批混凝土试块经检测发现其强度值低于规范要求,后经法定检测单位对混凝土实体强度进行检测后,其实际强度达到规范允许和设计要求。这一质量事故宜采取的处理方法是( )。
   A. 加固处理　　　　　　　　　　B. 修补处理
   C. 返工处理　　　　　　　　　　D. 不作处理

40. 在建设工程项目决策阶段,建设单位职业健康安全与环境管理的任务是( )。
   A. 对环境保护和安全设施的设计提出建议
   B. 办理有关安全与环境保护的各种审批手续
   C. 对生产安全事故的防范提出指导意见
   D. 将保证安全施工的措施报有关管理部门备案

41. 下列施工职业健康安全与环境管理体系的运行、维持活动中,属于管理体系运行的是( )。
   A. 管理评审　　　　　　　　　　B. 内部审核
   C. 合规性评价　　　　　　　　　D. 文件管理

42. 关于建设工程安全生产管理预警级别的说法,正确的是( )。
   A. Ⅰ级预警表示生产活动处于正常状态
   B. Ⅱ级预警表示处于事故的上升阶段
   C. Ⅲ级预警表示受到事故的严重威胁
   D. Ⅳ级预警一般用蓝色表示

43. 根据事故责任分类,"工程负责人不按质量标准进行控制和检验,降低施工质量标准而造成的质量事故"属于( )。
   A. 操作责任事故　　　　　　　　B. 指导责任事故
   C. 人为质量事故　　　　　　　　D. 管理责任事故

44. 根据《建设工程安全生产管理条例》,对达到一定规模的危险性较大的分部分项工程,正确的安全管理做法是( )。
   A. 所有专项施工方案均应组织专家进行论证、审查
   B. 施工单位应当编制专项施工方案,并附具安全验算结果
   C. 专项施工方案经现场监理工程师签字后即可实施
   D. 专项施工方案由施工单位技术负责人进行现场监督

45. 在质量管理排列图中,对应于累计频率曲线80%~90%部分的,属于( )影响

因素。

A. 一般 B. 主要
C. 次要 D. 其他

46. 某焊接作业由甲、乙、丙、丁四名工人操作，为评定各工人的焊接质量，共抽检100个焊点，抽检结果见下表。根据表中数据，各工人焊接质量由好至差的排序是（　　）。

作业工人	抽检点数	不合格点数
甲	10	2
乙	40	4
丙	20	10
丁	30	8

A. 甲→乙→丙→丁 B. 乙→甲→丙→丁
C. 丁→乙→甲→丙 D. 乙→甲→丁→丙

47. 施工安全隐患处理的单项隐患综合治理原则指的是（　　）。

A. 人、机、料、法、环境任一环节的安全隐患，都要从五者匹配的角度考虑处理
B. 在处理安全隐患时应考虑设置多道防线
C. 既对人机环境系统进行安全治理，又需治理安全管理措施
D. 既要减少肇发事故的可能性，又要对事故减灾做充分准备

48. 施工现场使用的水泥、粉煤灰、白灰等易飞扬的细颗粒散体材料，最适宜的存放方式是（　　）。

A. 表面临时固化 B. 搭设草帘屏障
C. 入库密封 D. 用密目式安全网遮盖

49. 某建设工程生产安全事故应急预案中，针对脚手架拆除可能发生的事故、相关危险源和应急保障而制定的方案，从性质上属于（　　）。

A. 综合应急预案 B. 专项应急预案
C. 现场应急预案 D. 现场处置方案

50. 某工人在施工作业过程中脚部被落物砸伤，休养了21周。根据《企业职工伤亡事故分类》GB 6441—1986，该工人的伤害程度为（　　）。

A. 轻伤 B. 重伤
C. 职业病 D. 失能伤害

51. 根据《生产安全事故报告和调查处理条例》，下列建设工程施工生产安全事故中，属于重大事故的是（　　）。

A. 某基坑发生透水事件，造成直接经济损失5000万元，没有人员伤亡
B. 某拆除工程安全事故，造成直接经济损失1000万元，45人重伤
C. 某建设工程脚手架倒塌，造成直接经济损失960万元，8人重伤
D. 某建设工程提前拆模，导致结构坍塌，造成35人死亡，直接经济损失4500万元

52. 根据建设工程文明工地标准，施工现场必须设置"五牌一图"，其中"一图"是指（　　）。

A. 施工进度横道图 B. 大型机械布置位置图

C. 施工现场交通组织图　　　　　　D. 施工现场平面布置图

53. 关于建设工程职业健康安全与环境管理基本要求的说法，正确的是（　　）。

A. 取得安全生产许可证的施工企业，需设立安全生产管理机构，但不需配备专职安全生产管理人员

B. 建设工程项目中防治污染的设施必须经监理单位验收合格后方可投入使用

C. 建设工程实行总承包的，因分包合同中已明确各自安全生产的权利和义务，分包单位发生安全生产事故时，总承包单位不承担连带责任

D. 企业法定代表人是安全生产的第一负责人，项目负责人是施工项目生产的主要负责人

54. 关于建设工程现场职业健康安全卫生要求的说法，正确的是（　　）。

A. 施工区必须配备开水炉

B. 生活区可以设置敞开式垃圾容器

C. 现场食堂炊事人员必须持身体健康证上岗

D. 每间宿舍居住 18 人

55. 施工招标过程中，若招标人在招标文件发布后，发现有问题需要进一步澄清和修改，正确的做法是（　　）。

A. 所有澄清文件必须以书面形式进行

B. 所有澄清和修改文件必须公示

C. 可以用间接方式通知所有招标文件收受人

D. 在招标文件要求的提交投标文件截止时间至少 10d 前发出通知

56. 某按单价计价的招标工程，投标人在复核工程量清单时发现工程数量与设计文件和现场实际有较大的差异，则投标人的正确处理方式是（　　）。

A. 自行调整清单数量，在附录中加以说明，并按调整后的数量投标

B. 根据清单数量和投标人复核的数量分别报价，供业主选择

C. 以适当的方式要求业主澄清，视结果进行投标

D. 不予理会，按照招标文件提供的清单数量进行投标

57. 下列关于以招标投标方式订立施工合同的说法中，正确的是（　　）。

A. 提交投标文件是承诺　　　　　　B. 发放招标文件是要约

C. 签订书面合同是承诺　　　　　　D. 发放中标通知书是承诺

58. 《建设工程施工合同（示范文本）》GF—2017—0201 主要由（　　）三部分组成。

A. 总则、分则、附则

B. 总则、通用条件、专用条件

C. 协议书、通用合同条款、专用合同条款

D. 总则、正文、附件

59. 根据《建设工程施工合同（示范文本）》GF—2017—0201，缺陷责任期最长不超过（　　）年。

A. 1　　　　　　　　　　　　　　B. 2

C. 3　　　　　　　　　　　　　　D. 4

60. 根据《建设工程施工合同（示范文本）》GF—2017—0201，监理人对隐蔽工程重

新检查，经检验证明工程质量符合合同要求的，发包人应补偿承包人（　　）。

A. 工期和费用　　　　　　　　　　B. 工期和利润

C. 费用和利润　　　　　　　　　　D. 工期、费用和利润

61. 根据《建设工程施工专业分包合同（示范文本）》GF—2003—2013，关于施工专业分包的说法，正确的是（　　）。

A. 专业分包人应按规定办理有关施工噪音排放的手续，并承担由此发生的费用

B. 专业分包人只有在承包人发出指令后，允许发包人授权的人员在工作时间内进入分包工程施工场地

C. 分包工程合同不能采用固定价格合同

D. 分包工程合同价款与总包合同相应部分价款没有连带关系

62. 索赔事件是指实际情况与合同规定不符合，最终引起（　　）变化的各类事件。

A. 工期、费用　　　　　　　　　　B. 质量、成本

C. 安全、工期　　　　　　　　　　D. 标准、信息

63. 根据《建设工程施工劳务分包合同（示范文本）》GF—2003—0214，关于保险办理的说法，正确的是（　　）。

A. 劳务分包人施工开始前，应由工程承包人为施工场地内自有人员及第三人人员生命财产办理保险

B. 运至施工场地用于劳务施工的材料，由工程承包人办理保险并支付费用

C. 工程承包人提供给劳务分包人使用的施工机械设备由劳务分包人办理保险并支付费用

D. 工程承包人需为从事危险作业的劳务人员办理意外伤害险并支付费用

64. 某土石方工程实行混合计价，其中土方工程实行总价包干，包干价18万元；石方工程实行单价合同。该工程有关工程量和价格资料见下表，则该工程结算价款为（　　）万元。

项目	估计工程量（m³）	实际工程量（m³）	合同单价（元/m³）
土方工程	3000	3200	—
石方工程	2500	2800	260

A. 156　　　　　　　　　　　　　　B. 78

C. 83　　　　　　　　　　　　　　 D. 90.8

65. 发承包双方在合同中约定直接成本实报实销，发包方再额外支付一笔报酬，若发生设计变更或增加新项目，当直接费超过原估算成本的10%时，固定的报酬也要增加。此合同属于成本加酬金合同中的（　　）。

A. 成本加固定比例合同　　　　　　B. 成本加奖金合同

C. 成本加固定费用合同　　　　　　D. 最大成本加费用合同

66. 支付担保是中标人要求招标人提供的保证履行合同中约定的工程款支付义务的担保。承包人或发包人违约后，另一方可要求（　　）承担相应责任。

A. 提供担保的第三人　　　　　　　B. 分包方

C. 签订担保合同的一方　　　　　　D. 被担保方

67. 下列工程任务或工作中，不能作为施工合同跟踪对象的是（　　）。
   A. 工程施工质量   B. 工程施工进度
   C. 业主工程款项支付   D. 政府质量监督部门的质量检查

68. 某工程合同额为2000万元，合同实施天数为200d；由某承包商总承包施工，该承包商同期总合同额为8000万元，同期内公司的总管理费为500万元；因为业主修改设计，承包商要求工期延期30d。该工程项目部在施工索赔中总部管理费的索赔额是（　　）万元。
   A. 18.75   B. 15.00
   C. 12.00   D. 9.38

69. FIDIC系列合同条件中，采用固定总价方式计价、只有在出现某些特定风险时才能调整价格的合同是（　　）。
   A. 施工合同条件   B. EPC交钥匙项目合同条件
   C. 简明合同格式   D. 永久设备和设计—建造合同条件

70. 可提高工程管理数据传输的抗干扰能力，使数据传输不受距离限制，并可提高数据传输的保真度和保密性，这一功能可通过信息技术的（　　）来实现。
   A. 信息储存数字化和集中化   B. 信息传输的数字化和电子化
   C. 信息处理和变换的程序化   D. 信息获取的便捷性和信息流扁平化

二、多项选择题（共30题，每题2分。每题的备选项中，有2个或2个以上符合题意，至少有1个错项。错选，本题不得分；少选，所选的每个选项得0.5分)

71. 施工项目部采用线性组织结构模式如下图所示，图中A、B、C表示不同级别的工作部门，关于下达工作指令的说法，正确的有（　　）。

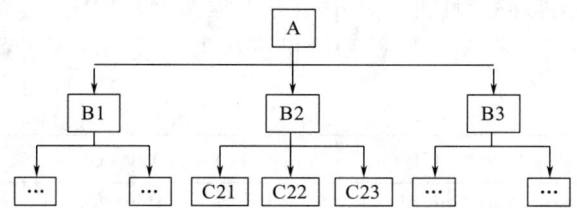

   A. 部门B2可以对部门C21下达指令   B. 部门A可以对部门C21下达指令
   C. 部门A可以对部门B3下达指令   D. 部门B3可以对部门C23下达指令
   E. 部门B2可以对部门C23下达指令

72. 施工总承包管理与施工总承包相比，其在工作开展程序方面的不同主要表现在（　　）。
   A. 施工总承包管理单位的招标可以不依赖完整的施工图
   B. 施工总承包管理单位的招标与设计无关
   C. 工程实体不得由施工总承包管理单位化整为零，分别进行分包
   D. 施工总承包管理模式可以在很大程度上缩短建设周期
   E. 施工总承包管理模式下，每完成一部分施工图就可以分包招标一部分

73. 根据《建设工程施工合同（示范文本）》GF—2017—0201，关于施工项目经理的说法，正确的有（　　）。
   A. 项目经理经承包人授权后代表承包人负责履行合同

B. 项目经理每月在施工现场时间可根据现场情况自行决定
C. 承包人应向发包人提交与项目经理的劳动合同以及为其缴纳社会保险的有效证明
D. 发包人书面通知承包人更换其认为不称职的项目经理后，承包人必须更换
E. 项目经理可以同时担任两个项目的项目经理

74. 下列建设工程项目风险的因素中，属于技术风险因素的有（　　）。
A. 承包方管理人员的能力　　　　B. 工程设计文件
C. 工程施工方案　　　　　　　　D. 合同风险
E. 工程机械

75. 某工程按月编制的成本计划如下图所示，若6月、7月实际完成的成本为700万元和1000万元，其余月份的实际成本与计划相同，则关于成本偏差的说法，正确的有（　　）。

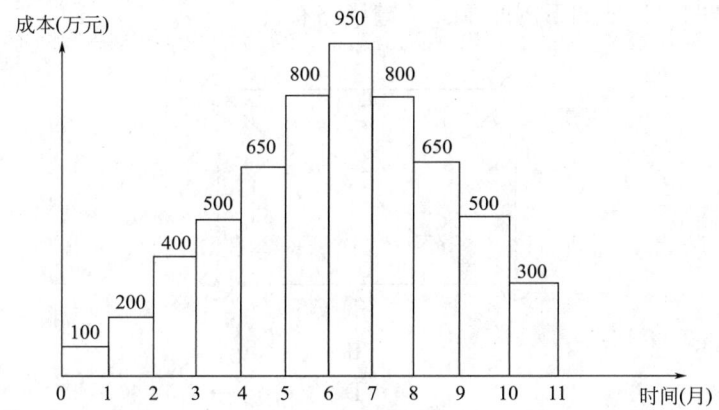

A. 第7个月末的计划成本累计值为3500万元
B. 第6个月末的实际成本累计值为2550万元
C. 第6个月末的计划成本累计值为2650万元
D. 若绘制S形曲线，全部工作必须按照最早开工时间计算
E. 第7个月末的实际成本累计值为3550万元

76. 下列成本管理的职责中，属于项目经理岗位职责的有（　　）。
A. 建立项目成本管理组织
B. 组织编制项目成本管理手册
C. 编制总的工具及设备使用计划
D. 开具限额领料单
E. 定期或不定期地检查有关人员管理行为是否符合岗位职责要求

77. 某工程主要工作是混凝土浇筑，中标的综合单价为400元/m³，计划工程量是8000m³。施工过程中因原材料价格提高使实际单价为500元/m³，实际完成并经监理工程师确认的工程量是9000m³。若采用赢得值法进行综合分析，正确的结论有（　　）。
A. 已完工作预算费用为360万元　　B. 费用偏差为90万元，费用节省
C. 进度偏差为40万元，进度拖延　　D. 已完工作实际费用为450万元
E. 计划工作预算费用为320万元

78. 某工程双代号网络图如下图所示，其绘图错误的有（   ）。

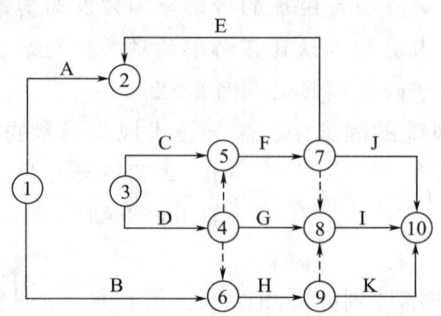

A. 多个起点节点　　　　　　　　B. 循环回路
C. 无箭头的工作箭线　　　　　　D. 多个终点节点
E. 工作箭线逆向

79. 某双代号网络计划如下图所示，关键线路有（   ）。

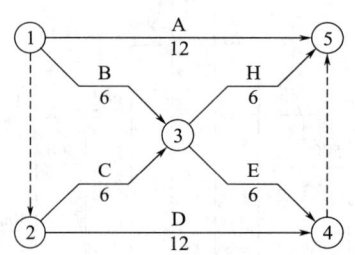

A. ②→③→⑤　　　　　　　　　B. ①→⑤
C. ①→③→④　　　　　　　　　D. ②→③→④
E. ①→③→⑤

80. 某工程单代号网络计划如下图所示，时间参数正确的有（   ）。

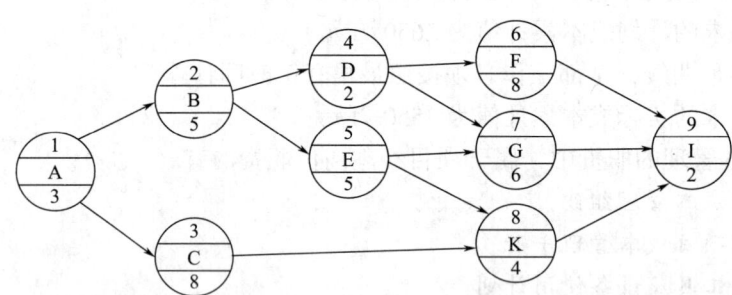

A. 工作 G 的最早开始时间为 10　　B. 工作 G 的最迟开始时间为 13
C. 工作 E 的最早完成时间为 13　　D. 工作 E 的最迟完成时间为 15
E. 工作 D 的总时差为 1

81. 建设工程施工质量事故调查报告的主要内容包括（   ）。
A. 事故项目及各参建单位概况
B. 事故发生经过和事故救援情况
C. 事故项目有关质量检测报告和技术分析报告
D. 事故的原因分析

E. 事故发生的原因和事故性质

82. 政府质量监督机构对工程实体质量和责任主体的质量行为采取"双随机、一公开"的检查方式和"互联网+监管"模式，其检查的内容主要有（　　）。
   A. 工程各参建方的质量行为　　B. 工程各参建方的经营资质证书
   C. 工程质量控制资料的完成情况　　D. 工程实体质量
   E. 工程各参建方质量责任制的履行情况

83. 下列项目进度控制的措施中，属于组织措施的有（　　）。
   A. 评价项目进度管理的组织风险　　B. 学习进度控制的管理理念
   C. 进行项目进度管理的职能分工　　D. 优化计划系统的体系结构
   E. 规范进度变更的管理流程

84. 下列风险应对策略中，属于风险转移策略的有（　　）。
   A. 业务对外发包　　B. 向保险公司投保
   C. 建立应急储备资金　　D. 合理安排施工工期和进度计划
   E. 要求承包单位提供履约担保

85. 下列施工生产要素的质量控制内容中，属于工艺技术方案质量控制的有（　　）。
   A. 坚持执业资格注册制度和作业人员持证上岗制度
   B. 在施工过程中优先采用节能低碳的新型建筑材料和设备
   C. 对施工中使用的模具、脚手架等施工设备进行专项设计
   D. 合理布置施工总平面图和各阶段施工平面图
   E. 明确质量目标、验收标准、控制的重点和难点

86. 当分部工程较大或较复杂时，可按（　　）将分部工程划分为若干子分部工程。
   A. 材料种类　　B. 施工特点
   C. 工程部位　　D. 专业系统
   E. 质量要求

87. 下列施工现场质量检查，属于实测法检查的有（　　）。
   A. 肉眼观察墙面喷涂的密实度　　B. 现场检测混凝土试件的抗压强度
   C. 用直尺检查地面的平整度　　D. 用线锤吊线检查墙面的垂直度
   E. 用敲击工具检查地面砖铺贴的密实度

88. 总监理工程师组织主体结构分部工程验收时，应参加验收的人员有（　　）。
   A. 设计单位项目负责人　　B. 勘察单位项目负责人
   C. 施工单位项目负责人　　D. 施工单位技术、质量部门负责人
   E. 建设单位项目负责人

89. 根据工程质量事故造成损失的程度分级，属于重大事故的有（　　）。
   A. 50人以上100人以下重伤
   B. 3人以上10人以下死亡
   C. 1亿元以上直接经济损失
   D. 1000万元以上5000万元以下直接经济损失
   E. 5000万元以上1亿元以下直接经济损失

90. 建设工程施工安全控制的具体目标包括（　　）。
   A. 改善生产环境和保护自然环境　　B. 减少或消除人的不安全行为

C. 提高员工安全生产意识　　　　　D. 减少或消除设备、材料的不安全状态
E. 安全事故整改

91. 根据《建设工程施工劳务分包合同（示范文本）》GF—2003—0214，关于工时及工程量确认的说法，正确的有（　　）。
A. 采用固定劳务报酬方式的，施工过程中不计算工时，只计算工程量
B. 采用按确定的工时计算劳务报酬的，劳务分包人每日提供劳务人数报承包人确认
C. 按确认的工程量计算劳务报酬的，劳务分包人提供完成的工程量报承包人确认
D. 因劳务分包人原因造成返工的工程量，工程承包人不予计量
E. 劳务分包人完成的超设计图纸范围的工程量，工程承包人应按实际计量

92. 《中华人民共和国环境保护法》和《中华人民共和国环境影响评价法》对建设工程项目环境保护的基本要求有（　　）。
A. 应满足项目所在区域环境质量、相应环境功能区划和生态功能区划标准或要求
B. 对可能严重影响项目所在地居民生活环境质量的项目，环保总局必须举行听证会
C. 开发利用自然资源的项目，必须采取措施保护生态环境
D. 建设工程项目中防治污染的设施，必须与主体工程同时设计、同时施工、同时投产使用
E. 防治污染的设施必须经原审批环境影响报告书的环境保护行政主管部门验收合格后，该建设工程项目方可投入生产或使用

93. 关于《建设工程施工合同（示范文本）》GF—2017—0201 中缺陷责任和保修责任的说法，正确的有（　　）。
A. 单位工程先于全部工程进行验收合格并交付使用的，该单位工程缺陷责任期自单位工程验收合格之日起算
B. 发包人未经竣工验收擅自使用工程的，在承包人提交竣工验收申请报告 90d 后，工程自动进入缺陷责任期
C. 缺陷责任期内，不论缺陷是谁造成的，均有发包人组织维修，承包人承担费用
D. 发包人未经竣工验收擅自使用工程的，保修期自转移占有之日起算
E. 发包人应在收到缺陷责任期届满通知后 7d 内，向承包人颁发缺陷责任期终止证书

94. 承包人向发包人提交的索赔报告，其内容包括（　　）。
A. 索赔意向通知　　　　　　　　B. 索赔证据
C. 索赔事件总述　　　　　　　　D. 索赔合理性论证
E. 索赔款项（或工期）计算

95. 当采用变动单价时，合同中可以约定合同单价调整的情况有（　　）。
A. 工程量发生较大的变化　　　　B. 承包商自身成本发生较大的变化
C. 通货膨胀达到一定水平　　　　D. 国家相关政策发生变化
E. 业主资金不到位

96. 下列建设工程项目中，宜采用成本加酬金合同的有（　　）。
A. 采用的技术成熟，但工程量暂不确定的工程项目
B. 时间特别紧迫的抢险、救灾工程项目
C. 工程结构和技术简单的工程项目
D. 工程设计详细、工程任务和范围明确的工程项目

E. 工程特别复杂，技术、结构方案不能预先确定的工程项目

97. 关于建设工程第三者责任险的说法，正确的有（   ）。
A. 被保险人是项目法人和承包人以外的第三人
B. 赔偿范围包括承包商在工地的财产损失
C. 被保险人是项目法人和承包人
D. 赔偿范围包括承包商在现场从事与工作有关的职工伤亡
E. 该险种一般附加在工程一切险中

98. 施工合同执行者进行合同跟踪的依据有（   ）。
A. 合同订立前签署的意向书
B. 合同以及依据合同而编制的各种计划文件
C. 原始记录、报表、验收报告等各种实际工程文件
D. 管理人员对现场巡视、质量检查了解的情况
E. 合同实施中出现的偏差情况

99. 下列引起索赔的情形，承包商可以列入利润的是（   ）。
A. 业主原因引起的工程暂停　　　　B. 材料价格上涨
C. 业主提供的文件有技术性错误　　D. 客观原因引起的工程范围变更
E. 业主未能提供现场

100. 工程项目管理信息系统中，合同管理子系统的功能有（   ）。
A. 合同基本数据查询　　　　　　　B. 合同执行情况统计分析
C. 合同通用条件的编写　　　　　　D. 合同结构的选择
E. 合同辅助起草

考前冲刺试卷（一）参考答案及解析

一、单项选择题

1. A；	2. C；	3. B；	4. D；	5. B；
6. B；	7. C；	8. B；	9. C；	10. A；
11. D；	12. B；	13. D；	14. D；	15. A；
16. A；	17. D；	18. C；	19. D；	20. B；
21. A；	22. D；	23. A；	24. B；	25. C；
26. C；	27. B；	28. B；	29. D；	30. D；
31. B；	32. A；	33. D；	34. A；	35. D；
36. D；	37. B；	38. D；	39. D；	40. D；
41. D；	42. D；	43. B；	44. B；	45. C；
46. D；	47. A；	48. C；	49. D；	50. D；
51. A；	52. D；	53. D；	54. C；	55. A；
56. C；	57. B；	58. C；	59. B；	60. D；
61. D；	62. A；	63. B；	64. D；	65. C；
66. A；	67. D；	68. A；	69. B；	70. B。

【解析】

1. A。本题考核的是建设工程项目管理的内涵。建设工程项目管理的内涵是：自项目开始至项目完成，通过项目策划和项目控制，以使项目的费用目标、进度目标和质量目标得以实现。该定义的有关字段的含义如下：

（1）"自项目开始至项目完成"指的是项目的实施阶段；

（2）"项目策划"指的是目标控制前的一系列筹划和准备工作；

（3）"费用目标"对业主而言是投资目标，对施工方而言是成本目标。

2. C。本题考核的是设计方项目管理的目标。设计方项目管理的任务包括：（1）与设计工作有关的安全管理；（2）设计成本控制和与设计工作有关的工程造价控制；（3）设计进度控制；（4）设计质量控制；（5）设计合同管理；（6）设计信息管理；（7）与设计工作有关的组织和协调。

3. B。本题考核的是组织结构模式的特点。矩阵组织结构中，每一项纵向和横向交汇的工作，指令来自于纵向和横向两个工作部门，因此其指令源为两个。在职能组织结构中，有多个矛盾的指令源。在线性组织结构中，只有唯一的指令源。基本的组织结构模式不包括网络组织结构。

4. D。本题考核的是编制项目管理任务分工表前工作任务分工。业主方和项目各参与方都应该编制各自的项目管理任务分工表，故选项 A 错误。在编制项目管理任务分工表前，应结合项目的特点，对项目实施各阶段的管理任务进行详细分解。在项目管理任务分解的基础上，明确项目经理和上述管理任务主管工作部门或主管人员的工作任务，从而编制工作任务分工表，故选项B错误。在工作任务分工表中应明确各项工作任务由哪个工作部门（或个人）负责，由哪些工作部门（或个人）配合或参与。无疑，在项目的进展过程中，应视必要性对工作任务分工表进行调整，故选项C错误，选项D正确。

5. B。本题考核的是施工总承包管理模式的特点。采用施工总承包管理模式，施工总承包管理单位的招标可以不依赖完整的施工图，当完成一部分施工图就可对其进行招标，所以选项A错误。施工总承包管理合同中一般只确定施工总承包管理费，不需要确定建筑安装工程造价，这也是施工总承包管理模式的招标可以不依赖于施工图纸出齐的原因之一，所以选项B正确。各分包之间的关系可由施工总承包管理单位负责，减轻了业主方的工作量，所以选项C错误。对各个分包单位的工程款项可以通过施工总承包管理单位支付，也可以由业主直接支付，所以选项D错误。

6. B。本题考核的是项目目标动态控制的工作程序。项目目标动态控制的工作程序：(1) 第一步，项目目标动态控制的准备工作：将项目的目标进行分解，以确定用于目标控制的计划值。(2) 第二步，在项目实施过程中项目目标的动态控制：①收集项目目标的实际值，如实际投资，实际进度等；②定期（如每两周或每月）进行项目目标的计划值和实际值的比较；③通过项目目标的计划值和实际值的比较，如有偏差，则采取纠偏措施进行纠偏。(3) 第三步，如有必要，则进行项目目标的调整，目标调整后再回复到第一步。

7. C。本题考核的是项目目标动态控制的纠偏措施。项目目标动态控制的纠偏措施包括组织措施、管理措施（包括合同措施）、经济措施、技术措施。经济措施是分析由于经济的原因而影响项目目标实现的问题，并采取相应的措施，并采取相应的措施，如落实加快工程施工进度所需的资金等。

8. B。本题考核的是《建设工程施工合同（示范文本）》GF—2017—0201中涉及项目经理的条款。根据《建设工程施工合同（示范文本）》GF—2017—0201规定，在紧急情况下为确保施工安全和人员安全，在无法与发包人代表和总监理工程师及时取得联系时，项目经理有权采取必要的措施保证与工程有关的人身、财产和工程的安全，但应在48h内向发包人代表和总监理工程师提交书面报告。

9. C。本题考核的是项目各参与方的沟通障碍。沟通障碍包括组织的沟通障碍和个人的沟通障碍。在管理中，合理的组织机构有利于信息沟通。但是，如果组织机构过于庞大，中间层次太多，信息从最高决策层传递到下层不仅容易产生信息的失真，而且还会浪费大量时间，影响信息的及时性。同时，自下而上的信息沟通，如果中间层次过多，同样也浪费时间，影响效率。

10. A。本题考核的是项目风险管理的工作流程。风险管理过程包括项目实施全过程。风险管理过程包括项目实施全过程的项目风险识别、项目风险评估、项目风险应对和项目风险监控。

11. D。本题考核的是建设监理工作的主要任务。项目监理机构在施工阶段的进度控制：(1) 监督施工单位严格按照施工合同规定的工期组织施工；(2) 审查施工单位提交的施工进度计划，核查施工单位对施工进度计划的调整；(3) 建立工程进度台账，核对工程形象进度，按月、季和年度向业主报告工程执行情况、工程进度以及存在的问题。

12. B。本题考核的是工程建设监理实施细则。工程建设监理实施细则应在工程施工开始前编制完成，并必须经总监理工程师批准。

13. D。本题考核的是成本管理措施。经济措施是最易为人们所接受和采用的措施。管理人员应编制资金使用计划，确定、分解成本管理目标。对成本管理目标进行风险分析，并制定防范性对策。在施工中严格控制各项开支，及时准确地记录、收集、整理、核算实际支出的费用。对各种变更，应及时做好增减账，落实业主签证并结算工程款。通过偏差分析和未完工程预测，发现一些潜在的可能引起未完工程成本增加的问题，及时采取预防措施。因此，经济措施的运用绝不仅仅是财务人员的事情。

14. D。本题考核的是实施性成本计划的编制。实施性成本计划是项目施工准备阶段的施工预算成本计划，它以项目实施方案为依据，落实项目经理责任目标为出发点，采用企业的施工定额，通过施工预算的编制而形成的实施性施工成本计划。

15. A。本题考核的是施工图预算与施工预算的对比。"两算"对比的方法有实物对比法和金额对比法，故选项 A 正确。施工预算的编制以施工定额为主要依据，施工图预算的编制以预算定额为主要依据，故选项 B 错误。施工预算的人工数量及人工费比施工图预算一般要低 6% 左右，故选项 C 错误。施工预算的材料消耗量及材料费一般低于施工图预算，故选项 D 错误。

16. A。本题考核的是成本计价值的计算。第 5 周的项目有土方开挖、基础垫层、混凝土基础。则第 5 周的成本计划值 = 30+45+80 = 155 万元。

17. D。本题考核的是赢得值法。费用偏差 = 已完工作预算费用 - 已完工作实际费用 = $350×600 - 350×650 = -17500 < 0$，表示项目运行超出预算费用；进度偏差 = 已完工作预算费用 - 计划工作预算费用 = $350×600 - 300×600 = 30000 > 0$，表示进度提前，即实际进度快于计划进度。

18. C。本题考核的是赢得值法参数分析与对应措施。选项 A 的参数关系是：$BCWP > ACWP > BCWS$；$SV > 0$；$CV > 0$。选项 B 的参数关系是：$BCWP > BCWS > ACWP$；$SV > 0$；$CV > 0$。选项 D 的参数关系是：$BCWS > BCWP > ACWP$；$SV < 0$；$CV > 0$。

19. D。本题考核的是差额计算法。差额计算法是因素分析法的一种简化形式，它利用各个因素的目标值与实际值的差额来计算其对成本的影响程度。预算成本增加对成本降低额的影响程度：$(640-600)×4\% = 1.6$ 万元。

20. B。本题考核的是资金成本支出率的计算。进行资金成本分析通常应用"成本支出率"指标，即成本支出占工程款收入的比例，计算公式如下：成本支出率 = （计算期实际成本支出/计算期实际工程款收入）×100% = （125/250）×100% = 50.00%。

21. A。本题考核的是项目总进度目标论证的工作步骤。建设工程项目总进度目标论证的工作步骤如下：（1）调查研究和收集资料；（2）项目结构分析；（3）进度计划系统的结构分析；（4）项目的工作编码；（5）编制各层进度计划；（6）协调各层进度计划的关系，编制总进度计划；（7）若所编制的总进度计划不符合项目的进度目标，则设法调整；（8）若经过多次调整，进度目标无法实现，则报告项目决策者。

22. D。本题考核的是建设项目进度计划系统。建设工程项目进度计划系统是由多个相互关联的进度计划组成的系统，故选项 A 错误。根据项目进度控制不同的需要和不同的用途，业主方和项目各参与方可以编制多个不同的建设工程项目进度计划系统，故选项 B、C 错误。在建设工程项目进度计划系统中各进度计划或各子系统进度计划编制和调整时必须注意其相互间的联系和协调，故选项 D 正确。

23. A。本题考核的是双代号网络图的概念。工作 B 的紧后工作是工作 D，所以选项 B 错误。工作 D 的紧后工作是工作 G，所以选项 C 错误。工作 C 的紧前工作是工作 A，所以选项 D 错误。

24. B。本题考核的是单代号网络计划时间参数的计算。相邻两项工作 i 和 j 之间的时间间隔 $LAG_{i,j}$ 等于紧后工作 j 的最早开始时间 ES_j 和本工作的最早完成时间 EF_i 之差，则 $LAG_{i,j}=14-13=1d$。

25. C。本题考核的是最迟开始时间的概念。工作的最迟开始时间是指在不影响整个任务按期完成的前提下，工作必须开始的最迟时刻。工作的最迟开始时间等于本工作的最迟完成时间与其持续时间之差。

26. C。本题考核的是双代号时标网络计划时间参数的计算。工作的总时差等于其紧后工作的总时差加本工作与该紧后工作之间的时间间隔所得之和的最小值，即工作 B 的总时差=min{(0+1), (1+0), (2+0)}=1d, 故选项 A 错误。工作 E 的紧前工作只有工作 B，则其最早开始时间为第 3 天，故选项 B 错误。工作的自由时差就是该工作箭线中波形线的水平投影长度。工作 I 的自由时差=0, 故选项 D 错误。工作 G 的总时差=2d, 故选项 C 正确。

27. B。本题考核的是工作总时差的计算。工作的总时差等于该工作最迟完成时间与最早完成时间之差，或该工作最迟开始时间与最早开始时间之差。工作 E 的最早开始时间=max{16, 19, 20}=20d；工作 E 的最迟开始时间=28-6=22d，因此，工作 E 的总时差=22-20=2d。

28. B。本题考核的是进度控制的主要工作环节。进度控制的主要工作环节包括进度目标的分析和论证、编制进度计划、定期跟踪进度计划的执行情况、采取纠偏措施以及调整进度计划。

29. D。本题考核的是项目质量的影响因素。方法的因素也可以称为技术因素，包括勘察、设计、施工所采用的技术和方法，以及工程检测、试验的技术和方法等。依据科学的理论，采用先进合理的技术方案和措施，按照规范进行勘察、设计、施工，必将对保证项目的结构安全和满足使用功能，对组成质量因素的产品精度、强度、平整度、清洁度、耐久性等物理、化学特性等方面起到良好的推进作用。比如建设主管部门推广应用的建筑业 10 项新技术：包括地基基础和地下空间工程技术、钢筋与混凝土技术、模板及脚手架技术，装配式混凝土结构技术、钢结构技术、机电安装工程技术、绿色施工技术、防水技术与维护结构节能、抗震、加固与监测技术、信息化技术等，对消除质量通病、提升建设工程品质都有积极作用，收到了明显的效果。

30. D。本题考核的是建设工程项目质量控制体系的建立程序。建设工程项目质量控制体系的建立程序为：（1）建立系统质量控制网络；（2）制定质量控制制度；（3）分析质量控制界面；（4）编制质量控制计划。

31. B。本题考核的是企业质量管理体系文件的构成。质量管理体系的文件主要由质量手册、程序文件、质量计划和质量记录等构成。

32. A。本题考核的是获准认证后的维持与监督管理。当获证企业发生质量管理体系存在严重不符合规定，或在认证暂停的规定期限未予整改，或发生其他构成撤销体系认证资格情况时，认证机构作出撤销认证的决定。企业不服可提出申诉。撤销认证的企业一年后可重新提出认证申请。

33. D。本题考核的是施工质量的基本要求。建筑工程施工质量验收合格应符合下列规定：（1）符合工程勘察、设计文件的要求；（2）符合上述标准和相关专业验收规范的规定。上述规定（1）是要符合勘察、设计对施工提出的要求。工程勘察、设计单位针对本工程的水文地质条件，根据建设单位的要求，从技术和经济结合的角度，为满足工程的使用功能和安全性、经济性、与环境的协调性等要求，以图纸、文件的形式对施工提出要求，是针对每个工程项目的个性化要求。规定（2）是要符合国家法律、法规的要求。国家建设行政主管部门为了加强建筑工程质量管理，规范建筑工程施工质量的验收，保证工程质量，制订相应的标准和规范。这些标准、规范是主要从技术的角度，为保证房屋建筑各专业工程的安全性、可靠性、耐久性而提出的一般性要求。

34. A。本题考核的是测量控制。施工单位在开工前应编制测量控制方案，经项目技术负责人批准后实施。要对建设单位提供的原始坐标点、基准线和水准点等测量控制点线进行复核，并将复测结果上报监理工程师审核，批准后施工单位才能建立施工测量控制网，进行工程定位和标高基准的控制。

35. D。本题考核的是现场质量检查的内容。对于重要的工序或对工程质量有重大影响的工序，应严格执行"三检"制度（即自检、互检、专检），未经监理工程师（或建设单位本项目技术负责人）检查认可，不得进行下道工序施工。

36. D。本题考核的是现场质量检查的方法。无损检测方法包括超声波探伤、X 射线探伤、γ 射线探伤等。

37. B。本题考核的是分部工程质量验收。分部工程应由总监理工程师组织施工单位项目负责人和项目技术负责人等进行验收。

38. B。本题考核的是工程质量事故分级。较大事故，是指造成 3 人以上 10 人以下死亡，或者 10 人以上 50 人以下重伤，或者 1000 万元以上 5000 万元以下直接经济损失的事故。

39. D。本题考核的是一般可不作专门处理的情况。一般可不作专门处理的情况有以下几种：（1）不影响结构安全和使用功能的；（2）后道工序可以弥补的质量缺陷；（3）法定检测单位鉴定合格的；（4）出现的质量缺陷，经检测鉴定达不到设计要求，但经原设计单位核算，仍能满足结构安全和使用功能的。

40. B。本题考核的是建设工程职业健康安全与环境管理的要求。建设工程项目决策阶段，建设单位应按照有关建设工程法律法规的规定和强制性标准的要求，办理各种有关安全与环境保护方面的审批手续。对需要进行环境影响评价或安全预评价的建设工程项目，应组织或委托有相应资质的单位进行建设工程项目环境影响评价和安全预评价。

41. D。本题考核的是职业健康安全与环境管理体系的运行。职业健康安全与环境管理体系的运行重点包括培训意识和能力，信息交流，文件管理，执行控制程序，监测，不符合、纠正和预防措施，记录。管理体系的维持包括内部审核、管理评审、合规性评价。

42. D。本题考核的是预警评价。Ⅰ级预警，表示安全状况特别严重，用红色表示。Ⅱ级预警，表示受到事故的严重威胁，用橙色表示。Ⅲ级预警，表示处于事故的上升阶段，用黄色表示。Ⅳ级预警，表示生产活动处于正常状态，用蓝色表示。

43. B。本题考核的是工程质量事故的分类。指导责任事故指由于工程指导或领导失误而造成的质量事故。例如，由于工程负责人不按规范指导施工，放松或不按质量标准进行控制和检验，降低施工质量标准等。

44. B。本题考核的是专项施工方案专家论证制度。《建设工程安全生产管理条例》规定，施工单位应当在施工组织设计中编制安全技术措施和施工现场临时用电方案，对下列达到一定规模的危险性较大的分部分项工程编制专项施工方案,并附具安全验算结果,经施工单位技术负责人、总监理工程师签字后实施,由专职安全生产管理人员进行现场监督,包括基坑支护与降水工程;土方开挖工程;模板工程;起重吊装工程;脚手架工程;拆除、爆破工程;国务院建设行政主管部门或者其他有关部门规定的其他危险性较大的工程。对上述所列工程中涉及深基坑、地下暗挖工程、高大模板工程的专项施工方案,施工单位还应当组织专家进行论证、审查。

45. C。本题考核的是排列图法的应用。累计频率0~80%定为A类问题,即主要问题,进行重点管理。累计频率在80%~90%区间的问题定为B类问题,即次要问题,作为次重点管理。将其余累计频率在90%~100%区间的问题定为C类问题,即一般问题,按照常规适当加强管理。

46. D。本题考核的是分层法的基本原理。本题要计算出个体不合格率,甲=2/10=20%,乙=4/40=10%,丙=10/20=50%,丁=8/30=26.7%。所以,各工人焊接质量由好至差的排序是乙→甲→丁→丙。

47. A。本题考核的是建设工程安全隐患的处理。动态治理就是对生产过程进行动态随机安全化治理,生产过程中发现问题及时治理,既可以及时消除隐患,又可以避免小的隐患发展成大的隐患。

48. C。本题考核的是大气污染的防治。对于细颗粒散体材料(如水泥、粉煤灰、白灰等)的运输、储存要注意遮盖、密封,防止和减少飞扬。

49. B。本题考核的是应急预案体系的构成。专项应急预案是针对具体的事故类别(如基坑开挖、脚手架拆除等事故)、危险源和应急保障而制定的计划或方案,是综合应急预案的组成部分,应按照综合应急预案的程序和要求组织制定,并作为综合应急预案的附件。

50. B。本题考核的是职业伤害事故的分类。重伤事故,一般指受伤人员肢体残缺或视觉、听觉等器官受到严重损伤,能引起人体长期存在功能障碍或劳动能力有重大损失的伤害,或者造成每个受伤人损失105工作日以上(含105个工作日)的失能伤害的事故。21周即105个工作日,所以属于重伤事故。

51. A。本题考核的是职业伤害事故的分类。重大事故,是指造成10人以上30人以下死亡,或者50人以上100人以下重伤,或者5000万元以上1亿元以下直接经济损失的事故。

52. D。本题考核的是"五牌一图"的内容。施工现场必须设有"五牌一图",即工程概况牌、管理人员名单及监督电话牌、消防保卫(防火责任)牌、安全生产牌、文明施工牌和施工现场总平面图。

53. D。本题考核的是建设工程职业健康安全与环境管理基本要求。施工企业应当具备安全生产的资质条件,取得安全生产许可证的施工企业应设立安全生产管理机构,配备合格的安全生产管理人员,提供必要的资源,故选项A错误。防治污染的设施必须经原审批环境影响报告书的环境保护行政主管部门验收合格后,该建设工程项目方可投入生产或者使用,故选项B错误。建设工程实行总承包的,分包单位应当接受总承包单位的安全生产管理,分包合同中应当明确各自的安全生产方面的权利、义务。分包单位不服从管理导致生产安全事故的,由分包单位承担主要责任,总承包和分包单位对分包工程的安全生产承担连带责任,故选项C错误。企业的法定代表人是安全生产的第一负责人。项目负责人是施工项目生产的主要负责人,故选项D正确。

54. C。本题考核的是建设工程现场职业健康安全卫生要求。选项 A 错误，生活区应设置开水炉、电热水器或饮用水保温桶；施工区应配备流动保温水桶。选项 B 错误，办公区和生活区应设密闭式垃圾容器。选项 D 错误，每间宿舍居住人员不得超过 16 人。

55. A。本题考核的是招标信息的发布与修正。如果招标人在招标文件已经发布之后，发现有问题需要进一步澄清或修改，必须依据以下原则进行：（1）时限：招标人对已发出的招标文件进行必要的澄清或者修改，应当在招标文件要求提交投标文件截止时间至少 15 日前发出；（2）形式：所有澄清文件必须以书面形式进行；（3）全面：所有澄清文件必须直接通知所有招标文件收受人。

56. C。本题考核的是复核工程量。对于单价合同，尽管是以实测工程量结算工程款，但投标人仍应根据图纸仔细核算工程量，当发现相差较大时，投标人应向招标人要求澄清。

57. D。本题考核的是合同订立的程序。招标人通过媒体发布招标公告，或向符合条件的投标人发出招标邀请，为要约邀请；投标人根据招标文件内容在约定的期限内向招标人提交投标文件，为要约；招标人通过评标确定中标人，发出中标通知书，为承诺。

58. C。本题考核的是施工合同示范文本的组成。各种施工合同示范文本一般都由以下 3 部分组成：（1）协议书；（2）通用条款；（3）专用条款。

59. B。本题考核的是缺陷责任期期限。缺陷责任期从工程通过竣工验收之日起计算、合同当事人应在专用合同条款约定缺陷责任期的具体期限，但该期限最长不超过 24 个月。

60. D。本题考核的是重新检查。承包人覆盖工程隐蔽部位后，发包人或监理人对质量有疑问的，可要求承包人对已覆盖的部位进行钻孔探测或揭开重新检查，承包人应遵照执行，并在检查后重新覆盖恢复原状。经检查证明工程质量符合合同要求的，由发包人承担由此增加的费用和（或）延误的工期，并支付承包人合理的利润；经检查证明工程质量不符合合同要求的，由此增加的费用和（或）延误的工期由承包人承担。

61. D。本题考核的是分包合同内容规定。选项 A 属于承包人的工作，选项 B 错误，承包人随时为分包人提供确保分包工程的施工所要求的施工场地和通道等，满足施工运输的需要，保证施工期间的畅通。选项 C 错误，分包工程合同价款可以采用固定价格、可调价格、成本加酬金三种中的一种。

62. A。本题考核的是索赔事件的概念。索赔事件又称为干扰事件，是指那些使实际情况与合同规定不符合，最终引起工期和费用变化的各类事件。

63. B。本题考核的是劳务分包合同中保险的规定。劳务分包人施工开始前，承包人应获得发包人为施工场地内的自有人员及第三人人员生命财产办理的保险，且不需劳务分包人支付保险费用。运至施工场地用于劳务施工的材料和待安装设备，由承包人办理或获得保险，且不需劳务分包人支付保险费用。承包人必须为租赁或提供给劳务分包人使用的施工机械设备办理保险，并支付保险费用。劳务分包人必须为从事危险作业的职工办理意外伤害保险，并为施工场地内自有人员生命财产和施工机械设备办理保险，支付保险费用。

64. D。本题考核的是单价合同的运用。本题中土方工程实行总价包干，该部分的工程计算价款即为合同包干价为 18 万元；石方工程实行单价合同，工程的结算价款＝实际工程量×合同单价＝2800×260＝72.8 万元；该工程的结算价款＝18＋72.8＝90.8 万元。

65. C。本题考核的是成本加酬金合同的形式。成本加固定费用合同是根据双方讨论同意的工程规模、估计工期、技术要求、工作性质及复杂性、所涉及的风险等来考虑确定一笔固定数目的报酬金额作为管理费及利润，对人工、材料、机械台班等直接成本则实报实销。如果设计变更或增加新项目，当直接费超过原估算成本的一定比例（如10%）时，固定的报酬也要增加。

66. A。本题考核的是支付担保的作用。工程款支付担保的作用在于，通过对业主资信状况进行严格审查并落实各项担保措施，确保工程费用及时支付到位；一旦业主违约，付款担保人将代为履约。

67. D。本题考核的是施工合同跟踪对象。合同跟踪的对象包括承包的任务、工程小组或分包人的工程和工作、业主或其委托的工程师的工作。选项A、B属于承包的任务，选项C属于业主的工作。

68. A。本题考核的是总部管理费索赔额的计算。以工程延期的总天数为基础，计算总部管理费的索赔额，计算步骤如下：

对某一工程提取的管理费 = 同期内公司的总管理费 × $\dfrac{\text{该工程的合同额}}{\text{同期内公司的总合同额}}$

则对该工程提取的管理费 = 500×2000/8000 = 125 万元。

该工程的每日管理费 = $\dfrac{\text{该工程向总部上缴的管理费}}{\text{合同实施天数}}$

则该工程的每日管理费 = 125/200 = 0.625 万元/d。

索赔的总部管理费 = 该工程的每日管理工程延期的天数 = 0.625×30 = 18.75 万元。

69. B。本题考核的是《EPC交钥匙项目合同条件》的应用。《EPC交钥匙项目合同条件》适用于在交钥匙的基础上进行的工程项目的设计和施工，承包商要负责所有的设计、采购和建造工作，在交钥匙时，要提供一个设施配备完整、可以投产运行的项目。合同计价采用固定总价方式，只有在某些特定风险出现时才调整价格。

70. B。本题考核的是工程管理信息化的意义。信息技术在工程管理中的开发和应用的意义在于：（1）"信息存储数字化和存储相对集中"有利于项目信息的检索和查询，有利于数据和文件版本的统一，并有利于项目的文档管理。（2）"信息处理和变换的程序化"有利于提高数据处理的准确性，并可提高数据处理的效率。（3）"信息传输的数字化和电子化"可提高数据传输的抗干扰能力，使数据传输不受距离限制并可提高数据传输的保真度和保密性。（4）"信息获取便捷""信息透明度提高"以及"信息流扁平化"有利于项目各参与方之间的信息交流和协同工作。

二、多项选择题

71. A、C、E；	72. A、D、E；	73. A、C；
74. B、C、E；	75. B、C、E；	76. A、B、E；
77. A、D、E；	78. A、D、E；	79. B、E；
80. B、C、E；	81. A、B、C、E；	82. A、C、D、E；
83. C、E；	84. A、B、E；	85. D、E；
86. A、B、D；	87. C、D；	88. A、B、D；
89. A、E；	90. A、B、D；	91. B、C、E；
92. A、C、D、E；	93. A、C、D、E；	94. A、C、D、E；
95. A、C、D；	96. B、E；	97. C、E；
98. B、C、D；	99. C、D、E；	100. A、B、E。

【解析】

71. A、C、E。本题考核的是线性组织结构的特点。在线性组织结构中，每一个工作部门只能对其直接的下属部门下达工作指令，每一个工作部门也只有一个直接的上级部门，因此，每一个工作部门只有唯一一个指令源，避免了由于矛盾的指令而影响组织系统的运行。部门 A 对部 C21 下达指令，属于越级下达指令，故选项 B 错误。部门 B3 对部门 C23 没有指令关系，不能下达指令，故选项 D 错误。

72. A、D、E。本题考核的是施工总承包管理与施工总承包模式的比较。施工总承包模式的工作程序是：先进行建设项目的设计，待施工图设计结束后再进行施工总承包招标投标，然后再进行施工。而如果采用施工总承包管理模式，施工总承包管理单位的招标可以不依赖完整的施工图，当完成一部分施工图就可对其进行招标。由图可以看出，施工总承包管理模式可以在很大程度上缩短建设周期。

73. A、C。本题考核的是《建设工程施工合同（示范文本）》GF—2017—0201 中涉及项目经理的规定。项目经理经承包人授权后代表承包人负责履行合同。项目经理应是承包人正式聘用的员工，承包人应向发包人提交项目经理与承包人之间的劳动合同，以及承包人为项目经理缴纳社会保险的有效证明，故选项 A、C 正确。项目经理每月在施工现场时间不得少于专用合同条款约定的天数，故选项 B 错误。承包人应在接到更换通知后 14d 内向发包人提出书面的改进报告。发包人收到改进报告后仍要求更换的，承包人应在接到第二次更换通知的 28d 内进行更换，并将新任命的项目经理的注册执业资格、管理经验等资料书面通知发包人，故选项 D 错误。项目经理不得同时担任其他项目的项目经理，故选项 E 错误。

74. B、C、E。本题考核的是建设工程项目的风险类型。技术风险包括：（1）工程勘测资料和有关文件；（2）工程设计文件；（3）工程施工方案；（4）工程物资；（5）工程机械等。选项 A 属于组织风险，选项 D 属于经济与管理风险。

75. B、C、E。本题考核的是按工程实施阶段编制成本计划的方法。第 7 个月末的计划成本累计值=100+200+400+500+650+800+950=3600 万元，故选项 A 错误。第 6 个月末的计划成本累计值=100+200+400+500+650+800=2650 万元，第 6 个月末的实际成本累计值=100+200+400+500+650+700=2550 万元，故选项 B、C 正确。S 形曲线包络在由全部工作都按最早开始时间开始和全部工作都按最迟必须开始时间的曲线组成的香蕉图中，故选项 D 错误。第 7 个月末的实际成本累计值=100+200+400+500+650+700+1000=3550 万元，故选项 E 正确。

76. A、B、E。本题考核的是项目成本岗位责任考核。项目经理岗位职责包括：（1）建立项目成本管理组织；（2）组织编制项目成本管理手册；（3）定期或不定期地检查有关人员管理行为是否符合岗位职责要求。选项 C 属于项目工程师岗位职责，选项 D 属于成本员岗位职责。

77. A、D、E。本题考核的是赢得值法。已完工作预算费用=已完成工作量×预算单价=9000×400=3600000 元=360 万元；计划工作预算费用=计划工作量×预算单价=8000×400=3200000 元=320 万元；已完工作实际费用=已完成工作量×实际单价=9000×500=4500000 元=450 万元，由此可知选项 A、D、E 正确。费用偏差=已完工作预算费用−已完工作实际费用=360−450=−90 万元，项目运行超出预算费用。进度偏差=已完工作预算费用−计划工作预算费用=360−320=40 万元，进度提前，由此可知选项 B、C 错误。

78. A、D、E。本题考核的是双代号网络图的绘制。存在两个起点节点①、③。存在两个终点节点②、⑩。⑦→②箭线错误。

79. B、E。本题考核的是关键线路的判定。在双代号网络计划和单代号网络计划中，关键线路是总的工作持续时间最长的线路。本题的关键线路为：①→⑤；①→③→⑤；①→③→④→⑤；①→②→③→⑤；①→②→③→④→⑤；①→②→④→⑤。

80. B、C、E。本题考核的是单代号网络计划时间参数的计算。工作的最早完成时间等于本工作的最早开始时间与其持续时间之和。起点节点的最早开始时间在未规定时取值为零，其他最早开始时间等于其紧前工作最早完成时间的最大值。工作的最迟完成时间等于本工作的最早完成时间与其总时差之和；工作的最迟开始时间等于本工作的最早开始时间与其总时差之和。其他工作的总时差等于本工作与其各紧后工作之间的时间间隔加紧后工作的总时差所得之和的最小值。本题中各工作的最早开始时间、最早完成时间、最迟开始时间、最迟完成时间如下图所示。

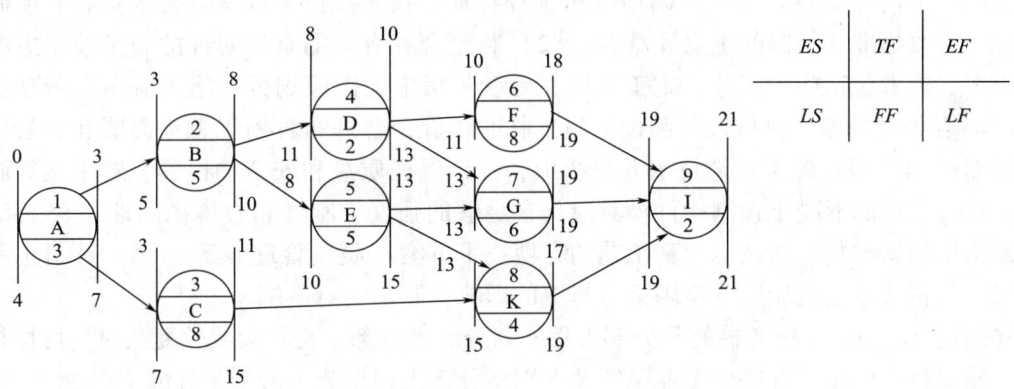

本题的关键线路为 A→B→E→G→I。

工作 G 的紧前工作有工作 D、E，工作 G 的最早开始时间 =max{(3+5+2)，(3+5+5)} =13，所以选项 A 错误。

工作 G 的最迟开始时间 =13+0=13，所以选项 B 正确。

工作 E 只有一项紧前工作，所以其最早开始时间 =3+5=8，最早完成时间 =8+5=13，所以选项 C 正确。

工作 E 的最迟完成时间 =13+0=13，所以选项 D 错误。

工作 D 的总时差 =min{(10-10)+1，(11-10)+0}=1，所以选项 E 正确。

81. A、B、C、E。本题考核的是施工质量事故调查报告的主要内容。质量事故调查报告内容包括：（1）事故项目及各参建单位概况；（2）事故发生经过和事故救援情况；（3）事故造成的人员伤亡和直接经济损失；（4）事故项目有关质量检测报告和技术分析报告；（5）事故发生的原因和事故性质；（6）事故责任的认定和对事故责任者的处理建议；（7）事故防范和整改措施。

82. A、C、D、E。本题考核的是施工质量监督管理的实施。对工程实体质量和工程质量责任主体等单位工程质量行为进行抽查、抽测。日常检查和抽查抽测相结合，采取"双随机、一公开"（随机抽取检查对象，随机选派监督检查人员，及时公开检查情况和查处结果）检查方式和"互联网+监管"模式。检查的内容主要是：参与工程建设各方的质量行为及质量责任制的履行情况，工程实体质量和质量控制资料的完成情况。

83. C、E。本题考核的是项目进度控制的组织措施。项目进度控制的组织措施包括：（1）在项目组织结构中应有专门的工作部门和符合进度控制岗位资格的专人负责进度控制工作。（2）进度控制的工作任务和相应的管理职能应在项目管理组织设计的任务分工表和管理职能分工表中标示并落实。（3）编制项目进度控制的工作流程。（4）进行有关进度控制会议的组织设计。

84. A、B、E。本题考核的是质量风险应对策略。风险转移的方法有：（1）分包转移：施工总承包单位依法把自己缺乏经验、没有足够把握的部分工程，通过签订分包合同，分包给有经验、有能力的单位施工；承包单位依法实行联合承包，也是分担风险的办法。（2）担保转移：建设单位在工程发包时，要求承包单位提供履约担保；工程竣工结算时，扣留一定比例的质量保证金等。（3）保险转移：质量责任单位向保险公司投保适当的险种，把质量风险全部或部分转移给保险公司等。

85. D、E。本题考核的是工艺技术方案的质量控制。对施工工艺技术方案的质量控制主要包括以下内容：（1）深入正确地分析工程特征、技术关键及环境条件等资料，明确质量目标、验收标准、控制的重点和难点；（2）制定合理有效的有针对性的施工技术方案和组织方案，前者包括施工工艺、施工方法，后者包括施工区段划分、施工流向及劳动组织等；（3）合理选用施工机械设备和设置施工临时设施，合理布置施工总平面图和各阶段施工平面图；（4）根据施工工艺技术方案选用和设计保证质量和安全的模具、脚手架等施工设备；成批生产的混凝土预制构件模具应具有足够的强度、刚度和整体稳固性。（5）编制工程所采用的新材料、新技术、新工艺的专项技术方案和质量管理方案；（6）针对工程具体情况，分析气象、地质等环境因素对施工的影响，制定应对措施。

86. A、B、D。本题考核的是分部工程的划分。当分部工程较大或较复杂时，可按材料种类、施工特点、施工程序、专业系统及类别将分部工程划分为若干子分部工程。

87. C、D。本题考核的是现场质量检查方法。选项A、E属于目测法，选项B属于理化试验法。

88. A、C、D。本题考核的是分部工程质量验收。分部工程应由总监理工程师组织施工单位项目负责人和项目技术负责人等进行验收。设计单位项目负责人和施工单位技术、质量部门负责人应参加主体结构、节能分部工程的验收。

89. A、E。本题考核的是工程事故分级。重大事故，是指造成10人以上30人以下死亡，或者50人以上100人以下重伤，或者5000万元以上1亿元以下直接经济损失的事故。选项B、D属于较大事故，选项C属于特别重大事故。

90. A、B、D。本题考核的是施工安全控制的目标。安全控制的目标是减少和消除生产过程中的事故，保证人员健康安全和财产免受损失。具体应包括：（1）减少或消除人的不安全行为的目标；（2）减少或消除设备、材料的不安全状态的目标；（3）改善生产环境和保护自然环境的目标。

91. B、C、D。本题考核的是工时及工程量的确认。工时及工程量的确认：（1）采用固定劳务报酬方式的，施工过程中不计算工时和工程量。（2）采用按确定的工时计算劳务报酬的，由劳务分包人每日将提供劳务人数报工程承包人，由工程承包人确认。（3）采用按确认的工程量计算劳务报酬的，由劳务分包人按月（或旬、日）将完成的工程量报工程承包人，由工程承包人确认。对劳务分包人未经工程承包人认可，超出设计图纸范围和因劳务分包人原因造成返工的工程量，工程承包人不予计量。

92. A、C、D、E。本题考核的是建设工程项目对环境保护的基本要求。选项 B 错误，对环境可能造成重大影响、应当编制环境影响报告书的建设工程项目，可能严重影响项目所在地居民生活环境质量的建设工程项目，以及存在重大意见分歧的建设工程项目，环保部门可以举行听证会，听取有关单位、专家和公众的意见，并公开听证结果，说明对有关意见采纳或不采纳的理由。

93. A、B、D。本题考核的是缺陷责任与保修。选项 C 错误，缺陷责任期内，由承包人原因造成的缺陷，承包人应负责维修，并承担鉴定及维修费用；如由他人原因造成的缺陷，发包人负责组织维修，承包人不承担费用，且发包人不得从保证金中扣除费用。选项 E 错误，发包人应在收到缺陷责任期届满通知后 15d 内，向承包人颁发缺陷责任期终止证书。

94. B、C、D、E。本题考核的是索赔文件的主要内容。索赔文件的主要内容包括：总述部分、论证部分、索赔款项（或工期）计算部分、证据部分。

95. A、C、D。本题考核的是单价合同的运用。当采用变动单价合同时，合同双方可以约定一个估计的工程量，当实际工程量发生较大变化时可以对单价进行调整，同时还应该约定如何对单价进行调整；当然也可以约定，当通货膨胀达到一定水平或者国家政策发生变化时，可以对哪些工程内容的单价进行调整以及如何调整等。

96. B、E。本题考核的是成本加酬金合同的适用情况。成本加酬金合同通常用于如下情况：（1）工程特别复杂，工程技术、结构方案不能预先确定，或者尽管可以确定工程技术和结构方案，但是不可能进行竞争性的招标活动并以总价合同或单价合同的形式确定承包商，如研究开发性质的工程项目；（2）时间特别紧迫，如抢险、救灾工程，来不及进行详细的计划和商谈。

97. C、E。本题考核的是第三者责任险。第三者责任险是指由于施工的原因导致项目法人和承包人以外的第三人受到财产损失或人身伤害的赔偿。第三者责任险的被保险人也应是项目法人和承包人。该险种一般附加在工程一切险中。在发生这种涉及第三方损失的责任时，保险公司将对承包商由此遭到的赔款和发生诉讼等费用进行赔偿。但是应当注意，属于承包商或业主在工地的财产损失，或其公司和其他承包商在现场从事与工作有关的职工的伤亡不属于第三者责任险的赔偿范围，而属于工程一切险和人身意外伤害险的范围。

98. B、C、D。本题考核的是合同跟踪的重要依据。合同跟踪的重要依据是合同以及依据合同而编制的各种计划文件；其次还要依据各种实际工程文件如原始记录、报表、验收报告等；另外，还要依据管理人员对现场情况的直观了解，如现场巡视、交谈、会议、质量检查等。

99. C、D、E。本题考核的是索赔利润的情形。一般来说，由于工程范围的变更、文件有缺陷或技术性错误、业主未能提供现场等引起的索赔，承包人可以列入利润。但对于工程暂停的索赔，由于利润通常是包括在每项实施工程内容的价格之内的，而延长工期并未影响削减某些项目的实施，也未导致利润减少。所以，一般监理工程师很难同意在工程暂停的费用索赔中加进利润损失。

100. A、B、E。本题考核的是。合同管理的功能包括：（1）合同基本数据查询；（2）合同执行情况的查询和统计分析；（3）标准合同文本查询和合同辅助起草等。

《建设工程项目管理》

考前冲刺试卷（二）及解析

《建设工程项目管理》考前冲刺试卷（二）

一、单项选择题（共70题，每题1分。每题的备选项中，只有1个最符合题意）

1. 项目设计准备阶段的工作包括（　　）。
   A. 编制项目建议书
   B. 编制项目设计任务书
   C. 编制项目可行性研究报告
   D. 编制项目初步设计

2. 某业主欲投资建造一座五星级宾馆，业主方项目管理的进度目标指的是（　　）。
   A. 宾馆可以开业
   B. 项目竣工结算完成
   C. 宾馆开始盈利
   D. 项目通过竣工验收

3. 能够反映一个组织系统中各工作部门之间指令关系的组织工具是（　　）。
   A. 组织结构图
   B. 项目结构图
   C. 合同结构图
   D. 工作流程图

4. 某施工项目技术负责人从项目技术部提出的两个土方开挖方案中选定了拟实施的方案，并要求技术部对该方案进行深化。该项目技术负责人在施工管理中履行的管理职能是（　　）。
   A. 检查
   B. 执行
   C. 决策
   D. 计划

5. 建设工程项目实施阶段策划的主要任务是确定（　　）。
   A. 项目建设的总目标
   B. 如何实现项目的目标
   C. 项目建设的指导思想
   D. 如何组织项目的建设

6. 应用动态控制原理控制施工进度的核心是（　　）。
   A. 定期比较计划值和实际值，并采纠偏措施
   B. 针对目标影响因素采取有效的预防措施
   C. 对进度目标由粗到细进行逐层分解
   D. 按照进度控制的要求，收集施工进度实际值

7. 项目部针对施工进度滞后问题，提出了落实管理人员责任、优化工作流程、改进施工方法、强化奖惩机制等措施，其中属于技术措施的是（　　）。
   A. 落实管理人员责任
   B. 优化工程流程
   C. 改进施工方法
   D. 强化奖惩机制

8. 下列沟通过程的诸要素中，是沟通过程的出发点和落脚点的是（　　）。
   A. 沟通主体
   B. 沟通客体
   C. 沟通对象
   D. 沟通渠道

9. 根据《中华人民共和国劳动法》，施工企业应按规定向劳动者支付工资，但是当企业因暂时生产经营困难无法按规定支付工资时可以延期支付，但最长不得超过（　　）日。
   A. 30
   B. 60
   C. 90
   D. 120

10. 建设项目实施过程中，因部分管理人员缺乏施工经验而造成的风险属于（   ）。
    A. 组织风险   B. 经济与管理风险
    C. 工程环境风险   D. 技术风险

11. 根据《建设工程安全生产管理条例》，关于工程监理单位安全责任的说法，正确的是（   ）。
    A. 在实施监理过程中发现情况严重的安全事故隐患，应要求施工单位整改
    B. 在实施监理过程中发现情况严重的安全事故隐患，应及时向有关主管部门报告
    C. 应审查专项施工方案是否符合工程建设强制性标准
    D. 对于情节严重的安全事故隐患，施工单位拒不整改时应向建设单位报告

12. 对竣工工程进行工程现场成本核算的目的是（   ）。
    A. 评价项目成本效益   B. 核算企业经营效益
    C. 考核项目管理绩效   D. 评价财务管理效果

13. 下列成本管理措施中，属于组织措施的是（   ）。
    A. 确定合理的施工机械、设备使用方案
    B. 对成本管理目标进行风险分析，并制定防范对策
    C. 选择适合于工程规模、性质和特点的合同结构模式
    D. 编制成本控制计划，确定合理的工作流程

14. 建设工程项目成本管理中最根本和最重要的基础工作是（   ）。
    A. 科学设计成本核算账册体系
    B. 建立企业内部施工定额并保持其适应性
    C. 建立生产资料市场价格信息的收集网络
    D. 建立成本管理责任体系

15. 为了提高项目按期竣工的保证率，绘制S形曲线编制成本计划时，可以采取的做法是（   ）。
    A. 关键线路上的工作都按最迟时间开始
    B. 所有工作都按最早时间开始
    C. 施工成本大的工作按最迟时间开始
    D. 人工消耗量大的工作按最早时间开始

16. 下列成本计划的指标中，属于效益指标的是（   ）。
    A. 责任目标成本计划降低率
    B. 设计预算成本计划降低率
    C. 责任目标总成本计划降低额
    D. 按子项汇总的计划总成本指标

17. 成本的过程控制中，对于人工费和材料费都可以采用的控制方法是（   ）。
    A. 量价分离   B. 包干控制
    C. 预算控制   D. 跟踪检查

18. 关于赢得值法及其应用的说法，正确的是（   ）。
    A. 赢得值法有四个基本参数和三个评价指标
    B. 投资（进度）绩效指数反映的是绝对偏差
    C. 投资（进度）偏差仅适合对同一项目作偏差分析

D. 进度偏差为正值，表示进度延误

19. 业务核算是成本分析的依据之一，其目的是（　　）。
A. 预测成本变化发展的趋势
B. 记录企业的一切生产经营活动
C. 计算当前的实际成本水平
D. 迅速取得资料，及时采取措施调整经济活动

20. 关于企业年度成本分析的说法，正确的是（　　）。
A. 分析的依据是年度成本报表
B. 一般一年结算一次，可将本年度成本转入下一年
C. 分析应以本年度开工建设的项目为对象，不含以前年度开工的项目
D. 分析应以本年度竣工验收的项目为对象，不含本年度未完工的项目

21. 对某综合楼项目实施阶段的总进度目标进行控制的主体是（　　）。
A. 设计单位
B. 施工单位
C. 建设单位
D. 监理单位

22. 某建设工程施工横道图进度计划见下表，则关于该工程施工组织的说法，正确的是（　　）。

施工过程名称	施工进度/d									
	3	6	9	12	15	18	21	24	27	30
支模板	Ⅰ-1	Ⅰ-2	Ⅰ-3	Ⅰ-4	Ⅱ-1	Ⅱ-2	Ⅱ-3	Ⅱ-4		
绑扎钢筋		Ⅰ-1	Ⅰ-2	Ⅰ-3	Ⅰ-4	Ⅱ-1	Ⅱ-2	Ⅱ-3	Ⅱ-4	
浇混凝土			Ⅰ-1	Ⅰ-2	Ⅰ-3	Ⅰ-4	Ⅱ-1	Ⅱ-2	Ⅱ-3	Ⅱ-4

注：Ⅰ、Ⅱ表示楼层；1、2、3、4表示施工段。

A. 所有施工过程由于施工楼层的影响，均可能造成施工不连续
B. 各层内施工过程间不存在技术间歇和组织间歇
C. 由于存在两个施工楼层，每一施工过程均可安排2个施工队伍
D. 在施工高峰期（第9日～第24日期间），所有施工段上均有工人在施工

23. 某项目网络计划工期为26d，共有四项时差分别是0d、1d、2d、4d，其中最早完成工作的最早完成时间是第（　　）天。
A. 22
B. 23
C. 24
D. 5

24. 某双代号网络计划如下图所示（时间单位：d），存在的绘图错误是（　　）。

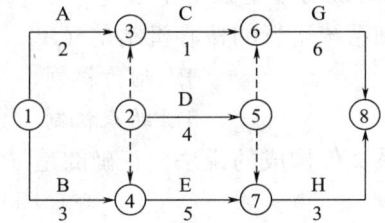

A. 有多个起点节点　　　　　　　　B. 工作标识不一致
C. 节点编号不连续　　　　　　　　D. 时间参数有多余

25. 某工程双代号网络计划如下图所示，工作 E 最早完成时间和最迟完成时间分别是（　　）。

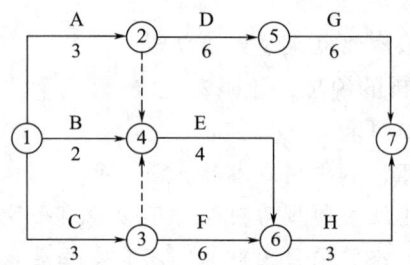

A. 6 和 8　　　　　　　　　　　　B. 6 和 12
C. 7 和 8　　　　　　　　　　　　D. 7 和 12

26. 在工程网络计划中，关键工作是指（　　）的工作。
A. 双代号时标网络计划中无波形线
B. 双代号网络计划中开始节点为关键节点
C. 最迟完成时间与最早完成时间的差值最小
D. 单代号搭接网络计划中时距最小

27. 某工程单代号网络计划中，工作 E 的最早完成和最晚完成时间分别是 6 和 8，紧后工作 F 的最早开始时间和最晚开始时间分别是 7 和 10，工作 E 和 F 之间的时间间隔是（　　）。
A. 1　　　　　　　　　　　　　　B. 2
C. 3　　　　　　　　　　　　　　D. 4

28. 根据建筑工程质量终身责任制要求，施工单位项目经理对建设工程质量承担责任的时间期限是（　　）。
A. 建筑工程实际使用年限　　　　　B. 建设单位要求年限
C. 建筑工程设计使用年限　　　　　D. 缺陷责任期

29. 影响项目质量的五大要素是指人、材料、机械及（　　）。
A. 方法与环境　　　　　　　　　　B. 投资额与合同工期
C. 方法与设计方案　　　　　　　　D. 投资额与环境

30. 下列项目质量控制体系中，属于质量控制体系第二层次的是（　　）。
A. 建设单位项目管理机构建立的项目质量控制体系
B. 交钥匙工程总承包企业项目管理机构建立的项目质量控制体系
C. 项目设计总负责单位建立的项目质量控制体系
D. 施工设备安装单位建立的现场质量控制体系

31. 建设工程项目质量控制系统运行的核心机制是（　　）。
A. 反馈机制　　　　　　　　　　　B. 动力机制
C. 持续改进机制　　　　　　　　　D. 约束机制

32. 关于企业质量管理体系文件构成的说法，正确的是（　　）。
A. 质量计划是纲领性文件

B. 程序文件是质量手册的支持性文件

C. 质量记录应阐述企业质量目标和方针

D. 质量手册应阐述项目各阶段的质量责任和权限

33. 下列质量控制点的重点控制对象中，属于施工技术参数类的是（　　）。

A. 水泥的安定性
B. 预应力钢筋的张拉
C. 砌体砂浆的饱满度
D. 混凝土浇筑后的拆模时间

34. 施工单位在项目开工前编制的测量控制方案，一般应经（　　）批准后实施。

A. 项目经理
B. 业主代表
C. 施工员
D. 项目技术负责人

35. 在建设工程项目施工作业实施过程中，监理机构应根据（　　）对施工作业质量进行监督控制。

A. 项目管理实施规划
B. 施工质量计划
C. 监理规划与实施细则
D. 施工组织设计

36. 对建筑材料密度的测定属于现场质量检查方法中的（　　）。

A. 目测法
B. 试验法
C. 实测法
D. 无损检测法

37. 建设工程项目建成后，在规定的使用年限和正常的使用条件下，应保证工程项目使用安全，建筑物、构筑物和设备系统性能稳定。这是项目质量的（　　）要求。

A. 经济性
B. 功能性
C. 观感性
D. 可靠性

38. 某工程在竣工质量验收时，参与竣工验收的设计单位与施工、监理单位发生争议，无法形成一致的意见，该情况下，正确的做法是（　　）。

A. 由建设单位作出验收结论

B. 由质量监督站调解并作出验收结论

C. 协商一致后重新组织验收并作出验收结论

D. 请建设行政主管部门调解并作出验收结论

39. 当工程质量缺陷经加固、返工处理后仍无法保证达到规定的安全要求，但没有完全丧失使用功能时，适宜采用的处理方法是（　　）。

A. 不作处理
B. 报废处理
C. 返修处理
D. 限制使用

40. 政府质量监督机构参加工程竣工验收的重点是（　　）。

A. 签发工程竣工验收意见

B. 对工程实体质量进行检查验收

C. 检查核实有关工程质量的文件和资料

D. 对竣工验收的组织形式、程序等进行监督

41. "及时购买补充适用的规范、规程等行业标准"的活动，属于职业健康安全管理体系运行中的（　　）活动。

A. 信息交流
B. 执行控制程序
C. 文件管理
D. 预防措施

42. 施工安全的控制程序包括：①安全技术措施计划的落实和实施；②编制建设工程项

目安全技术措施计划；③安全技术措施计划的验证；④确定每项具体建设工程项目的安全目标；⑤持续改进。其正确顺序是（　　）。

A. ②—④—①—③—⑤　　　　B. ④—②—①—③—⑤
C. ④—②—③—①—⑤　　　　D. ②—③—④—①—⑤

43. 工程质量验收中，需进行观感质量检查并作出综合质量评价的验收对象是（　　）。

A. 检验批　　　　　　　　　B. 工序
C. 分项工程　　　　　　　　D. 分部工程

44. 下列企业质量管理体系文件中，能够证明各阶段产品质量达到要求的是（　　）。

A. 质量记录　　　　　　　　B. 质量手册
C. 程序文件　　　　　　　　D. 质量计划

45. 在下列质量控制的统计分析方法中，需要听取各方意见，集思广益，共同分析的是（　　）。

A. 排列图法　　　　　　　　B. 因果分析图法
C. 直方图法　　　　　　　　D. 控制图法

46. 施工企业在安全生产许可证有效期内，严格遵守有关安全生产的法律法规，未发生死亡事故的，安全生产许可证期满时，经原安全生产许可证的颁发管理机关同意，可不再审查，其有效期延期（　　）年。

A. 1　　　　　　　　　　　B. 3
C. 2　　　　　　　　　　　D. 5

47. 在工程项目开工前，建设单位有关建设工程质量监督的申报手续，并对有关文件进行审查，审查合格后签发（　　）。

A. 质量监督文件　　　　　　B. 施工许可证
C. 质量监督报告　　　　　　D. 监督计划方案

48. 根据《生产安全事故应急预案管理办法》，施工单位对本企业的事故预防重点，每年至少组织现场处置方案演练（　　）次。

A. 1　　　　　　　　　　　B. 3
C. 2　　　　　　　　　　　D. 4

49. 施工企业安全检查制度中，安全检查的重点是检查"三违"和（　　）的落实。

A. 施工起重机械的使用登记制度　　B. 安全责任制
C. 现场人员的安全教育制度　　　　D. 专项施工方案专家论证制度

50. 下列建设工程生产安全事故应急预案的具体内容中，属于现场处置方案的是（　　）。

A. 信息发布　　　　　　　　B. 应急演练
C. 事故征兆　　　　　　　　D. 经费保障

51. 根据《生产安全事故报告和调查处理条例》，符合生产安全事故报告要求的做法是（　　）。

A. 任何情况下，事故现场有关人员必须逐级上报事故情况
B. 重大事故和特别重大事故，需逐级上报至国务院应急管理部门
C. 一般事故最高上报至省辖市人民政府应急管理部门

D. 专业工程出现安全事故，只需向有关行业主管部门报告

52. 发生建设工程重大安全事故时，负责事故调查的人民政府应当自收到事故调查报告起（　　）d 内做出批复。
A. 30　　　　　　　　　　　　B. 15
C. 45　　　　　　　　　　　　D. 60

53. 关于施工过程水污染防治措施的说法，正确的是（　　）。
A. 将有害废弃物作深层土方回填
B. 施工现场搅拌站废水经沉淀池沉淀合格后也不能用于工地洒水降尘
C. 施工现场用餐人数在 50 人以上的临时食堂，应设置简易有效的隔油池
D. 化学用品、外加剂等要妥善保管，库内存放

54. 在空气压缩机的进出风管适当位置安装消声器的做法，属于施工噪声控制技术中的（　　）。
A. 声源控制　　　　　　　　　B. 减震降噪控制
C. 传播途径控制　　　　　　　D. 接收者控制

55. 关于标前会议的说法，正确的是（　　）。
A. 当补充文件与招标文件内容不一致时，以招标文件为准
B. 补充文件不能作为招标文件的组成部分
C. 会议结束后，招标人应将会议纪要用书面通知的形式发给每一个投标人
D. 应解答所有投标人的问题，并说明问题来源

56. 关于施工投标的说法，正确的是（　　）。
A. 投标人在投标截止时间后送达的投标文件，招标人应移交评标委员会处理
B. 投标书需要盖有投标企业公章和企业法人的名章（签字）并进行密封，密封不满足要求的按无效标处理
C. 投标书在招标范围以外提出新的要求，可视为对投标文件的补充，由评标委员会进行评定
D. 投标书中采用不平衡报价时，应视为对招标文件的否定

57. 招标人和中标人在签订合同的谈判中，为了防范货币贬值或者通货膨胀的风险，一般通过（　　）约定风险承担方式。
A. 调整投标价格　　　　　　　B. 价格调整条款
C. 调整中标价格　　　　　　　D. 调整工作范围

58. 某工程因施工需要，需取得出入施工场地的临时道路的通行权，根据《建设工程施工合同（示范文本）》GF—2017—0201，该通行权应当由（　　）。
A. 承包人负责办理，并承担有关费用
B. 承包人负责办理，发包人承担有关费用
C. 发包人负责办理，并承担有关费用
D. 发包人负责办理，承包人承担有关费用

59. 一般情况下，验收合格工程的实际竣工日期为（　　）。
A. 组织工程竣工验收的日期
B. 承包人实际完成工程的日期
C. 承包人提交竣工验收申请报告的日期

D. 工程竣工验收后，发包人给予认可意见的日期

60. 根据《建设工程施工专业分包合同（示范文本）》GF—2003—0213，不属于承包人责任和义务的是（　　）。

A. 组织分包人参加发包人组织的图纸会审，向分包人进行设计图纸交底

B. 负责整个施工场地的管理工作，协调分包人与同一施工场地的其他分包人之间的交叉配合

C. 负责提供专业分包合同专用条款中约定的保修与试车，并承担由此发生的费用

D. 随时为分包人提供确保分包工程施工所要求的施工场地和通道，满足施工运输需要

61. 根据《建设工程施工专业分包合同（示范文本）》GF—2003—0213，关于分包人与项目相关方关系的说法，正确的是（　　）。

A. 就分包工程可与发包人发生直接工作联系

B. 就分包工程可与监理人发生直接工作联系

C. 须服从承包人转发的监理人与分包工程有关的指令

D. 就分包工程可直接致函给发包人或监理人

62. 下列风险产生的原因中，可能导致合同信用风险的是（　　）。

A. 承包人层层转包 B. 不利的地质条件变化

C. 物价上涨 D. 不可抗力

63. 根据《建设工程施工劳务分包合同（示范文本）》GF—2003—0214，下列合同规定的相关义务中，属于劳务分包人义务的是（　　）。

A. 组建项目管理班子 B. 投入人力和物力，科学安排作业计划

C. 负责编制施工组织设计 D. 负责工程测量定位和沉降观测

64. 某土方工程采用单价合同方式，投标报价总价为30万元，土方单价为50元/m³，清单工程量为5000m³，现场实际完成并经监理工程师确认的工程量为4500m³，则结算工程款应为（　　）万元。

A. 20 B. 22.5

C. 25 D. 30

65. 下列合同计价方式中，对承包商来说风险最小的是（　　）。

A. 单价合同 B. 固定总价合同

C. 变动总价合同 D. 成本加酬金合同

66. 关于总价合同的说法，正确的是（　　）。

A. 变动总价合同中，通货膨胀等不可预见因素的风险由承包商承担

B. 固定总价合同可以约定，在发生重大工程变更时可以对合同价格进行调整

C. 工程施工承包招标时，施工期限一年左右的项目一般采用变动总价合同

D. 总价合同适用于工期要求紧的项目，业主可在初步设计完成后进行招标，从而缩短招标准备时间

67. 施工合同分析中，对工程师权限和责任分析属于（　　）分析的内容。

A. 承包人主要任务 B. 合同法律基础

C. 发包人责任 D. 合同争议解决方式

68. 实际费用法是工程费索赔中最常用的一种计算方法，该方法的计算原则是（　　）。

A. 以承包商为某项索赔工作所支付的实际开支为根据

B. 以承包商为某项索赔工作所支付的含税工程造价为根据
C. 以承包商为某项索赔工作所支付的直接工程费为根据
D. 以承包商为某项索赔工作所支付的直接费为根据

69. 某工程的时标网络计划如下图所示，下列工期延误事件中，属于共同延误的是（　　）。

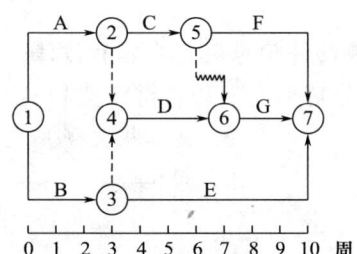

A. 工作 A 因发包人原因和工作 B 因承包人原因各延误 2 周
B. 工作 C 因发包人原因和工作 G 因承包人原因各延误 2 周
C. 工作 D 因发包人原因和工作 F 因承包人原因各延误 2 周
D. 工作 E 因发包人原因和工作 F 因承包人原因各延误 2 周

70. 对建设项目投资项（或者成本项）信息进行编码时，适宜的做法是（　　）。
A. 综合考虑投资方、承包商要求进行编码
B. 综合考虑概算、预算、标底、合同价、工程款支付等因素建立编码
C. 根据概算定额确定的分部分项工程进行编码
D. 根据预算定额确定的分部分项工程进行编码

二、多项选择题（共 30 题，每题 2 分。每题的备选项中，有 2 个或 2 个以上符合题意，至少有 1 个错项。错选，本题不得分；少选，所选的每个选项得 0.5 分）

71. 下列工程项目策划工作中，属于建设工程项目实施阶段合同策划的有（　　）。
A. 方案设计竞赛的组织
B. 融资方案的深化分析
C. 项目风险管理与工程保险方案
D. 建立编码体系
E. 设计、施工、物资采购的合同结构方案

72. 下列施工组织设计的内容中，属于施工部署与施工方案内容的有（　　）。
A. 安排施工顺序
B. 比选施工方案
C. 计算主要技术经济指标
D. 编制施工准备计划
E. 编制资源需求计划

73. 根据《建筑施工组织设计规范》GB/T 50502—2009，单位工程施工组织设计的内容包括（　　）。
A. 工程概况　　　　　　　　　　B. 主要施工方案
C. 作业区施工平面布置设计　　　D. 施工总进度计划
E. 施工现场平面布置

74. 根据《建设工程项目管理规范》GB/T 50326—2017，项目管理目标责任书的内容应包括（   ）。
   A. 项目管理实施目标
   B. 项目合同文件
   C. 项目管理机构应承担的风险
   D. 项目管理规划大纲
   E. 项目管理效果和目标实现的评价原则、内容和方法

75. 按成本组成，施工成本分解为人工费、材料费和（   ）。
   A. 措施费   B. 施工机具使用费
   C. 企业管理费   D. 间接费
   E. 暂估价

76. 成本项目的分析方法包括（   ）。
   A. 人工费分析   B. 材料费分析
   C. 机械使用费分析   D. 管理费分析
   E. 成本盈亏异常分析

77. 关于分部分项工程成本分析资料来源的说法，正确的有（   ）。
   A. 投标报价来自预算成本   B. 预算成本来自投标报价
   C. 目标成本来自施工预算   D. 成本偏差来自预算成本与目标成本的差额
   E. 实际成本来自实际工程量和计划单价的乘积

78. 根据项目成本管理任务，成本考核前需要完成的工作有（   ）。
   A. 进行项目过程成本分析   B. 编制项目成本报告
   C. 项目成本管理资料归档   D. 进行成本控制
   E. 编制成本计划、确定成本实施目标

79. 某工程双代号网络计划如下图所示，说法正确的有（   ）。

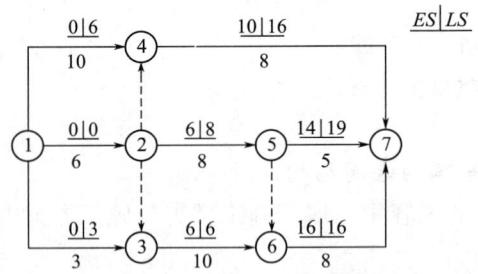

   A. 工作①→③的总时差等于自由时差   B. 工作①→④的总时差等于自由时差
   C. 工作②→⑤的自由时差为零   D. 工作⑤→⑦为关键工作
   E. 工作⑥→⑦为关键工作

80. 某工程施工进度计划如下图所示，下列说法中，正确的有（   ）。

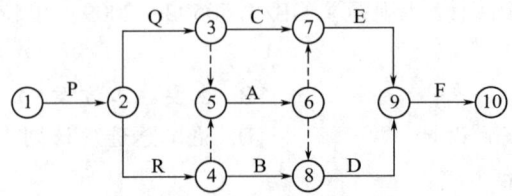

A. R 的紧后工作有 A、B　　　　　B. E 的紧前工作只有 C
C. D 的紧后工作只有 F　　　　　D. P 没有紧前工作
E. A、B 的紧后工作都有 D

81. 在运用分层法对工程项目质量进行统计分析时，通常可以按照（　　）等分层方法获取质量原始数据。
A. 作业班组　　　　　　　　　　B. 作业时间
C. 工程材料　　　　　　　　　　D. 投资主体
E. 工程部位

82. 影响建设工程施工质量的环境因素包括（　　）。
A. 施工现场自然环境　　　　　　B. 施工所在地政策环境
C. 施工所在地市场环境　　　　　D. 施工质量管理环境
E. 施工作业环境

83. 关于质量控制与质量管理的说法，正确的有（　　）。
A. 质量管理就是对施工作业技术活动的管理
B. 质量控制致力于实现预期质量目标的系统过程
C. 质量控制是质量管理的一部分
D. 建设工程质量控制活动只涉及施工阶段
E. 质量控制活动包含测量检查和评价分析

84. 职业健康安全与环境管理体系的作业文件一般包括（　　）。
A. 作业指导书　　　　　　　　　B. 管理规定
C. 监测活动准则　　　　　　　　D. 程序文件引用的表格
E. 绩效报告

85. 施工质量计划的基本内容包括（　　）。
A. 质量总目标及分解目标　　　　B. 工序质量偏差的纠正
C. 质量管理组织机构和职责　　　D. 质量记录的要求
E. 施工质量控制点及跟踪控制的方式

86. 现场质量检查的内容有（　　）。
A. 开工条件检查　　　　　　　　B. 工序交接检查
C. 材料质量检验报告检查　　　　D. 成品保护的检查
E. 施工机械性能稳定性检查

87. 建筑工程检验批质量验收中的主控项目是指对（　　）起决定性作用的检验项目。
A. 节能　　　　　　　　　　　　B. 安全
C. 环境保护　　　　　　　　　　D. 质量评价
E. 主要使用功能

88. 关于建设工程施工承包合同计价方式的说法，正确的有（　　）。
A. 单价合同风险由承发包双方分担
B. 总价合同主要适用于紧急工程
C. 总价合同风险主要由发包人承担
D. 成本加酬金合同风险主要由业主承担
E. 成本加酬金合同主要适用于工程量不确定的工程

89. 根据《建设工程质量管理条例》，建设工程竣工验收应当具备的条件有（   ）。
   A. 完成建设工程合同约定的各项内容   B. 有完整的技术档案和施工管理资料
   C. 有建设单位签署的质量合格文件   D. 有监理单位提供的巡视记录文件
   E. 有施工单位签署的工程保修书

90. 施工质量事故处理的程序中，事故处理环节的主要工作有（   ）。
   A. 事故调查   B. 制订事故处理方案
   C. 事故的技术处理   D. 事故的责任处罚
   E. 事故处理鉴定验收

91. 建设工程生产安全事故应急预案体系由（   ）构成。
   A. 综合应急预案   B. 单项应急预案
   C. 专项应急预案   D. 重点应急预案
   E. 现场处置方案

92. 建筑材料采购合同中，约定质量标准的一般原则有（   ）。
   A. 按颁布的国家标准执行
   B. 没有任何标准的，按第三方提供标准执行
   C. 没有国家标准而有部颁标准的，按部颁标准执行
   D. 没有国家标准和部颁标准的，按企业标准执行
   E. 对于采购方有特殊要求的，按合同约定的技术条件、样品或补充的技术要求执行

93. 下列合同条款中，与合同支付方式有关的条款有（   ）。
   A. 预付款比例   B. 市场价格波动引起的调整
   C. 工程量清单错误的修正 D. 工程进度款支付审批程序
   E. 质量保证金的扣留与退还

94. 关于物资采购合同中交货日期的说法，正确的有（   ）。
   A. 供货方负责送货的，以采购方收货戳记的日期为准
   B. 采购方提货的，以供货方按合同规定通知的提货日期为准
   C. 委托运输部门代运的产品，一般以供货方发运产品时承运单位签发的日期为准
   D. 供货方负责送货的，以供货方按合同规定通知的提货日期为准
   E. 采购方提货的，以采购方收货戳记日期为准

95. 根据《建设项目工程总承包合同示范文本（试行）》GF—2011—0216，承包人主要权利和义务有（   ）。
   A. 根据合同约定，自费修复竣工后试验中发现的缺陷
   B. 按照合同约定和发包人的要求，提出相关报表
   C. 根据合同约定，以书面形式向发包人发出暂停通知
   D. 根据合同约定，对因发包人原因带来的损失要求赔偿
   E. 负责办理项目审批，核准或备案手续，取得项目用地的使用权

96. 关于成本加奖金合同的说法，正确的有（   ）。
   A. 承包商在估算成本底点以下完成工程时，也不能加大酬金值或酬金百分比
   B. 承包商在估算成本顶点以上完成工程时，对承包商的最大罚款额度不超过原先商定的最高酬金值
   C. 奖金是按照报价书的成本估算指标制定的，合同对估算指标规定的顶点为工程成本

估算的 100%~155%

D. 奖金是按照报价书的成本估算指标制定的，合同中对估算指标规定的低点为工程成本估算的 50%~95%

E. 在招标时，当图纸、规范等准备不充分，不能据以确定合同价格，而仅能制定一个估算指标时可采用成本加奖金合同

97. 承包人在履行和实施合同前进行合同分析，其目的和作用有（　　）。
A. 分析合同的漏洞，解释有争议的内容
B. 分析签订合同依据的法律法规，了解法律情况
C. 分析合同文件组成及结构，有利于合同查阅
D. 分析合同风险，制定风险对策
E. 分解和落实合同任务，便于实施和检查

98. 下列工作内容中，属于合同实施偏差分析的有（　　）。
A. 产生偏差的原因分析　　　　B. 实施偏差的费用分析
C. 实施偏差的责任分析　　　　D. 合同实施趋势分析
E. 合同终止的原因分析

99. 下列信息和资料中，可以作为工程索赔证据的有（　　）。
A. 施工合同文件　　　　　　　B. 工程各项会议纪要
C. 监理工程师的口头指示　　　D. 相关法律法规
E. 施工日记和现场记录

100. 与诉讼方式相比，采用仲裁方式解决国际工程承包合同争议的优点有（　　）。
A. 效率高　　　　　　　　　　B. 周期短
C. 约束力强　　　　　　　　　D. 费用少
E. 保密性好

考前冲刺试卷（二）参考答案及解析

一、单项选择题

1. B;	2. A;	3. A;	4. C;	5. D;
6. A;	7. C;	8. C;	9. A;	10. A;
11. C;	12. C;	13. D;	14. D;	15. B;
16. C;	17. A;	18. C;	19. D;	20. A;
21. C;	22. B;	23. A;	24. A;	25. D;
26. C;	27. A;	28. C;	29. A;	30. D;
31. B;	32. B;	33. C;	34. C;	35. C;
36. B;	37. D;	38. B;	39. C;	40. C;
41. C;	42. B;	43. B;	44. A;	45. B;
46. B;	47. A;	48. C;	49. B;	50. C;
51. B;	52. B;	53. D;	54. A;	55. C;
56. B;	57. B;	58. C;	59. B;	60. C;
61. C;	62. A;	63. B;	64. B;	65. D;
66. B;	67. C;	68. A;	69. A;	70. B。

【解析】

1. B。本题考核的是建设工程项目的实施阶段的组成。建设工程项目的实施阶段的组成如下图所示。

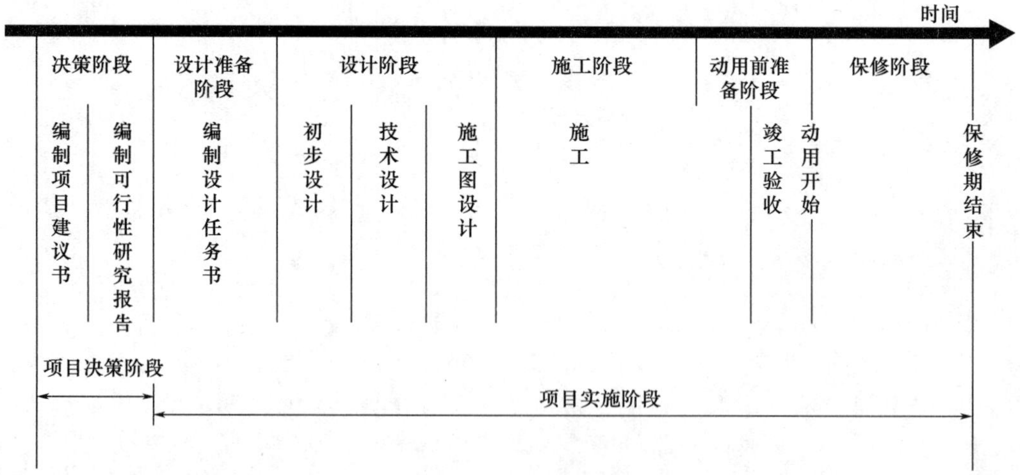

2. A。本题考核的是业主方项目管理的进度目标。业主方项目管理的进度目标指的是项目动用的时间目标，即项目交付使用的时间目标，如工厂建成可以投入生产、道路建成可以通车、办公楼可以启用、旅馆可以开业的时间目标等。

3. A。本题考核的是组织结构图的含义。组织结构图反映一个组织系统（如项目管理班子）中各个子系统之间和各组织元素（如各工作部门）之间的组织关系（指令关系），反映的是各工作单位、各工作部门和各工作人员之间的组织关系。

4. C。本题考核的是管理职能。管理职能的含义：（1）提出问题——通过进度计划值和实际值的比较，发现进度推迟了；（2）筹划——加快进度有多种可能的方案，如改一班工作制为两班工作制，增加夜班作业，增加施工设备或改变施工方法，应对这三个方案进行比较；（3）决策——从上述三个可能的方案中选择一个将被执行的方案，如增加夜班作业；（4）执行——落实夜班施工的条件，组织夜班施工；（5）检查——检查增加夜班施工的决策有否被执行，如已执行，则检查执行的效果如何。

5. D。本题考核的是建设工程项目实施阶段策划的主要任务。建设工程项目实施阶段策划的主要任务是确定如何组织该项目的开发或建设。

6. A。本题考核的是应用动态控制原理在进度控制中的应用。项目目标动态控制的核心是，在项目实施的过程中定期地进行项目目标的计划值和实际值的比较，当发现项目目标偏离时采取纠偏措施。

7. C。本题考核的是项目目标动态控制的纠偏措施。技术措施：分析由于技术（包括设计和施工的技术）的原因而影响项目目标实现的问题，并采取相应的措施，如调整设计、改进施工方法和改变施工机具等。

8. C。本题考核的是沟通过程的要素。沟通过程包括五个要素，即：沟通主体、沟通客体、沟通介体、沟通环境和沟通渠道。沟通主体在沟通过程中处于主导地位。沟通对象是沟通过程的出发点和落脚点，因而在沟通过程中具有积极的能动作用。沟通介体即沟通主体用以影响、作用于沟通客体的中介，包括沟通内容和沟通方法，它使沟通主体与客体间建立联系，以保证沟通过程的正常开展。沟通渠道是实施沟通过程和提高沟通功效的重要环节。

9. A。本题考核的是工资支付管理。建筑施工企业因暂时生产经营困难无法按劳动合同约定的日期支付工资的，应当向劳动者说明情况，并经与工会或职工代表协商一致后，可以延期支付工资，但最长不得超过30日。超过30日不支付劳动者工资的，属于无故拖欠工资行为。

10. A。本题考核的是建设工程项目风险的类型。组织风险包括：（1）组织结构模式。（2）工作流程组织。（3）任务分工和管理职能分工。（4）业主方（包括代表业主利益的项目管理方）人员的构成和能力。（5）设计人员和监理工程师的能力。（6）承包方管理人员和一般技工的能力。（7）施工机械操作人员的能力和经验。（8）损失控制和安全管理人员的资历和能力等。

11. C。本题考核的是工程监理单位安全责任。工程监理单位应当审查施工组织设计中的安全技术措施或者专项施工方案是否符合工程建设强制性标准。工程监理单位在实施监理过程中，发现存在安全事故隐患的，应当要求施工单位整改；情况严重的，应当要求施工单位暂时停止施工，并及时报告建设单位。施工单位拒不整改或者不停止施工的，工程监理单位应当及时向有关主管部门报告。工程监理单位和监理工程师应当按照法律、法规和工程建设强制性标准实施监理，并对建设工程安全生产承担监理责任。

12. C。本题考核的是竣工工程的成本核算。对竣工工程的成本核算，应区分为竣工工程现场成本和竣工工程完全成本，分别由项目管理机构和企业财务部门进行核算分析，其目的在于分别考核项目管理绩效和企业经营效益。

13. D。本题考核的是成本管理的措施。施工成本管理的组织措施包括：（1）实行项目经理责任制，落实施工成本管理的组织机构和人员，明确各级施工成本管理人员的任务和职能分工、权利和责任。（2）编制成本控制工作计划、确定合理详细的工作流程。要做好施工采购规划，通过生产要素的优化配置、合理使用、动态管理，有效控制实际成本；加强施工定额管理和施工任务单管理，控制活劳动和物化劳动的消耗；加强施工调度，避免因施工计划不周和盲目调度造成窝工损失、机械利用率降低、物料积压等而使施工成本增加。选项A技术措施，选项B属于经济措施，选项C属于合同措施。

14. D。本题考核的是施工成本管理最根本和最重要的基础工作。成本管理首先要做好基础工作，成本管理的基础工作是多方面的，成本管理责任体系的建立是其中最根本、最重要的基础工作，涉及成本管理的一系列组织制度、工作程序、业务标准和责任制度的建立。

15. B。本题考核的是按工程实施阶段编制成本计划的方法。一般而言，所有工作都按最迟开始时间开始，对节约资金贷款利息是有利的。但同时也降低了项目按期竣工的保证率。所有工作都按最早时间开始可提高工程按期竣工的保证率。

16. C。本题考核的是成本计划的指标。成本计划的效益指标，如项目成本降低额：（1）设计预算总成本计划降低额=设计预算总成本−计划总成本；（2）责任目标总成本计划降低额=责任目标总成本−计划总成本。

17. A。本题考核的是人工费和材料费的控制方法。人工费的控制实行"量价分离"的方法，将作业用工及零星用工按定额工日的一定比例综合确定用工数量与单价，通过劳务合同进行控制。材料费控制同样按照"量价分离"原则，控制材料用量和材料价格。

18. C。本题考核的是赢得值法及其应用。选项A错误，赢得值法有三个基本参数四个评价指标。选项B错误，投资（进度）绩效指数反映的是相对偏差。选项D错误，当进度偏差（SV）为正值时，表示进度提前，实际进度快于计划进度。

19. D。本题考核的是业务核算的目的。业务核算的目的在于迅速取得资料，以便在经济活动中及时采取措施进行调整。

20. A。本题考核的是年度成本分析。企业成本要求一年结算一次，不得将本年成本转入下一年度。而项目成本则以项目的寿命周期为结算期，要求从开工到竣工直至保修期结束连续计算，最后结算出总成本及其盈亏。年度成本分析的依据是年度成本报表。年度成本分析的内容，除了月（季）度成本分析的六个方面以外，重点是针对下一年度的施工进展情况制定切实可行的成本管理措施，以保证施工项目成本目标的实现。

21. C。本题考核的是项目进度控制的任务。业主方进度控制的任务是控制整个项目实施阶段的进度。

22. B。本题考核的是横道图进度计划的编制方法。选项B正确，从横道图中可以看出，楼层Ⅰ内、楼层Ⅱ内都没有体现出技术间歇与组织间歇。注意关键点是"各层内"。选项A错误，不会导致施工不连续。选项C错误，不止可以安排2个施工队伍。在第9日～第24日期间每天仅有三个施工段上有工人施工，而施工组织中设置的是四个施工段，故选项D错误。

23. A。本题考核的是双代号网络计划时间参数的计算。总时差指的是在不影响总工期的前提下，可以利用的机动时间。工作越早结束总时差越大，故四项工作最早结束的即总时差是4d的工作，这项工作最早完成后尚有4d到工期，网络计划工期为26d，故其最早完成时间是第22天。

24. A。本题考核的是双代号网络计划的绘图规则。存在①、②两个起点节点。

25. D。本题考核的是双代号网络计划时间参数的计算。本题的关键线路：①→②→⑤→⑦，最早开始时间=max{(3+4)，(2+4)，(3+4)}=7，最迟完成时间=15-3=12。

26. C。本题考核的是关键工作的确定。在网络计划中，总时差最小的工作为关键工作。总时差等于其最迟开始时间减去最早开始时间，或等于最迟完成时间减去最早完成时间。特别地，当网络计划的计划工期等于计算工期时，总时差为零的工作就是关键工作。

27. A。本题考核的是时间间隔的计算。相邻两项工作之间的时间间隔是指本工作的最早完成时间与其紧后工作最早开始时间之间可能存在的差值。工作E和F之间的时间间隔=7-6=1。

28. C。本题考核的是质量终身责任。建筑工程五方责任主体项目负责人质量终身责任，是指参与新建、扩建，改建的建筑工程项目负责人按照国家法律法规和有关规定，在工程设计使用年限内对工程质量承担相应责任。

29. A。本题考核的是项目质量的影响因素。建设工程项目质量的影响因素，主要是指在项目质量目标策划、决策和实现过程中影响质量形成的各种客观因素和主观因素，包括人的因素、机械因素、材料因素、方法因素和环境因素（简称人、机、料、法、环）等。

30. C。本题考核的是项目质量控制体系的结构。在大中型工程项目尤其是群体工程项目中，第一层次的质量控制体系应由建设单位的工程项目管理机构负责建立；在委托代建、委托项目管理或实行交钥匙式工程总承包的情况下，应由相应的代建方项目管理机构、受托项目管理机构或工程总承包企业项目管理机构负责建立。第二层次的质量控制体系，通常是指分别由项目的设计总负责单位、施工总承包单位等建立的相应管理范围内的质量控制体系。第三层次及其以下，是承担工程设计、施工安装、材料设备供应等各承包单位的现场质量自控体系，或称各自的施工质量保证体系。

31. B。本题考核的是项目质量控制体系的运行机制。动力机制是项目质量控制体系运行的核心机制，它来源于公正、公开、公平的竞争机制和利益机制的制度设计或安排。

32. B。本题考核的是企业质量管理体系文件构成。质量手册是质量管理体系的规范，是阐明一个企业的质量政策、质量体系和质量实践的文件，是实施和保持质量体系过程中长期遵循的纲领性文件，故选项A错误。质量手册的主要内容包括：企业的质量方针、质量目标；组织机构和质量职责；各项质量活动的基本控制程序或体系要素；质量评审、修改和控制管理办法。质量记录是产品质量水平和质量体系中各项质量活动进行及结果的客观反映，故选项C、D错误。程序文件是质量手册的支持性文件，故选项B正确。

33. C。本题考核的是质量控制点的重点控制对象。质量控制点的重点控制对象中，施工技术参数控制对象包括：混凝土的外加剂掺量、水胶比、回填土的含水量、砌体的砂浆饱满度、防水混凝土的抗渗等级，建筑物沉降与基坑边坡稳定监测数据，大体积混凝土内外温差及混凝土冬期施工受冻临界强度等技术参数都是应重点控制的质量参数与指标。

34. D。本题考核的是测量控制。施工单位在开工前应编制测量控制方案，经项目技术负责人批准后实施。

35. C。本题考核的是施工作业质量的监控。作为监控主体之一的项目监理机构，在施工作业实施过程中，根据其监理规划与实施细则，采取现场旁站、巡视、平行检验等形式，对施工作业质量进行监督检查,如发现工程施工不符合工程设计要求、施工技术标准和合同约定的,有权要求建筑施工企业改正。

36. B。本题考核的是现场质量检查的方法。现场质量检查的方法主要有目测法、实测法和试验法。试验法包括理化试验和无损检测。工程中常用的理化试验包括物理力学性能方面的检验和化学成分及其含量的测定等两个方面。力学性能的检验如各种力学指标的测定,包括抗拉强度、抗压强度、抗弯强度、抗折强度、冲击韧性、硬度、承载力等。各种物理性能方面的测定,如密度、含水量、凝结时间、安定性及抗渗、耐磨、耐热性能等。

37. D。本题考核的是项目可靠性的质量控制。项目设计质量的控制包括:项目功能性质量控制、项目可靠性质量控制、项目观察性质量控制、项目经济性质量控制、项目施工可行性质量控制。项目可靠性质量控制主要是指建设工程项目建成后,在规定的使用年限和正常的使用条件下,保证使用安全和建筑物、构筑物及其设备系统性能稳定、可靠。

38. C。本题考核的是竣工质量验收程序和组织。参与工程竣工验收的建设、勘察、设计、施工、监理等各方不能形成一致意见时,应当协商提出解决的方法,待意见一致后,重新组织工程竣工验收。

39. D。本题考核的是施工质量缺陷处理的基本方法。当工程质量缺陷按修补方法处理后无法保证达到规定的使用要求和安全要求,而又无法返工处理的情况下,不得已时可作出诸如结构卸荷或减荷以及限制使用的决定。

40. D。本题考核的是政府对工程项目质量监督的实施。监督工程竣工验收重点是对竣工验收的组织形式、程序等是否符合有关规定进行监督;同时对质量监督检查中提出质量问题的整改情况进行复查,检查其整改情况。

41. C。本题考核的是管理体系的运行。体系运行是指按照已建立体系的要求实施,其实施的重点是围绕培训意识和能力,信息交流,文件管理,执行控制程序,监测,不符合、纠正和预防措施,记录等活动推进体系的运行工作。文件管理包括对现有有效文件进行整理编号,方便查询索引;对适用的规范、规程等行业标准应及时购买补充,对适用的表格要及时发放;对在内容上有抵触的文件和过期的文件要及时作废并妥善处理。

42. B。本题考核的是施工安全的控制程序。施工安全的控制程序:(1)确定每项具体建设工程项目的安全目标;(2)编制建设工程项目安全技术措施计划;(3)安全技术措施计划的落实和实施;(4)安全技术措施计划的验证;(5)持续改进,根据安全技术措施计划的验证结果,对不适宜的安全技术措施计划进行修改、补充和完善。

43. B。本题考核的是分部工程质量验收的规定。分部工程质量验收合格应符合下列规定:(1)所含分项工程的质量均应验收合格;(2)质量控制资料应完整;(3)有关安全、节能、环境保护和主要使用功能的检验结果应符合相应规定;(4)观感质量应符合要求。

44. A。本题考核的是企业质量管理体系文件的构成。质量记录是产品质量水平和质量体系中各项质量活动进行及结果的客观反映,对质量体系程序文件所规定的运行过程及控制测量检查的内容如实加以记录,用以证明产品质量达到合同要求及质量保证的满足程度。如在控制体系中出现偏差,则质量记录不仅需反映偏差情况,而且应反映出针对不足之处所采取的纠正措施及纠正效果。

45. B。本题考核的是因果分析图法应用时的注意事项。因果分析图法应用时的注意事项:(1)一个质量特性或一个质量问题使用一张图分析。(2)通常采用 QC 小组活动的方式进行,集思广益,共同分析。(3)必要时可以邀请小组以外的有关人员参与,广泛听取意见。（4）分析时要充分发表意见，层层深入，排出所有可能的原因。（5）在充分分析的基础上，由各参与人员采用投票或其他方式，从中选择1~5项多数人达成共识的最主要原因。

46. B。本题考核的是安全生产许可证制度。企业在安全生产许可证有效期内，严格遵守有关安全生产的法律法规，未发生死亡事故的，安全生产许可证有效期届满时，经原安全生产许可证的颁发管理机关同意，不再审查，安全生产许可证有效期延期3年。

47. A。本题考核的是质量监督管理的实施。在工程项目开工前，监督机构接受建设单位有关建设工程质量监督的申报手续，并对建设单位提供的有关文件进行审查，审查合格签发有关质量监督文件。

48. C。本题考核的是应急预案的实施。施工单位应当制定本单位的应急预案演练计划，根据本单位的事故预防重点，每年至少组织一次综合应急预案演练或者专项应急预案演练，每半年至少组织一次现场处置方案演练。

49. B。本题考核的是安全检查制度。安全检查的内容包括查思想、查制度、查管理、查隐患、查整改、查伤亡事故处理等。安全检查的重点是检查"三违"和安全责任制的落实。

50. C。本题考核的是现场处置方案的主要内容。现场处置方案的主要内容包括事故特征、应急组织与职责、应急处置、注意事项。其中事故特征主要包括：（1）危险性分析，可能发生的事故类型；（2）事故发生的区域、地点或装置的名称；（3）事故可能发生的季节和造成的危害程度；（4）事故前可能出现的征兆。

51. B。本题考核的是生产安全事故报告。选项A错误，情况紧急时，事故现场有关人员可以直接向事故发生地县级以上人民政府应急管理部门和负有安全生产监督管理职责的有关部门报告。选项C错误，一般事故上报至设区的市级人民政府应急管理部门和负有安全生产监督管理职责的有关部门。选项D错误，各个行业的建设工程施工中出现了安全事故，都应当向建设行政主管部门报告。专业工程出现安全事故，还需要向有关行业主管部门报告。

52. B。本题考核的是事故调查报告的批复。重大事故、较大事故、一般事故，负责事故调查的人民政府应当自收到事故调查报告之日起15日内作出批复；特别重大事故，30日内作出批复，特殊情况下，批复时间可以适当延长，但延长的时间最长不超过30日。

53. D。本题考核的是水污染的防治。选项A错误，禁止将有毒有害废弃物作土方回填。选项B错误，施工现场搅拌站废水，现制水磨石的污水，电石（碳化钙）的污水必须经沉淀池沉淀合格后再排放，最好将沉淀水用于工地洒水降尘或采取措施回收利用。选项C错误，施工现场100人以上的临时食堂，污水排放时可设置简易有效的隔油池，定期清理，防止污染。

54. A。本题考核的是施工现场噪声污染的控制措施。声源控制：（1）声源上降低噪声，这是防止噪声污染的最根本的措施。（2）尽量采用低噪声设备和加工工艺代替高噪声设备与加工工艺，如低噪声振捣器、风机、电动空压机、电锯等。（3）在声源处安装消声器消声，即在通风机、鼓风机、压缩机、燃气机、内燃机及各类排气放空装置等进出风管的适当位置设置消声器。

55. C。本题考核的是标前会议。会议纪要和答复函件形成招标文件的补充文件都是招标文件的有效组成部分。与招标文件具有同等法律效力应当补充文件与招标文件内容不一致时，应以补充文件为准，故选项A、B错误。无论是会议纪要还是对个别投标人的问题的解答，都应以书面形式发给每一个获得投标文件的投标人，以保证招标的公平和公正。但对问题的答复不需要说明问题来源，故选项D错误。

56. B。本题考核的是施工投标。选项A错误，在招标文件要求提交投标文件的截止时间后送达的投标文件，招标人可以拒收。选项B正确，标书的提交要有固定的要求，基本内容是：签章、密封。如果不密封或密封不满足要求，投标是无效的。投标书还需要按照要求签章，投标书需要盖有投标企业公章以及企业法人的名章（或签字）。选项C错误，投标不完备或投标没有达到招标人的要求，在招标范围以外提出新的要求，均被视为对于招标文件的否定，不会被招标人所接受。选项D错误，投标书中采用不平衡报价时，不视为对招标文件的否定。

57. B。本题考核的是建设工程施工承包合同谈判的主要内容。对于工期较长的建设工程，容易遭受货币贬值或通货膨胀等因素的影响，可能给承包人造成较大损失。价格调整条款可以比较公正地解决这一承包人无法控制的风险损失。

58. C。本题考核的是发包方的责任和义务。除专用合同条款另有约定外，发包人应根据施工需要，负责取得出入施工现场所需的批准手续和全部权利，以及取得因施工所需修建道路、桥梁以及其他基础设施的权利，并承担相关手续费用和建设费用承包人应协助发包人办理修建场内外道路、桥梁以及其他基础设施的手续。

59. C。本题考核的是竣工日期。工程经竣工验收合格的，以承包人提交竣工验收申请报告之日为实际竣工日期，并在工程接收证书中载明；因发包人原因，未在监理人收到承包人提交的竣工验收申请报告42d内完成竣工验收，或完成竣工验收不予签发工程接收证书的，以提交竣工验收申请报告的日期为实际竣工日期；工程未经竣工验收，发包人擅自使用的，以转移占有工程之日为实际竣工日期。

60. C。本题考核的是工程承包人（总承包单位）的主要责任和义务。承包人应提供总包合同（有关承包工程的价格内容除外）供分包人查阅。承包人的工作：(1) 向分包人提供与分包工程相关的各种证件、批件和各种相关资料，向分包人提供具备施工条件的施工场地；(2) 组织分包人参加发包人组织的图纸会审，向分包人进行设计图纸交底；(3) 提供本合同专用条款中约定的设备和设施，并承担因此发生的费用；(4) 随时为分包人提供确保分包工程的施工所要求的施工场地和通道等，满足施工运输的需要，保证施工期间的畅通；(5) 负责整个施工场地的管理工作，协调分包人与同一施工场地的其他分包人之间的交叉配合，确保分包人按照经批准的施工组织设计进行施工。

61. C。本题考核的是分包人与发包人的关系。分包人须服从承包人转发的发包人或工程师（监理人）与分包工程有关的指令。未经承包人允许，分包人不得以任何理由与发包人或工程师（监理人）发生直接工作联系，分包人不得直接致函发包人或工程师（监理人），也不得直接接受发包人或工程师（监理人）的指令。如分包人与发包人或工程师（监理人）发生直接工作联系，将被视为违约，并承担违约责任。

62. A。本题考核的是工程合同风险的分类。合同信用风险是指主观故意原因导致的，表现为合同双方的机会主义行为，如业主拖欠工程款、承包商层层转包、非法分包、偷工减料、以次充好、知假买假等。选项B、C、D属于合同工程风险。

63. B。本题考核的是劳务分包人义务。劳务分包人的主要义务包括：(1) 对劳务分包范围内的工程质量向工程承包人负责，组织具有相应资格证书的熟练工人投入工作；未经工程承包人授权或允许，不得擅自与发包人及有关部门建立工作联系；自觉遵守法律法规及有关规章制度。(2)严格按照设计图纸、施工验收规范、有关技术要求及施工组织设计精心组织施工，确保工程质量达到约定的标准。科学安排作业计划，投入足够的人力、物力，保证工期。加强安全教育，认真执行安全技术规范，严格遵守安全制度，落实安全措施，确保施工安全。加强现场管理，严格执行建设主管部门及环保、消防、环卫等有关部门对施工现场的管理规定，做到文明施工。(3)自觉接受工程承包人及有关部门的管理、监督和检查；接受工程承包人随时检查其设备、材料保管、使用情况，及其操作人员的有效证件、持证上岗情况；与现场其他单位协调配合，照顾全局。(4)劳务分包人须服从工程承包人转发的发包人及工程师（监理人）的指令。(5)除非合同另有约定，劳务分包人应对其作业内容的实施、完工负责，劳务分包人应承担并履行总（分）包合同约定的、与劳务作业有关的所有义务及工作程序。选项A、C、D均属于承包人的主要义务。

64. B。本题考核的是工程价款结算。实际支付时根据实际完成的工程量乘以合同单价计算应付的工程款。结算工程款 = 50×4500 = 225000 元 = 22.万元。

65. D。本题考核的是合同计价方式。采用成本加酬金合同，承包商不承担任何价格变化或工程量变化的风险，这些风险主要由业主承担，对业主的投资控制很不利。

66. B。本题考核的是总价合同的运用。选项A错误，通货膨胀等不可预见因素的风险由业主承担。选项C错误，在工程施工承包招标时，施工期限一年左右的项目一般实行固定总价合同。选项D错误，总价合同适用于投标期相对宽裕，承包商有足够时间考察现场的项目。

67. C。本题考核的是施工合同分析。施工合同分析内容之一是发包人的责任，这里主要分析发包人（业主）的合作责任。其责任通常有如下几方面：(1)业主雇用工程师并委托其在授权范围内履行业主的部分合同责任；(2)业主和工程师有责任对平行的各承包人和供应商之间的责任界限作出划分，对这方面的争执作出裁决，对他们的工作进行协调，并承担管理和协调失误造成的损失；(3)及时作出承包人履行合同所必需的决策，如下达指令、履行各种批准手续、作出认可、答复请示，完成各种检查和验收手续等；(4)提供施工条件，如及时提供设计资料、图纸、施工场地、道路等；(5)按合同规定及时支付工程款，及时接收已完工程等。

68. A。本题考核的是索赔费用的计算方法。索赔费用的计算方法有：实际费用法、总费用法和修正的总费用法。实际费用法是计算工程索赔时最常用的一种方法。这种方法的计算原则是以承包人为某项索赔工作所支付的实际开支为根据，向业主要求费用补偿。

69. A。本题考核的是工期索赔的计算。当两个或两个以上的延误事件从发生到终止的时间完全相同时，这些事件引起的延误称为共同延误。

70. B。本题考核的是项目信息编码。项目的投资项编码（业主方）/成本项编码（施工方），它并不是概预算定额确定的分部分项工程的编码，它应综合考虑概算、预算、标底、合同价和工程款的支付等因素，建立统一的编码，以服务于项目投资目标的动态控制。

二、多项选择题

71. A、E；　　　　　　72. A、B；　　　　　　73. A、B、E；
74. A、C、E；　　　　75. B、C；　　　　　　76. A、B、C、D；
77. B、C；　　　　　　78. A、D、E；　　　　　79. A、C、E；

80. A、C、D、E;	81. A、B、C、E;	82. A、D、E;
83. B、C、E;	84. A、B、C、D;	85. A、C、D、E;
86. A、B、D;	87. A、B、C、E;	88. A、D;
89. A、B、E;	90. C、D;	91. A、C、E;
92. A、C、D、E;	93. A、D、E;	94. A、B、C;
95. A、B、C、D;	96. B、E;	97. A、D、E;
98. A、C、D;	99. A、B、E;	100. A、B、D、E。

【解析】

71. A、E。本题考核的是项目实施合同策划的内容。项目实施合同策划的主要工作内容包括：（1）方案设计竞赛的组织；（2）项目管理委托、设计、施工、物资采购的合同结构方案；（3）合同文本。

72. A、B。本题考核的是施工部署与施工方案的内容。施工部署及施工方案包括：（1）根据工程情况，结合人力、材料、机械设备、资金、施工方法等条件，全面部署施工任务，合理安排施工顺序，确定主要工程的施工方案；（2）对拟建工程可能采用的几个施工方案进行定性、定量的分析，通过技术经济评价，选择最佳方案。

73. A、B、E。本题考核的是单位工程施工组织设计的内容。单位工程施工组织设计的主要内容如下：（1）工程概况；（2）施工部署；（3）施工进度计划；（4）施工准备与资源配置计划；（5）主要施工方案；（6）施工现场平面布置。

74. A、C、E。本题考核的是项目管理目标责任书的内容。项目管理目标责任书的内容：（1）项目管理实施目标。（2）组织和项目管理机构职责、权限和利益的划分。（3）项目现场质量、安全、环保、文明、职业健康和社会责任目标。（4）项目设计、采购、施工、试运行管理的内容和要求。（5）项目所需资源的获取和核算办法。（6）法定代表人向项目管理机构负责人委托的相关事项。（7）项目管理机构负责人和项目管理机构应承担的风险。（8）项目应急事项和突发事件处理的原则和方法。（9）项目管理效果和目标实现的评价原则、内容和方法。（10）项目实施过程中相关责任和问题的认定和处理原则。（11）项目完成后对项目管理机构负责人的奖惩依据、标准和办法。（12）项目管理机构负责人解职和项目管理机构解体的条件及办法。（13）缺陷责任期、质量保修期及之后对项目管理机构负责人的相关要求。

75. B、C。本题考核的是按成本组成编制成本计划的方法。施工成本可以按成本组成分解为人工费、材料费、施工机具使用费、企业管理费等，编制按施工成本组成分解的施工成本计划。

76. A、B、C、D。本题考核的是成本项目的分析方法。成本项目的分析方法包括：人工费分析、材料费分析、机械使用费分析、管理费分析。针对与成本有关的特定事项的分析，包括成本盈亏异常分析、工期成本分析、资金成本分析等内容。

77. B、C。本题考核的是分部分项工程成本分析的资料来源。分部分项工程成本分析的资料来源为：预算成本来自投标报价成本，目标成本来自施工预算，实际成本来自施工任务单的实际工程量、实耗人工和限额领料单的实耗材料。

78. A、D、E。本题考核的是项目成本管理的程序。项目成本管理应遵循下列程序：（1）掌握生产要素的价格信息；（2）确定项目合同价；（3）编制成本计划，确定成本实施目标；（4）进行成本控制；（5）进行项目过程成本分析；（6）进行项目过程成本考核；

(7) 编制项目成本报告；(8) 项目成本管理资料归档。

79. A、C、E。本题考核的是双代号网络计划时间参数的计算。本题中关键线路为①→②→③→⑥→⑦，所以工作⑤→⑦为非关键工作，工作⑥→⑦为关键工作，故选项 D 错误，选项 E 正确。工作①→③的总时差＝自由时差＝6－3＝3，故选项 A 正确。工作①→④的自由时差为 0，总时差为 6，故选项 B 错误。工作②→⑤的自由时差为 0，故选项 C 正确。

80. A、C、D、E。本题考核的是双代号网络图的概念。选项 B 错误，E 的紧前工作有 A、C。

81. A、B、E。本题考核的是分层法的实际应用。调查分析的类别和层次划分，根据管理需要和统计目的，通常可按照以下分层方法取得原始数据：(1) 按施工时间分；(2) 按地区部位分；(3) 按产品材料分；(4) 按检测方法分；(5) 按作业组织分；(6) 按工程类型分；(7) 按合同结构分。

82. A、D、E。本题考核的是影响建设工程施工质量的环境因素。环境的因素主要包括施工现场自然环境因素、施工质量管理环境因素和施工作业环境因素。

83. B、C、E。本题考核的是对项目质量控制相关概念的理解。质量管理就是关于质量的管理，是在质量方面指挥和控制组织的协调活动。质量控制是质量管理的一部分，是致力于满足质量要求的一系列相关活动。质量控制活动包括：设定目标、测量检查、评价分析和纠正偏差。工程项目质量控制，就是在项目实施整个过程中，包括项目的勘察设计、招标采购、施工安装、竣工验收等各个阶段，项目参与各方致力于实现业主要求的项目质量总目标的一系列活动。

84. A、B、D。本题考核的是作业文件的内容。作业文件一般包括作业指导书（操作规程）、管理规定、监测活动准则及程序文件引用的表格。

85. A、C、D、E。本题考核的是施工质量计划的基本内容。施工质量计划的基本内容一般应包括：(1) 工程特点及施工条件（合同条件、法规条件和现场条件等）分析；(2) 质量总目标及其分解目标；(3) 质量管理组织机构和职责，人员及资源配置计划；(4) 确定施工工艺与操作方法的技术方案和施工组织方案；(5) 施工材料、设备等物资的质量管理及控制措施；(6) 施工质量检验、检测、试验工作的计划安排及其实施方法与检测标准；(7) 施工质量控制点及其跟踪控制的方式与要求；(8) 质量记录的要求等。

86. A、B、D。本题考核的是现场质量检查的内容。现场质量检查的内容包括：开工前的检查，工序交接检查，隐蔽工程的检查，停工后复工的检查，分项、分部工程完工后的检查，成品保护的检查。

87. A、B、C、E。本题考核的是检验批质量验收。检验批质量验收合格标准之一是主控项目的质量经抽样检验均应合格。主控项目是指建筑工程中对安全、节能、环境保护和主要使用功能起决定性作用的检验项目。

88. A、D。本题考核的是施工合同计价方式。单价合同主要适用于工程量不确定的工程。总价合同适用于在施工图设计完成，施工任务和范围比较明确，业主的目标、要求和条件都清楚的情况。成本加酬金合同主要适用于时间特别紧迫，如抢险、救灾工程。故选项 B、E 错误。单价合同允许随工程量变化而调整工程总价，业主和承包商都不存在工程量方面的风险。采用总价合同，业主的风险较小，承包商承担较多的风险；采用成本加酬金合同，承包商不承担任何价格变化或工程量变化的风险，这些风险主要由业主承担。故选项 A 正确，选项 C 错误，选项 D 正确。

89. A、B、E。本题考核的是竣工质量验收的条件。工程符合下列条件方可进行竣工验收：（1）完成工程设计和合同约定的各项内容。（2）施工单位在工程完工后对工程质量进行了检查，确认工程质量符合有关法律、法规和工程建设强制性标准，符合设计文件及合同要求，并提出工程竣工报告。工程竣工报告应经项目经理和施工单位有关负责人审核签字。（3）对于委托监理的工程项目，监理单位对工程进行了质量评估，具有完整的监理资料，并提出工程质量评估报告。工程质量评估报告应经总监理工程师和监理单位有关负责人审核签字。（4）勘察、设计单位对勘察、设计文件及施工过程中由设计单位签署的设计变更通知书进行了检查，并提出质量检查报告。质量检查报告应经该项目勘察、设计负责人和勘察、设计单位有关负责人审核签字。（5）有完整的技术档案和施工管理资料。（6）有工程使用的主要建筑材料、建筑构配件和设备的进场试验报告，以及工程质量检测和功能性试验资料。（7）建设单位已按合同约定支付工程款。（8）有施工单位签署的工程质量保修书。（9）对于住宅工程，进行分户验收并验收合格，建设单位按户出具《住宅工程质量分户验收表》。（10）建设主管部门及工程质量监督机构责令整改的问题全部整改完毕。（11）法律、法规规定的其他条件。

90. C、D。本题考核的是施工质量事故处理环节的工作内容。事故处理的内容包括：事故的技术处理，按经过论证的技术方案进行处理，解决事故造成的质量缺陷问题；事故的责任处罚，依据有关人民政府对事故调查报告的批复和有关法律法规的规定，对事故相关责任者实施行政处罚，负有事故责任的人员涉嫌犯罪的，依法追究刑事责任。

91. A、C、E。本题考核的是生产安全事故应急预案体系的构成。建设工程生产安全事故应急预案体系由综合应急预案、专项应急预案、现场处置方案构成。

92. A、C、D、E。本题考核的是约定质量标准的一般原则。约定质量标准的一般原则是：（1）按颁布的国家标准执行；（2）没有国家标准而有部颁标准的则按照部颁标准执行；（3）没有国家标准和部颁标准为依据时，可按企业标准执行；（4）没有上述标准或虽有上述标准但采购方有特殊要求，按照双方在合同中约定的技术条件、样品或补充的技术要求执行。

93. A、D、E。本题考核的是建设工程施工承包合同谈判的主要内容。建设工程施工合同的付款分四个阶段进行，即预付款、工程进度款、最终付款和退还质量保证金。关于支付时间、支付方式、支付条件和支付审批程序等有很多种可能的选择，并且可能对承包人的成本、进度等产生比较大的影响，因此，合同支付方式的有关条款是谈判的重要方面。

94. A、B、C。本题考核的是交货日期的确定。交货日期的确定可以按照下列方式：（1）供货方负责送货的，以采购方收货戳记的日期为准；（2）采购方提货的，以供货方按合同规定通知的提货日期为准；（3）凡委托运输部门或单位运输、送货或代运的产品，一般以供货方发运产品时承运单位签发的日期为准，不是以向承运单位提出申请的日期为准。

95. A、B、C、D。本题考核的是承包人主要权利和义务。按照《建设项目工程总承包合同示范文本（试行）》GF—2011—0216，承包人的主要权利和义务如下。（1）承包人应按照合同约定的标准、规范、工程的功能、规模、考核目标和竣工日期，完成设计、采购、施工、竣工试验和（或）指导竣工后试验等工作，不得违反国家强制性标准、规范的规定。（2）承包人应按合同约定，自费修复因承包人原因引起的设计、文件、设备、材料、部件、施工中存在的缺陷，或在竣工试验和竣工后试验中发现的缺陷。（3）承包人应按合同约定和发包人的要求，提交相关报表。报表的类别、名称、内容、报告期、提交时间和份数，在专用条款中约定。(4) 承包人有权根据 4.6.4 款承包人的复工要求、14.9 款付款时间延误和 17 条不可抗力的约定，以书面形式向发包人发出暂停通知。除此之外，凡因承包人原因的暂停，造成承包人的费用增加由其自负，造成关键路径延误的应自费赶上。(5) 对因发包人原因给承包人带来任何损失、损害或造成工程关键路径延误的，承包人有权要求赔偿和（或）延长竣工日期。选项 E 是发包人的义务和权利。

96. B、E。本题考核的是成本加奖金合同。奖金是根据报价书中的成本估算指标制定的，在合同中对这个估算指标规定一个底点和顶点，分别为工程成本估算的 60%～75% 和 110%～135%。承包商在估算指标的顶点以下完成工程则可得到奖金，超过顶点则要对超出部分支付罚款。如果成本在底点之下，则可加大酬金值或酬金百分比。采用这种方式通常规定，当实际成本超过顶点对承包商罚款时，最大罚款限额不超过原先商定的最高酬金值。

在招标时，当图纸、规范等准备不充分，不能据以确定合同价格，而仅能制定一个估算指标时可采用成本加奖金合同。

97. A、D、E。本题考核的是合同分析的目的和作用。合同分析的目的和作用体现在以下几个方面。(1) 分析合同中的漏洞，解释有争议的内容。(2) 分析合同风险，制定风险对策。(3) 合同任务分解、落实。

98. A、C、D。本题考核的是合同实施偏差分析的内容。合同实施偏差分析的内容包括：产生偏差的原因分析、合同实施偏差的责任分析、合同实施趋势分析。

99. A、B、E。本题考核的是常见的索赔证据。常见的索赔证据主要有：(1) 各种合同文件，包括施工合同协议书及其附件、中标通知书、投标书、标准和技术规范、图纸、工程量清单、工程报价单或者预算书、有关技术资料和要求、施工过程中的补充协议等；(2) 工程各种往来函件、通知、答复等；(3) 各种会谈纪要；(4) 经过发包人或者工程师批准的承包人的施工进度计划、施工方案、施工组织设计和现场实施情况记录；(5) 工程各项会议纪要；(6) 气象报告和资料，如有关温度、风力、雨雪的资料；(7) 施工现场记录，包括有关设计交底、设计变更、施工变更指令，工程材料和机械设备的采购、验收与使用等方面的凭证及材料供应清单、合格证书，工程现场水、电、道路等开通、封闭的记录，停水、停电等各种干扰事件的时间和影响记录等；(8) 工程有关照片和录像等；(9) 施工日记、备忘录等；(10) 发包人或者工程师签认的签证；(11) 发包人或者工程师发布的各种书面指令和确认书，以及承包人的要求、请求、通知书等；(12) 工程中的各种检查验收报告和各种技术鉴定报告；(13) 工地的交接记录（应注明交接日期，场地平整情况，水、电、路情况等），图纸和各种资料交接记录；(14) 建筑材料和设备的采购、订货、运输、进场、使用方面的记录、凭证和报表等；(15) 市场行情资料，包括市场价格、官方的物价指数、工资指数、中央银行的外汇比率等公布材料；(16) 投标前发包人提供的参考资料和现场资料；(17) 工程结算资料、财务报告、财务凭证等；(18) 各种会计核算资料；(19) 国家法律、法令、政策文件。

100. A、B、D、E。本题考核的是仲裁的特点。与诉讼方式相比，采用仲裁方式解决合同争议具有以下特点。(1) 仲裁程序效率高，周期短，费用少；(2) 保密性；(3) 专业化。

《建设工程项目管理》

考前冲刺试卷（三）及解析

《建设工程项目管理》考前冲刺试卷（三）

一、单项选择题（共70题，每题1分。每题的备选项中，只有1个最符合题意）

1. 在项目目标动态控制的纠偏措施中，调整管理职能分工属于（　　）。
   A. 组织措施　　　　　　　　B. 管理措施
   C. 经济措施　　　　　　　　D. 技术措施

2. 组织分工反映的是一个组织系统中各子系统或各元素的工作任务分工和（　　）。
   A. 管理目标分工　　　　　　B. 管理职能分工
   C. 管理责任分工　　　　　　D. 管理权限分工

3. 控制项目目标最重要的措施是（　　）。
   A. 组织措施　　　　　　　　B. 管理措施
   C. 经济措施　　　　　　　　D. 技术措施

4. 下列建设工程项目管理的类型中，属于施工方项目管理的是（　　）。
   A. 投资方的项目管理　　　　B. 开发方的项目管理
   C. 分包方的项目管理　　　　D. 供货方的项目管理

5. 在项目组织结构模式中，一个工作部门只有唯一一个指令源的是（　　）。
   A. 复合组织结构　　　　　　B. 矩阵组织结构
   C. 线性组织结构　　　　　　D. 职能组织结构

6. 工程项目施工组织设计中，一般将施工顺序的安排写入（　　）。
   A. 施工进度计划　　　　　　B. 施工总平面图
   C. 施工部署和施工方案　　　D. 工程概况

7. 组织结构模式反映了一个组织系统中各子系统之间或各元素（各工作部门）之间的（　　）关系。
   A. 指令　　　　　　　　　　B. 协调
   C. 工作　　　　　　　　　　D. 逻辑

8. 业主方自行编制或委托顾问工程师编制的（　　）是建设项目工程总承包方编制项目设计建议书的依据。
   A. 计划文件　　　　　　　　B. 设计文件
   C. 总体方案　　　　　　　　D. 项目建设纲要

9. 采用固定总价合同，承包商需承担一定风险，下列风险中，属于承包商价格风险的是（　　）。
   A. 设计深度不够造成的误差　B. 工程量计算错误
   C. 工程范围不确定　　　　　D. 漏报计价项目

10. 建设工程项目实施阶段策划是在建设项目立项之后，为了把项目决策付诸实施而形成的（　　）的项目实施方案。
    A. 实施性　　　　　　　　　B. 纲领性

C. 指导性 D. 操作性

11. 建设项目总承包的核心意义在于（　　）。
A. 合同总价包干降低成本 B. 总承包方负责"交钥匙"
C. 设计与施工的责任明确 D. 为项目建设增值

12. 编制项目管理规划大纲时，首先应进行的工作是（　　）。
A. 明确项目需求和项目管理范围 B. 分析项目实施条件
C. 确定项目管理目标 D. 规定项目管理措施

13. 建设项目工程总承包方的工作中，进行项目策划、编制项目计划属于项目（　　）阶段的工作。
A. 启动 B. 初始
C. 设计 D. 施工

14. 关于国际上施工企业项目经理的地位、作用以及其特征，下列说法不正确的是（　　）。
A. 项目经理是一个企业法定代表人在工程项目上的代表人
B. 项目经理的主要任务是项目目标的控制和组织协调
C. 项目经理不是一个技术岗位，而是一个管理岗位
D. 项目经理的人权、财权和物资采购权等管理权限，由其上级确定

15. 若某个可能发生的事件其可能的损失程度和发生的概率都很大，则其风险量就很大，下图所示的风险区域中风险量最大的是（　　）。

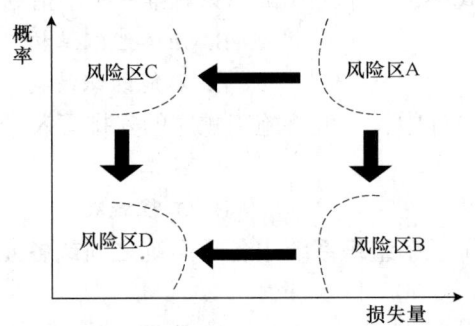

A. 风险区 A B. 风险区 B
C. 风险区 C D. 风险区 D

16. 项目经理在企业法定代表人授权范围内，可由其行使的管理权力是（　　）。
A. 调整企业人力 B. 调整项目投资目标
C. 选择施工作业队伍 D. 进行项目的利益分配

17. 当业主方和承包商发生利益冲突或矛盾时，应坚持的原则是（　　）。
A. 最大限度地维护业主的合法权益
B. 最大限度地维护承包商的合法权益
C. 在维护业主的合法权益时，不损害承包商的合法权益
D. 在不损害业主的合法权益时，维护承包商的合法权益

18. 工程建设监理规划应在签订委托监理合同及收到设计文件后开始编制，完成后必须经（　　）审核批准，并应在召开第一次工地会议前报送业主。

A. 施工单位技术负责人 B. 监理单位技术负责人
C. 设计单位负责人 D. 施工单位法定代表人

19. 施工成本管理的任务中，（　　）是以货币形式编制施工项目在计划期内的生产费用、成本水平、成本降低率以及为降低成本所采取的主要措施和规划的书面方案。
A. 施工成本预测 B. 施工成本计划
C. 施工成本分析 D. 施工成本控制

20. 某分部工程商品混凝土消耗情况见下表，则由于混凝土量增加导致的成本增加额为（　　）元。

项目	单位	计划	实际
消耗量	m³	300	320
单价	元/m³	430	460

A. 9200 B. 9600
C. 8600 D. 18200

21. 根据建设工程项目总进度目标论证的工作步骤，编制各层（各级）进度计划的紧前工作是（　　）。
A. 调查研究和资料收集 B. 进行项目结构分析
C. 进行进度计划系统的结构分析 D. 项目的工作编码

22. 施工成本分析的主要工作有：①收集成本信息；②选择成本分析方法；③分析成本形成原因；④进行成本数据处理；⑤确定成本结果。正确的步骤是（　　）。
A. ①—②—④—⑤—③ B. ②—③—①—⑤—④
C. ①—③—②—④—⑤ D. ②—①—④—③—⑤

23. 根据《中华人民共和国建筑法》的规定，工程监理人员发现工程设计不符合建筑工程质量标准或者合同约定的质量要求的，应当（　　）。
A. 要求设计单位立即改正 B. 报告施工单位要求设计单位改正
C. 报建设单位要求设计单位改正 D. 报告政府主管部门要求设计单位改正

24. 某工程施工到2014年8月，经统计分析得知，已完工作实际费用为1500万元，计划工作预算费用为1300万元，已完工作预算费用为1200万元，则该工程此时的进度偏差为（　　）万元。
A. 100 B. -100
C. -200 D. -300

25. 反映的信息量少，一般在项目的较高管理层应用的偏差分析表达方法是（　　）。
A. 表格法 B. 网络图法
C. 曲线法 D. 横道图法

26. 项目施工准备阶段的施工预算成本计划，它以项目实施方案为依据，落实项目经理责任目标为出发点，采用企业的施工定额通过施工预算的编制而形成的（　　）施工成本计划。
A. 实施性 B. 战略性
C. 指导性 D. 竞争性

27. 双代号网络计划中虚工作的含义是指（　　）。
A. 相邻工作间的逻辑关系，只消耗时间

B. 相邻工作间的逻辑关系，只消耗资源

C. 相邻工作间的逻辑关系，消耗资源和时间

D. 相邻工作间的逻辑关系，不消耗资源和时间

28. 某工程双代号网络计划如下图所示，其关键线路有（　　）条。

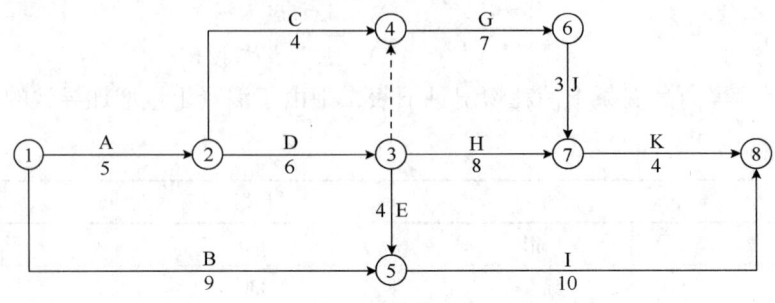

A. 1　　　　　　　　　　　　　B. 2

C. 3　　　　　　　　　　　　　D. 4

29. 某单代号网络计划如下图所示（时间单位：d），工作5的最迟完成时间是（　　）。

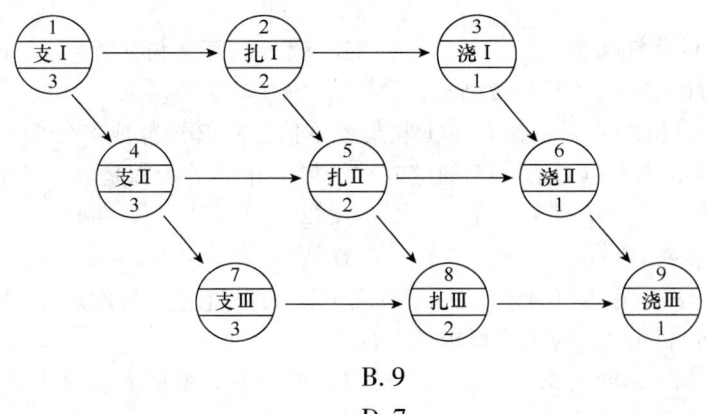

A. 10　　　　　　　　　　　　 B. 9

C. 8　　　　　　　　　　　　　D. 7

30. 某工程网络计划中工作B的持续时间为6d，工作B有两项紧前工作，其两项紧前工作的最早完成时间分别为第8天和第10天，则工作B的最早完成时间为第（　　）天。

A. 8　　　　　　　　　　　　　B. 10

C. 14　　　　　　　　　　　　 D. 16

31. 某工程双代号时标网络计划如下图所示，其中工作E的总时差为（　　）周。

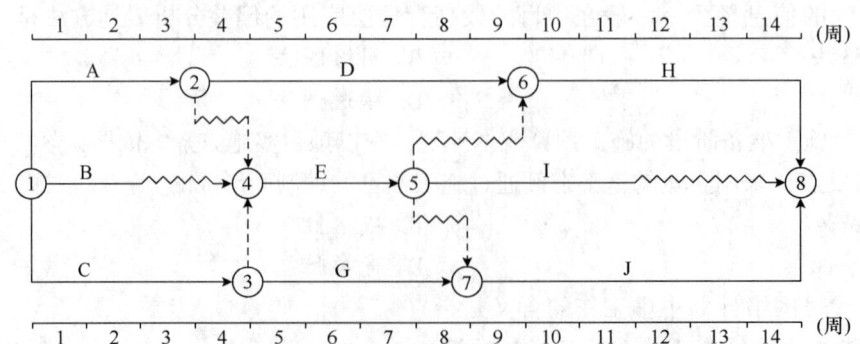

A. 0 B. 1
C. 2 D. 3

32. 对产出的质量是否达到标准的要求进行确认和评价是 PDCA 循环中（ ）阶段的职能。

    A. 计划 B. 检查
    C. 实施 D. 处置

33. 某项工作计划最早第 15 天开始，持续时间为 25d，总时差为 2d，每天完成的工程量相同。第 20 天结束时，检查发现该工作仅完成 20%。关于该项工作进度计划检查与调整的说法，正确的是（ ）。

    A. 实际进度超前，可以适当减缓工作进度
    B. 实际进度和计划保持一致，各时间参数均未发生变化
    C. 实际进度滞后，但对总工期没有影响，加强关注即可
    D. 实际进度滞后，且影响总工期 1d，须采取措施赶工

34. 根据《建设工程施工合同（示范文本）》GF—2017—0201，发包人要求承包人提供预付款担保的，承包人应在发包人支付预付款（ ）d 前提供预付款担保，专用合同条款另有约定除外。

    A. 7 B. 14
    C. 28 D. 42

35. 下列现场质量检查的方法中，属于目测法的是（ ）。

    A. 利用全站仪复查轴线偏差 B. 利用酚酞液观察混凝土表面碳化
    C. 利用磁场磁粉探查焊缝缺陷 D. 利用小锤检查面砖铺贴质量

36. 县级以上安全生产监督管理部门，在每月 7 日前报送上月生产安全事故统计数据汇总，生产安全事故发生之日起（ ）日内伤亡人员发生变化的，应及时补报伤亡人员变化情况。

    A. 7 B. 30
    C. 15 D. 45

37. 建设工程项目质量控制体系中，（ ）是建设工程项目质量目标、控制责任和措施分解落实的重要保证。

    A. 系统横向层次机构的完整性 B. 系统横向层次机构的关联性
    C. 系统纵向层次机构的合理性 D. 系统纵向层次机构的全面性

38. 对于危险性较大的分部分项工程或特殊施工过程，除按一般过程质量控制的规定执行外，还应由专业技术人员编制专项施工方案或作业指导书，经（ ）签订后执行。

    A. 项目技术负责人、项目经理业主代表
    B. 现场经理审批及总监理工程师
    C. 项目经理审批及总监理工程师代表
    D. 施工单位技术负责人、项目总监理工程师、建设单位项目负责人

39. 对工程质量有重大影响的工序，应在"三检"的基础上，经（ ）最终检查认可后，才能进入下道工序。

    A. 建设单位项目负责人 B. 施工项目经理
    C. 施工项目技术负责人 D. 监理工程师

40. 某建设工程采用固定总价方式招标，业主在招投标过程中对某项争议工程量不予更正，投标单位正确的应对策略是（　　）。
   A. 修改工程量后进行报价
   B. 按业主要求工程量修改单价后报价
   C. 采用不平衡报价法提高该项工程报价
   D. 投标时注明工程量表存在错误，应按实结算

41. 下列工作中，不属于项目目标动态控制程序中的工作是（　　）。
   A. 将项目的目标进行分解
   B. 收集项目目标的计划值
   C. 进行项目目标的计划值和实际值的比较
   D. 通过项目目标的计划值和实际值的比较，如有偏差，则采取纠偏措施进行纠偏

42. 关于预制构件质量验收的说法，错误的是（　　）。
   A. 钢筋混凝土构件和允许出现裂缝的预应力混凝土构件应进行承载力、挠度和裂缝宽度检验
   B. 对于不可单独使用的叠合板预制底板，必须进行结构性能检验
   C. 不做结构性能检验的预制构件，施工单位或监理单位代表应驻厂监督生产过程
   D. 预制构件的混凝土外观质量不应有严重缺陷，且不应有影响结构性能和安装、使用功能的尺寸偏差

43. 在建设工程项目施工成本分析中，成本盈亏异常分析属于（　　）方法。
   A. 因素分析　　　　　　　　B. 综合成本分析
   C. 专项成本分析　　　　　　D. 成本项目分析

44. 某建设工程项目由于分包单位购买的工程材料不合格，导致其中某分部工程质量不合格。在该事件中，施工质量控制的监控主体是（　　）。
   A. 施工总承包单位　　　　　B. 分包单位
   C. 材料供应单位　　　　　　D. 建设单位

45. 下列工程测量放线成果中，应由施工单位建立的是（　　）。
   A. 测量控制网　　　　　　　B. 原始坐标点
   C. 基准线　　　　　　　　　D. 标高基准点

46. 对建设工程来说，新员工上岗前三级安全教育具体由（　　）来实施。
   A. 企业、项目、班组　　　　B. 公司、工区、工程处
   C. 工程处、施工队、班组　　D. 企业、工程处、施工队

47. 现场质量检查中，应采取实测法检查的是（　　）。
   A. 油漆的光滑度　　　　　　B. 墙面的平整度
   C. 浆活是否牢固　　　　　　D. 喷涂的密实度

48. 下列工作内容中，属于反索赔工作内容的是（　　）。
   A. 防止对方提出索赔　　　　B. 收集准备索赔资料
   C. 编写法律诉讼文件　　　　D. 发出最终索赔通知

49. 最基本的建设工程安全管理制度是（　　），并且是所有安全生产管理制度的核心。
   A. "三同时"制度　　　　　　B. 安全检查制度

C. 安全生产责任制度　　　　　　　D. 安全生产教育培训制度

50. 下列施工现场文明施工措施中，正确的是（　　）。
A. 现场建立消防领导小组，落实消防责任制和责任人员
B. 市区主要路段设置围挡的高度不低于2m
C. 项目经理任命专人为现场文明施工第一责任人
D. 施工现场设置排水系统，泥浆、污水、废水有组织地直接排入下水道

51. 下列施工质量控制工作中，属于事前质量控制的是（　　）。
A. 编制施工质量计划　　　　　　　B. 约束质量活动的行为
C. 监督质量活动过程　　　　　　　D. 处理施工质量的缺陷

52. 某公路桥梁工程预应力按规定张拉系数为1.3，而实际仅为0.8，属于严重的质量缺陷，无法修补，只能（　　）。
A. 报废处理　　　　　　　　　　　B. 限制使用
C. 加固处理　　　　　　　　　　　D. 返工处理

53. 下列工程质量事故中，可由事故发生单位组织事故调查组的是（　　）。
A. 事故造成2人死亡，5人重伤的
B. 事故造成7人重伤，2000万元直接经济损失的
C. 事故未造成人员伤亡，但造成1200万元直接经济损失的
D. 事故未造成人员伤亡，但造成800万元直接经济损失的

54. 关于投标的截止日期，下列说法不正确的是（　　）。
A. 招标人所规定的投标截止日就是评标结束的日期
B. 投标人在投标截止日之前所提交的投标是有效的
C. 超过该日期之后就会被视为无效投标
D. 在招标文件要求提交投标文件的截止时间后送达的投标文件，招标人可以拒收

55. 根据我国的有关规定，经批准可以进行邀请招标的是（　　）。
A. 在建工程追加的附属小型工程，原中标人仍具备承包能力的项目
B. 施工企业自建自用的工程且该施工企业资质等级符合工程要求的项目
C. 公开招标程序过于繁琐的项目
D. 项目技术复杂，只有少量几家潜在投标人可供选择的

56. 评标的核心是（　　），是对标书进行实质性审查。
A. 初步评审　　　　　　　　　　　B. 综合评审
C. 详细评审　　　　　　　　　　　D. 响应性评审

57. 工程质量监督申报手续应在工程项目（　　）到工程质量监督机构办理。
A. 开工前，由施工单位　　　　　　B. 开工前，由建设单位
C. 竣工验收前，由施工单位　　　　D. 竣工验收前，由建设单位

58. 由采购方负责提货的建筑材料，其交货期限应以（　　）为准。
A. 供货方发运产品时承运单位签发的日期
B. 供货方按照合同规定通知的提货日期
C. 采购方收货戳记的日期
D. 采购方向承运单位提出申请的日期

59. 在工程施工投标过程中，施工方案应由投标人的（　　）主持制定。

A. 项目经理 B. 分管投标的负责人
C. 法人代表 D. 技术负责人

60. 建筑材料采购合同的结算方式中，适用于同城市或同地区内的结算方式是（　　）。
A. 异地托收承付 B. 现金支付
C. 转账结算 D. 委托收款

61. 下列施工承包合同计价方式中，在不发生重大工程变更的情况下，由承包商承担全部工程量和价格风险的合同计价方式是（　　）。
A. 单价合同 B. 变动总价合同
C. 成本加酬金合同 D. 固定总价合同

62. 关于建筑材料采购合同中违约责任的表述，正确的是（　　）。
A. 对约定由采购方自提货物的，若发生采购方的其他损失，其实际开支的费用由采购方承担
B. 若采购方已按期派车到指定地点接收货物，而供货方不能交付时，派车损失由供货方承担
C. 对于提前交货的情况，属于采购方自提货物，采购方接到提前提货通知后，应安排提前提货，不得拒绝
D. 对于供货方提前发运或交付的货物，采购方应按提前发货的时间付款，对多交货部分在代为保管期内实际支出的保管、保养费由供货方承担

63. 建设工程施工合同分析后，应向各层次管理者（　　）。
A. 提交分析报告 B. 提交合同执行方案
C. 报告分析结果 D. 作"合同交底"

64. 根据《建设工程施工合同（示范文本）》GF—2017—0201，直接发包的工程以合同签订日前（　　）d 的日期为基准日期。
A. 7 B. 14
C. 21 D. 28

65. 下列 FIDIC 系列合同文件，用于投资额较低的一般不需要分包的建筑工程或设施，或尽管投资额较高，但工作内容简单、重复，建设周期短的文件是（　　）。
A.《施工合同条件》 B.《EPC 交钥匙项目合同条件》
C.《简明合同格式》 D.《永久设备和设计—建造合同条件》

66. 在 FIDIC 合同中，合同双方采用争端裁决委员会方式解决争议，其优点不包括（　　）。
A. 实行一裁终局制 B. 费用较低
C. 裁决委员有较高的业务素质和实践经验 D. 周期短，可以及时解决争议

67. 关于标前会议的说法，不正确的是（　　）。
A. 招标人按投标须知规定的时间和地点召开的会议
B. 标前会议上，可以对招标文件中的某些内容加以修改或补充说明
C. 会议结束后，招标人应将会议纪要用书面通知的形式发给每一个投标人
D. 招标人不得在标前会议上确定延长投标截止时间

68. 项目信息中，属于经济类信息的是（　　）。

A. 质量控制信息 B. 进度控制信息
C. 工作量控制信息 D. 风险管理信息

69. 根据《建筑市场诚信行为信息管理办法》（建市［2007］9号），不良行为记录信息公布期限一般为（　　）。

A. 1年至3年 B. 3个月至3年
C. 6个月至3年 D. 3年以上

70. 关于建设工程信息管理内涵的说法，正确的是（　　）。

A. 信息管理是指信息的收集和整理
B. 信息管理的目的是为了有效反映工程项目管理的实际情况
C. 建设工程项目的信息是指工程项目部在项目运行各阶段产生的信息
D. 项目管理班子中各个工作部门的管理工作都与信息处理有关

二、多项选择题（共30题，每题2分。每题的备选项中，有2个或2个以上符合题意，至少有1个错项。错选，本题不得分；少选，所选的每个选项得0.5分)

71. 《环境管理体系　要求及使用指南》GB/T 24001—2016中，应对风险和机遇的措施部分包括的内容有（　　）。

A. 总则 B. 环境因素
C. 合规义务 D. 环境目标
E. 措施的策划

72. 施工方项目管理的目标包括（　　）。

A. 施工的成本目标 B. 施工的合同目标
C. 施工的安全管理目标 D. 施工的进度目标
E. 施工的质量目标

73. 项目成本分析的基本方法包括（　　）。

A. 比较法 B. 因素分析法
C. 差额计算法 D. 比率法
E. 赢得值（挣值）法

74. 项目管理实施规划的内容应包括（　　）。

A. 项目概况 B. 信息管理计划
C. 项目的目标分析和论证 D. 项目现场平面布置图
E. 风险管理计划

75. 建设工程项目的风险中，经济与管理风险包括（　　）。

A. 合同风险 B. 事故防范措施和计划
C. 引起火灾和爆炸的因素 D. 工程资金供应的条件
E. 工程机械

76. 建设工程项目决策阶段经济策划的工作内容包括（　　）。

A. 编制资金需求量计划 B. 项目编码体系分析
C. 项目建设成本分析 D. 融资方案
E. 项目效益分析

77. 施工招标阶段建设监理工作的主要任务有（　　）。

A. 编写施工招标文件 B. 准备建设工程施工招标条件

C. 参与施工合同的商签　　　　　　D. 协助业主办理招标申请
E. 组织建设工程施工招标的工作

78. 建设工程项目施工成本考核的主要指标有（　　）。
A. 项目成本管理绩效　　　　　　B. 施工成本降低额
C. 施工成本偏差情况　　　　　　D. 施工成本偏差的原因
E. 施工成本降低率

79. 根据《建设工程项目管理规范》GB/T 50326—2017，关于项目管理机构负责人权限的说法，正确的有（　　）。
A. 参与制订内部计酬办法　　　　B. 参与项目招标、投标和合同签订
C. 参与组建项目管理机构　　　　D. 参与选择工程分包人
E. 参与选择大宗资源的供应单位

80. 材料用量控制的具体方法有（　　）。
A. 定额控制　　　　　　　　　　B. 指标控制
C. 计量控制　　　　　　　　　　D. 包干控制
E. 定性控制

81. 产生费用偏差的原因中，属于施工原因的有（　　）。
A. 材料代用　　　　　　　　　　B. 基础处理
C. 协调不佳　　　　　　　　　　D. 工期拖延
E. 组织不落实

82. 关于分部工程划分原则的表述，正确的有（　　）。
A. 可按专业性质、工程部位确定
B. 当分部工程较大或较复杂时，可按材料种类、施工特点、施工程序、专业系统及类别等划分为若干子分部工程
C. 分部工程应按主要工种、材料、施工工艺、设备类别等进行划分
D. 分部工程的划分应按材料种类、施工特点、施工工艺、设备类别确定
E. 分部工程可由一个或若干个检验批组成

83. 某工程双代号网络计划如下图所示（时间单位：d），图中已标出每项工作的最早开始时间和最迟开始时间，该计划表明（　　）。

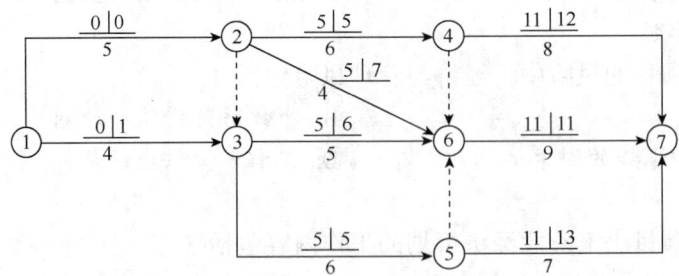

A. 关键线路有 2 条
B. 工作 1—3 与工作 3—6 的总时差不等
C. 工作 4—7 与工作 5—7 的自由时差相等
D. 工作 2—6 的总时差与自由时差相等

E. 工作 3—6 的总时差与自由时差不等

84. 编制建设项目总进度纲要时的主要工作内容有（　　）。
   A. 编制有关工程施工组织和技术方案
   B. 确定里程碑事件的计划进度目标
   C. 分析进度计划系统的结构体系
   D. 研究总进度目标实现的条件和应采取的措施
   E. 预测各个阶段工程投资规模

85. 建设工程项目进度控制经济措施中的资金供应条件包括（　　）。
   A. 资金来源　　　　　　　　　B. 资金供应的时间
   C. 资金供应进度　　　　　　　D. 资金总供应量
   E. 资金供应的地点

86. 内部管理不良预警系统包括（　　）。
   A. 质量管理预警　　　　　　　B. 技术变化预警
   C. 设备管理预警　　　　　　　D. 政策法规变化预警
   E. 人的行为活动管理预警

87. 施工合同的管理风险包括（　　）。
   A. 对环境调查和预测的风险
   B. 合同条款不严密、错误、二义性，工程范围和标准存在不确定性
   C. 承包商投标策略错误
   D. 承包商的技术能力、施工力量、装备水平和管理能力不足
   E. 承包商的技术设计、施工方案、施工计划和组织措施存在缺陷和漏洞，计划不周

88. 获准认证后的质量管理体系，维持与监督管理的内容包括（　　）。
   A. 企业通报　　　　　　　　　B. 监督检查
   C. 监督认证　　　　　　　　　D. 认证暂停
   E. 认证撤销

89. 根据《建设工程安全生产管理条例》，下列分部分项工程中，应当组织专家进行专项施工方案论证的有（　　）。
   A. 爆破工程　　　　　　　　　B. 脚手架工程
   C. 地下暗挖工程　　　　　　　D. 深基坑工程
   E. 高大模板工程

90. 支付担保通常采用的形式有（　　）。
   A. 银行保函　　　　　　　　　B. 履约保证金
   C. 现金　　　　　　　　　　　D. 担保公司担保
   E. 保兑支票

91. 已完成工作预算费用 1200 万元，已完工作实际费用 1500 万元，拟完工作预算费用 1300 万元，关于偏差分析正确的有（　　）。
   A. 进度提前 300 万元　　　　　B. 进度拖后 100 万元
   C. 费用节约 100 万元　　　　　D. 工程盈利 300 万元
   E. 费用超支 300 万元

92. 根据《建设工程施工劳务分包合同（示范文本）》GF—2003—0214，在劳务分包

人施工前，工程承包人应完成的工作有（　　）。
A. 向劳务分包人提供相应的工程资料
B. 向劳务分包人支付劳动报酬
C. 为劳务分包人从事危险作业的职工办理意外伤害保险
D. 向劳务分包人提供生产、生活临时设施
E. 交付具备劳务作业开工条件的施工场地

93. 有关支付担保相关规定的表述，说法正确的有（　　）。
A. 发包人的支付担保实行分段滚动担保
B. 支付担保可实行银行保函形式
C. 支付担保的额度为工程合同总额的 10%～25%
D. 工程款支付担保的作用在于，通过对业主资信状况进行严格审查并落实各项担保措施，确保工程费用及时支付到位
E. 是中标人要求招标人提供的保证履行合同中约定的工程款支付义务的担保

94. CIP 保险的优点是（　　）。
A. 以最优的价格提供最佳的保障范围　　B. 能实施有效的风险管理
C. 降低赔付率，进而降低保险费率　　　D. 避免诉讼
E. 避免索赔

95. 安全生产管理预警分析主要由（　　）等工作内容组成。
A. 预警监测　　　　　　　　　　　　B. 日常监控
C. 预测评价　　　　　　　　　　　　D. 预警信息管理
E. 预警评价指标体系构建

96. 关于安全技术交底要求的表述，正确的有（　　）。
A. 应优先采用新的安全技术措施
B. 应将工程概况、安全技术措施等向工长、班组长进行详细交底
C. 施工班组长必须实行逐级安全技术交底制度，纵向延伸到班组全体作业人员
D. 定期向由两个以上作业队和多工种进行交叉施工的作业队伍进行书面交底
E. 技术交底的内容应针对分部分项工程施工中给作业人员带来的潜在危险因素和存在问题

97. 建设工程竣工验收合格即办理移交，移交作为一个重要的合同事件，同时又是一个重要的法律概念，它表示（　　）。
A. 工程所有权的转让
B. 合同规定的工程款支付完结
C. 业主认可并接收工程，承包人工程施工任务的完结
D. 承包人工程照管责任的结束和业主工程照管责任的开始
E. 保修责任的开始

98. 采用变动总价合同时，对于建设周期两年以上的工程项目，需考虑引起价格变化的因素有（　　）。
A. 劳务工资以及材料费用的上涨　　　B. 燃料费及电力价格的变化
C. 法规变化引起的工程费用上涨　　　D. 外汇汇率的波动
E. 承包人用工制度的变化

99. 承包人可以提起索赔的事件是（   ）。

A. 法规变化

B. 对合同规定以外的项目进行检验，且检验合格

C. 因工程变更造成的时间损失

D. 工程实际进度与合同预计的情况不符的所有事件

E. 发包人延误支付期限造成承包人的损失

100. 通过调解解决合同争议的优点有（   ）。

A. 保密性强

B. 程序简单，灵活性较大

C. 具有公正性、中立性

D. 节约时间、精力和费用

E. 能较好地表达双方对协商谈判结果的不满意和争取解决争议的决心

考前冲刺试卷（三）参考答案及解析

一、单项选择题

1. A;	2. B;	3. A;	4. C;	5. C;
6. C;	7. A;	8. D;	9. D;	10. C;
11. D;	12. A;	13. B;	14. A;	15. A;
16. C;	17. C;	18. D;	19. B;	20. C;
21. D;	22. D;	23. C;	24. B;	25. D;
26. A;	27. D;	28. B;	29. D;	30. D;
31. B;	32. B;	33. C;	34. A;	35. C;
36. B;	37. C;	38. D;	39. D;	40. D;
41. B;	42. B;	43. C;	44. D;	45. A;
46. A;	47. B;	48. A;	49. C;	50. A;
51. A;	52. D;	53. D;	54. A;	55. D;
56. C;	57. B;	58. B;	59. D;	60. C;
61. D;	62. B;	63. D;	64. C;	65. C;
66. A;	67. D;	68. C;	69. C;	70. D。

【解析】

1. A。本题考核的是项目目标动态控制的纠偏措施。项目目标动态控制的纠偏措施包括：组织措施、管理措施、经济措施、技术措施。其中，组织措施是分析由于组织的原因而影响项目目标实现的问题，并采取相应的措施，如调整项目组织结构、任务分工、管理职能分工、工作流程组织和项目管理班子人员等。

2. B。本题考核的是组织分工的含义。组织分工反映了一个组织系统中各子系统或各元素的工作任务分工和管理职能分工。组织结构模式和组织分工都是一种相对静态的组织关系。

3. A。本题考核的是控制项目目标的措施。控制项目目标的主要措施包括组织措施、管理措施、经济措施和技术措施，其中组织措施是最重要的措施。

4. C。本题考核的是建设工程项目管理的类型。按建设工程项目不同参与方的工作性质和组织特征划分，项目管理有如下几种类型：

（1）业主方的项目管理（如投资方和开发方的项目管理，或由工程管理咨询公司提供的代表业主方利益的项目管理服务）。

（2）设计方的项目管理。

（3）施工方的项目管理（施工总承包方、施工总承包管理方和分包方的项目管理）。

（4）建设物资供货方的项目管理（材料和设备供应方的项目管理）。

（5）建设项目总承包（或称建设项目工程总承包）方的项目管理，如设计和施工任务综合的承包，或设计、采购和施工任务综合的承包（简称EPC承包）的项目管理等。

5. C。本题考核的是线性组织结构的特点。在线性组织结构中，每一个工作部门只能对其直接的下属部门下达工作指令，每一个工作部门也只有一个直接的上级部门，因此，每一个工作部门只有唯一的指令源，避免了由于矛盾的指令而影响组织系统的运行。

6. C。本题考核的是施工部署及施工方案的内容。施工部署及施工方案包括：（1）根据工程情况，结合人力、材料、机械设备、资金、施工方法等条件，全面部署施工任务，合理安排施工顺序，确定主要工程的施工方案；（2）对拟建工程可能采用的几个施工方案进行定性、定量的分析，通过技术经济评价，选择最佳方案。

7. A。本题考核的是组织结构模式的相关概述。组织结构模式反映了一个组织系统中各子系统之间或各元素（各工作部门或各管理人员）之间的指令关系。

8. D。本题考核的是项目建设纲要的作用。业主方自行编制，或委托顾问工程师编制项目建设纲要或设计纲要，它是建设项目工程总承包方编制项目设计建议书的依据。

9. D。本题考核的是承包商承担的价格风险。采用固定总价合同，承包商承担的风险主要有价格风险和工作量风险。价格风险有报价计算错误、漏报项目、物价和人工费上涨等。选项A、B、C属于工作量风险。

10. C。本题考核的是建设工程项目实施阶段策划。建设工程项目实施阶段策划是在建设项目立项之后，为了把项目决策付诸实施而形成的指导性的项目实施方案。

11. D。本题考核的是建设项目工程总承包的核心意义。建设项目工程总承包的主要意义并不在于总价包干，也不是"交钥匙"，其核心是通过设计与施工过程的组织集成，促进设计与施工的紧密结合，以达到为项目建设增值的目的。

12. A。本题考核的是项目管理规划大纲的编制工作程序。项目管理规划大纲的编制工作程序：（1）明确项目需求和项目管理范围；（2）确定项目管理目标；（3）分析项目实施条件，进行项目工作结构分解；（4）确定项目管理组织模式、组织结构和职责分工；（5）规定项目管理措施；（6）编制项目资源计划；（7）报送审批。

13. B。本题考核的是建设工程总承包方在项目初始阶段的工作。建设工程总承包方在项目初始阶段应进行项目策划，编制项目计划，召开开工会议；发表项目协调程序，发表设计基础数据；编制计划，包括采购计划、施工计划、试运行计划、财务计划和安全管理计划，确定项目控制基准等。

14. A。本题考核的是国际上施工企业项目经理的地位、作用及其特征。国际上施工企业项目经理的地位、作用及其特征如下：（1）项目经理是企业任命的一个项目的项目管理班子的负责人（领导人），但它并不一定是（多数不是）一个企业法定代表人在工程项目上的代表人；（2）项目经理的任务仅限于主持项目管理工作，其主要任务是项目目标的控制和组织协调；（3）在有些文献中明确界定，项目经理不是一个技术岗位，而是一个管理岗位；（4）项目经理是一个组织系统中的管理者，至于是否他有人权、财权和物资采购权等管理权限，则由其上级确定。

15. A。本题考核的是风险量的内涵。图中所示风险量最大的区域是风险区A。若某事件经过风险评估，它处于风险区A，则应采取措施，降低其概率，即使它移位至风险区B；或采取措施降低其损失量，即使它移位至风险区C。风险区B和C的事件则应采取措施，使其移位至风险区D。

16. C。本题考核的是项目经理的管理权力。项目经理的管理权力包括：（1）组织项目管理班子；（2）以企业法定代表人的代表身份处理与所承担的工程项目有关的外部关系，受托签署有关合同；（3）指挥工程项目建设的生产经营活动，调配并管理进入工程项目的人力、资金、物资、机械设备等生产要素；（4）选择施工作业队伍等。

17. C。本题考核的是工程监理的公平性。工程监理单位受业主的委托进行工程建设的监理活动，当业主方和承包商发生利益冲突或矛盾时，工程监理机构应以事实为依据，以法律和有关合同为准绳，在维护业主的合法权益时，不损害承包商的合法权益，这体现了工程监理的公平性。

18. B。本题考核的是工程建设监理规划的编制。工程建设监理规划应在签订委托监理合同及收到设计文件后开始编制，完成后必须经监理单位技术负责人审核批准，并应在召开第一次工地会议前报送业主。

19. B。本题考核的是施工成本计划的含义。施工成本计划是以货币形式编制施工项目在计划期内的生产费用、成本水平、成本降低率以及为降低成本所采取的主要措施和规划的书面方案，它是建立施工项目成本管理责任制、开展成本控制和核算的基础，它是该项目降低成本的指导文件，是设立目标成本的依据。

20. C。本题考核的是因素分析法的运用。本题中计划成本=300×430=129000元；用实际消耗量320m³替代计划成本中的计划消耗量300m³得：320×430=137600元；由于混凝土梁增加导致的成本增加额=137600-129000=8600元。

21. D。本题考核的是建设工程项目总进度目标论证的工作步骤。选项A、B、C、D均属于建设工程项目总进度目标论证工作中编制各层（各级）进度计划前需要进行的工作，但是只有选项D属于紧前工作。

22. D。本题考核的是成本分析方法的步骤。成本分析方法应遵循下列步骤：（1）选择成本分析方法；（2）收集成本信息；（3）进行成本数据处理；（4）分析成本形成原因；（5）确定成本结果。

23. C。本题考核的是监理的工作方法。工程监理人员认为工程施工不符合工程设计要求、施工技术标准和合同约定的，有权要求建筑施工企业改正。工程监理人员发现工程设计不符合建筑工程质量标准或者合同约定的质量要求的，应当报告建设单位要求设计单位改正。

24. B。本题考核的是进度偏差的计算。进度偏差（SV）=已完工作预算费用（BCWP）-计划工作预算费用（BCWS）=1200-1300=-100万元。

25. D。本题考核的是偏差分析的表达方法。横道图法具有形象、直观、一目了然等优点，能够准确表达出费用的绝对偏差，而且能一眼感受到偏差的严重性。但这种方法反映的信息量少，一般在项目的较高管理层应用。

26. A。本题考核的是实施性成本计划的内涵。实施性计划成本即项目施工准备阶段的施工预算成本计划，它以项目实施方案为依据，落实项目经理责任目标为出发点，采用企业的施工定额通过施工预算的编制而形成的实施性施工成本计划。

27. D。本题考核的是虚工作的含义。虚箭线是实际工作中并不存在的一项虚设工作，故它们既不占用时间，也不消耗资源，一般起着工作之间的联系、区分和断路三个作用。

28. B。本题考核的是关键线路的确定。关键线路有：①→②→③→④→⑥→⑦→⑧；①→②→③→⑤→⑧，共2条。

29. B。本题考核的是单代号网络计划时间参数的计算。工作最早开始时间和最早完成时间的计算应从网络计划的起点节点开始，顺着箭线方向按节点编号从小到大的顺序依次进行。网络计划起点节点所代表的工作，其最早开始时间未规定时取值为零。由于工作的最早完成时间应等于本工作的最早开始时间与其持续时间之和，依次类推得出工作 5 的最早开始时间为 6，最早完成时间为 6+2=8。

相邻两项工作之间的时间间隔是指其紧后工作的最早开始时间与本工作最早完成时间的差值。故 $LAG_{5,6}$ = 8-8 = 0d，$LAG_{5,8}$ = 9-8 = 1d，$LAG_{6,9}$ = 11-9 = 2d，$LAG_{8,9}$ = 11-11 = 0d。

网络计划终点节点所代表的工作的总时差应等于计划工期与计算工期之差，当计划工期等于计算工期时，该工作的总时差为零。故工作 9 的总时差为 0。

其他工作的总时差应等于本工作与其各紧后工作之间的时间间隔加该紧后工作的总时差所得之和的最小值。工作 6 的总时差 = 2+0 = 2d，工作 8 的总时差为 0。

工作 5 的总时差 = min {0+2，1+0} = 1d。工作的最迟完成时间等于本工作的最早完成时间与其总时差之和，故工作 5 的最迟完成时间 = 8+1 = 9d。

30. D。本题考核的是网络计划时间参数的计算。工作 B 的最早开始时间应等于其紧前工作最早完成时间的最大值。工作 B 的最早开始时间 = 10d。工作 B 的最早完成时间等于本工作的最早开始时间与其持续时间之和。工作 B 的最早完成时间 = 10+6 = 16d。

31. B。本题考核的是双代号时标网络计划时间参数的计算。工作的总时差等于其紧后工作的总时差加本工作与该紧后工作之间的时间间隔所得之和的最小值。工作 E 的总时差 = min {0+2，3+0，0+1} = 1 周。

32. B。本题考核的是质量管理 PDCA 循环检查阶段的职能。检查（C）指对计划实施过程进行各种检查，包括作业者的自检、互检和专职管理者专检。各类检查也都包含两大方面：一是检查是否严格执行了计划的行动方案，实际条件是否发生了变化，不执行计划的原因；二是检查计划执行的结果，即产出的质量是否达到标准的要求，对此进行确认和评价。

33. C。本题考核的是工作进度计划检查与调整。每天完成的工程量相同，25d 完成 100% 的工作量，计划每天完成 25/100 = 4% 工程量，注意第 15 天开始时，是指第 15 天上班时刻开始，第 20 天结束，即第 20 天下班时结束，实际工作 6d，实际完成 20%，实际进度滞后，但对总工期没有影响，加强关注即可。

34. A。本题考核的是预付款担保。发包人要求承包人提供预付款担保的，承包人应在发包人支付预付款 7d 前提供预付款担保，专用合同条款另有约定除外。预付款担保可采用银行保函、担保公司担保等形式，具体由合同当事人在专用合同条款中约定。

35. D。本题考核的是施工质量控制的一般方法。用测量工具和计量仪表等检查断面尺寸、轴线、标高、湿度、温度等的偏差，属于实测法。利用专门的仪器仪表从表面探测结构物、材料、设备的内部组织结构或损伤情况，属于无损检测。运用敲击工具进行音感检查，属于目测法。利用酚酞液观察混凝土表面碳化，属于理化试验法。

36. B。本题考核的是安全事故统计规定。县级以上安全生产监督管理部门，在每月 7 日前报送上月生产安全事故统计数据汇总，生产安全事故发生之日起 30 日内伤亡人员发生变化的，应及时补报伤亡人员变化情况。

37. C。本题考核的是工程项目质量控制体系的多层次结构。系统纵向层次机构的合理性是建设工程项目质量目标、控制责任和措施分解落实的重要保证。

38. D。本题考核的是质量控制点的管理。对于危险性较大的分部分项工程或特殊施工过程，除按一般过程质量控制的规定执行外，还应由专业技术人员编制专项施工方案或作业指导书，经施工单位技术负责人、项目总监理工程师、建设单位项目负责人签字后执行。

39. D。本题考核的是现场质量检查的内容。对于重要的工序或对工程质量有重大影响的工序，应严格执行"三检"制度，即自检、互检、专检。未经监理工程师（或建设单位项目技术负责人）检查认可，不得进行下道工序施工。

40. D。本题考核的是施工投标中复核工程量的规定。对于总价合同，如果业主在投标前对争议工程量不予更正，而且是对投标者不利的情况，投标者在投标时要附上声明；工程量表中某项工程量有错误，施工结算应按实际完成量计算。

41. B。本题考核的是项目目标动态控制工作程序。项目目标动态控制的工作程序如下：(1)将项目的目标进行分解，以确定用于目标控制的计划值；(2)收集项目目标的实际值；(3)定期（如每两周或每月）进行项目目标的计划值和实际值的比较；(4)通过项目目标的计划值和实际值的比较，如有偏差，则采取纠偏措施进行纠偏；(5)如有必要，则进行项目目标的调整，目标调整后再回复到第一步。

42. B。本题考核的是预制构件的质量验收。对于不可单独使用的叠合板预制底板，可不进行结构性能检验。故B选项说法错误。

43. C。本题考核的是专项成本分析方法。专项成本分析包括：成本盈亏异常分析、工期成本分析、资金成本分析等内容。

44. D。本题考核的是施工作业质量的监控主体。为了保证项目质量，建设单位、监理单位、设计单位及政府的工程质量监督部门，在施工阶段依据法律法规和工程施工承包合同，对施工单位的质量行为和项目实体质量实施监督控制。

45. A。本题考核的是测量控制。工程测量放线是建设工程产品由设计转化为实物的第一步。施工测量质量的好坏，直接决定工程的定位和标高是否正确，并且制约施工过程有关工序的质量。因此，施工单位必须对建设单位提供的原始坐标点，基准线和水准点等测量控制点进行复核，并将复测结果上报监理工程师审核，批准后施工单位才能据此建立施工测量控制网，进行工程定位和标高基准的控制。

46. A。本题考核的是三级安全教育。三级安全教育通常是指进厂、进车间、进班组三级，对建设工程来说，具体指企业（公司）、项目（或工区、工程处、施工队）、班组三级。

47. B。本题考核的是现场质量检查实测法的应用。实测法就是通过实测数据与施工规范、质量标准的要求及允许偏差值进行对照，以此判断质量是否符合要求，其手段可概括为"靠、量、吊、套"四个字。其中，靠就是用直尺、塞尺检查，如墙面、地面、路面等的平整度。

48. A。本题考核的是反索赔的基本内容。反索赔的工作内容可以包括两个方面：一是防止对方提出索赔；二是反击或反驳对方的索赔要求。

49. C。本题考核的是安全生产责任制的作用。安全生产责任制是最基本的安全管理制度，是所有安全生产管理制度的核心。

50. A。本题考核的是施工现场文明施工的措施。市区主要路段设置围挡的高度不低于2.5m，故选项B错误；确立项目经理为现场文明施工的第一责任人，故选项C错误；施工现场严禁泥浆、污水、废水外流或未经允许排入河道，严禁堵塞下水道和排水河道，故选项D错误。

51. A。本题考核的是施工质量控制的基本环节。事前质量控制即在正式施工前进行的事前主动质量控制，通过编制施工质量计划，明确质量目标、制订施工方案，设置质量管理点，落实质量责任，分析可能导致质量目标偏离的各种影响因素，针对这些影响因素制订有效的预防措施，防患于未然。

52. D。本题考核的是施工质量事故的返工处理。当工程质量缺陷经过修补处理后仍不能满足规定的质量标准要求，或不具备补救可能性，则必须采取返工处理。如某公路桥梁工程预应力按规定张拉系数为 1.3，而实际仅为 0.8，属严重的质量缺陷，也无法修补，只能重新制作。

53. D。本题考核的是事故调查。未造成人员伤亡的一般事故，县级人民政府也可以委托事故发生单位组织事故调查组进行调查。

54. A。本题考核的是投标的截止日期。招标人所规定的投标截止日就是提交标书最后的期限。投标人在投标截止日之前所提交的投标是有效的，超过该日期之后就会被视为无效投标。在招标文件要求提交投标文件的截止时间后送达的投标文件，招标人可以拒收。

55. D。本题考核的是邀请招标的情形。对于有些特殊项目，采用邀请招标方式确实更加有利。根据我国的有关规定，有下列情形之一的，可以进行邀请招标：（1）技术复杂、有特殊要求或者受自然环境限制，只有少量潜在投标人可供选择；（2）采用公开招标方式的费用占项目合同金额的比例过大。

56. C。本题考核的是评标的核心。详细评审是评标的核心，是对标书进行实质性审查，包括技术评审和商务评审。

57. B。本题考核的是工程质量监督申报手续的办理。在工程项目开工前，监督机构接受建设单位有关建设工程质量监督的申报手续，并对建设单位提供的有关文件进行审查，审查合格签发有关质量监督文件。建设单位凭工程质量监督文件，向建设行政主管部门申领施工许可证。

58. B。本题考核的是交货期限的确定。交货日期的确定可以按照下列方式：（1）供货方负责送货的，以采购方收货戳记的日期为准。（2）采购方提货的，以供货方按合同规定通知的提货日期为准。（3）凡委托运输部门或单位运输、送货或代运的产品，一般以供货方发运产品时承运单位签发的日期为准，不是以向承运单位提出申请的日期为准。

59. D。本题考核的是施工方案的制订。施工方案应由投标单位的技术负责人主持制订，主要应考虑施工方法、主要施工机具的配置、各工种劳动力的安排及现场施工人员的平衡、施工进度及分批竣工的安排、安全措施等。

60. C。本题考核的是建筑材料采购合同结算方式的应用。结算方式可以是现金支付和转账结算。其中，转账结算适用于同城市或同地区内的结算，也适用于异地之间的结算。

61. D。本题考核的是固定总价合同。固定总价合同的价格计算是以图纸及规定、规范为基础，工程任务和内容明确，业主的要求和条件清楚，合同总价一次包死，固定不变，即不再因为环境的变化和工程量的增减而变化。在这类合同中，承包商承担了全部的工作量和价格的风险。

62. B。本题考核的是建筑材料采购合同违约责任的相关概述。供货方不能按期交货分为逾期交货和提前交货。发生逾期交货情况，要按照合同约定，依据逾期交货部分货款总价计算违约金。对约定由采购方自提货物的，若发生采购方的其他损失，其实际开支的费用也应由供货方承担。如采购方已按期派车到指定地点接收货物，而供货方不能交付时，派车损失应由供货方承担。对于提前交货的情况，如果属于采购方自提货物，采购方接到提前提货通知后，可以根据自己的实际情况拒绝提前提货。对于供货方提前发运或交付的货物，采购方仍可按合同规定的时间付款，而且对多交货部分，以及不符合合同规定的产品，在代为保管期内实际支出的保管、保养费由供货方承担。

63. D。本题考核的是施工合同交底。合同和合同分析的资料是工程实施管理的依据。合同分析后，应向各层次管理者作"合同交底"，即由合同管理人员在对合同的主要内容进行分析、解释和说明的基础上，通过组织项目管理人员和各个工程小组学习合同条文和合同总体分析结果，使大家熟悉合同中的主要内容、规定、管理程序，了解合同双方的合同责任和工作范围，各种行为的法律后果等，使大家都树立全局观念，使各项工作协调一致，避免执行中的违约行为。

64. D。本题考核的是基准日期的确定。招标发包的工程以投标截止日前28d的日期为基准日期，直接发包的工程以合同签订日前28d的日期为基准日期。

65. C。本题考核的是FIDIC系列合同文件。《简明合同格式》合同条件主要适用于投资额较低的一般不需要分包的建筑工程或设施，或尽管投资额较高，但工作内容简单、重复，或建设周期短。合同计价可以采用单价合同、总价合同或者其他方式。

66. A。本题考核的是争端裁决委员会（DAB）方式解决争议的优点。采用DAB方式解决争端的优点在于：（1）DAB委员可以在项目开始时就介入项目，了解项目管理情况及其存在的问题；（2）DAB的委员有较高的业务素质和实践经验，特别是具有项目施工方面的丰富经验；（3）周期短，可以及时解决争议；（4）DAB的费用较低；（5）DAB委员是发包人和承包人自己选择的，其裁决意见容易为他们所接受；（6）由于DAB提出的裁决不是强制性的，不具有终局性，合同双方或一方对裁决不满意，仍然可以提请仲裁或诉讼。

67. D。本题考核的是标前会议。标前会议也称为投标预备会或招标文件交底会，是招标人按投标须知规定的时间和地点召开的会议。标前会议上，招标人除了介绍工程概况以外，还可以对招标文件中的某些内容加以修改或补充说明，以及对投标人书面提出的问题和会议上即席提出的问题给以解答，会议结束后，招标人应将会议纪要用书面通知的形式发给每一个投标人。为了使投标单位在编写投标文件时有充分的时间考虑招标人对招标文件的补充或修改内容，招标人可以根据实际情况在标前会议上确定延长投标截止时间。

68. C。本题考核的是项目信息分类。经济类信息主要包括：投资控制信息；工作量控制信息。

69. C。本题考核的是不良行为记录信息的公布期限。不良行为记录信息的公布时间为行政处罚决定作出后7日内，公布期限一般为6个月至3年；良好行为记录信息公布期限一般为3年。

70. D。本题考核的是项目信息管理的目的和任务。选项A错误，信息管理是信息传输的合理组织和控制。选项B错误，项目的信息管理的目的旨在通过有效的项目信息传输的组织和控制为项目建设的增值服务。选项C错误，建设工程项目的信息包括在项目决策过程、实施过程（设计准备、设计、施工和物资采购过程等）和运行过程中产生的信息，以及其他与项目建设有关的信息。

二、多项选择题

71. A、B、C、E；　　72. A、C、D、E；　　73. A、B、C、D；
74. A、B、D、E；　　75. A、B、D；　　　　76. A、C、D、E；
77. B、C、D；　　　　78. B、E；　　　　　　79. B、C、D、E；

80. A、B、C、D；	81. A、D；	82. A、B；
83. A、D；	84. B、D；	85. A、B、D；
86. A、C、E；	87. A、B、C、E；	88. A、B、D、E；
89. C、D、E；	90. A、B、D；	91. B、E；
92. D、E；	93. A、B、D、E；	94. A、B、C、D；
95. A、C、D、E；	96. A、B、D、E；	97. A、C、D、E；
98. A、B、C、D；	99. A、B、C、E；	100. B、D、E。

【解析】

71. A、B、C、E。本题考核的是《环境管理体系 要求及使用指南》GB/T 24001—2016 的总体结构及内容。应对风险和机遇的措施部分包括：总则；环境因素；合规义务；措施的策划。

72. A、C、D、E。本题考核的是施工方项目管理的目标。施工方项目管理的目标包括：（1）施工的安全管理目标；（2）施工的成本目标；（3）施工的进度目标；（4）施工的质量目标。

73. A、B、C、D。本题考核的是项目成本分析的基本方法。项目成本分析的基本方法包括比较法、因素分析法、差额计算法、比率法等。赢得值（挣值）法属于成本控制的方法。

74. A、B、D、E。本题考核的是项目管理实施规划的内容。项目管理实施规划的内容包括：（1）项目概况；（2）项目总体工作安排；（3）组织方案；（4）设计与技术措施；（5）进度计划；（6）质量计划；（7）成本计划；（8）安全生产计划；（9）绿色建造与环境管理计划；（10）资源需求与采购计划；（11）信息管理计划；（12）沟通管理计划；（13）风险管理计划；（14）项目收尾计划；（15）项目现场平面布置图；（16）项目目标控制计划；（17）技术经济指标。

75. A、B、D。本题考核的是建设工程项目的风险类型。建设工程项目的经济与管理风险包括：

（1）宏观和微观经济情况。
（2）工程资金供应的条件。
（3）合同风险。
（4）现场与公用防火设施的可用性及其数量。
（5）事故防范措施和计划。
（6）人身安全控制计划。
（7）信息安全控制计划等。

引起火灾和爆炸的因素属于工程环境风险，工程机械属于技术风险。

76. A、C、D、E。本题考核的是建设工程项目决策阶段经济策划的工作内容。建设工程项目决策阶段经济策划的工作内容包括：（1）项目建设成本分析；（2）项目效益分析；（3）融资方案；（4）编制资金需求量计划。

77. B、C、D。本题考核的是施工招标阶段建设监理工作的主要任务。施工招标阶段建设监理工作的主要任务包括：（1）拟订或参与拟订建设工程施工招标方案；（2）准备建设工程施工招标条件；（3）协助业主办理招标申请；（4）参与或协助编写施工招标文件；（5）参与建设工程施工招标的组织工作；（6）参与施工合同的商签。

78. B、E。本题考核的是成本考核的主要指标。公司应以施工成本降低额和施工成本降低率作为成本考核的主要指标。

79. B、C、D、E。本题考核的是项目管理机构负责人的权限。项目管理机构负责人的权限：（1）参与项目招标、投标和合同签订；（2）参与组建项目管理机构；（3）参与组织对项目各阶段的重大决策；（4）主持项目管理机构工作；（5）决定授权范围内的项目资源使用；（6）在组织制度的框架下制定项目管理机构管理制度；（7）参与选择并直接管理具有相应资质的分包人；（8）参与选择大宗资源的供应单位；（9）在授权范围内与项目相关方进行直接沟通；（10）法定代表人和组织授予的其他权利。

80. A、B、C、D。本题考核的是材料用量控制方法。材料用量控制的方法包括：定额控制、指标控制、计量控制、包干控制等。

81. A、D。本题考核的是导致费用偏差的施工原因。费用偏差的原因分析如下图所示。

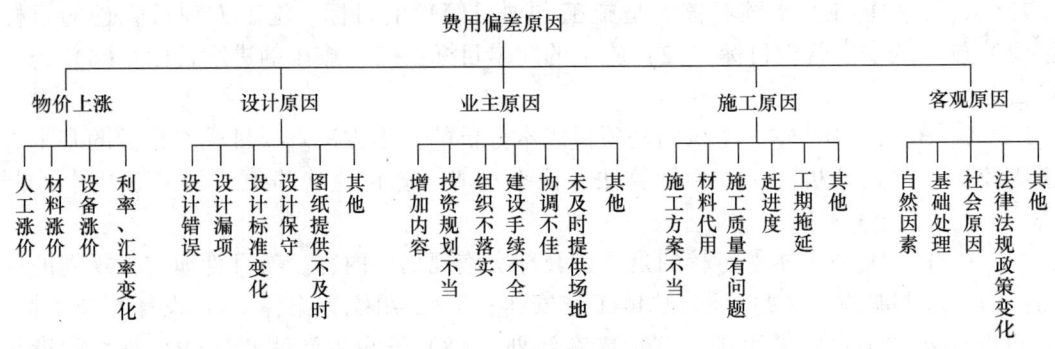

费用偏差的原因分析图

82. A、B。本题考核的是分部工程的划分原则。分部工程的划分应按下列原则确定：（1）可按专业性质、工程部位确定；（2）当分部工程较大或较复杂时，可按材料种类、施工特点、施工程序、专业系统及类别等划分为若干子分部工程。

83. A、D。本题考核的是双代号网络计划时间参数的计算。关键线路有：①→②→④→⑥→⑦；①→②→③→⑤→⑥→⑦。工作1—3的总时差＝1-0＝1d，工作3—6的总时差＝6-5＝1d。工作4—7的自由时差＝20-11-8＝1d，工作5—7的自由时差＝20-11-7＝2d。工作2—6的总时差＝7-5＝2d，工作2—6的自由时差＝11-5-4＝2d。工作3—6的自由时差＝11-5-5＝1d。

84. B、D。本题考核的是建设项目总进度纲要的内容。总进度纲要的主要内容包括：（1）项目实施的总体部署。（2）总进度规划。（3）各子系统进度规划。（4）确定里程碑事件的计划进度目标。（5）总进度目标实现的条件和应采取的措施等。

85. A、B、D。本题考核的是资金供应条件。资金供应条件包括可能的资金总供应量、资金来源（自有资金和外来资金）以及资金供应的时间。

86. A、C、E。本题考核的是内部管理不良预警系统。内部管理不良预警系统包括质量管理预警、设备管理预警、人的行为活动管理预警。

87. A、B、C、E。本题考核的是施工合同的管理风险。施工合同的管理风险包括：（1）对环境调查和预测的风险。（2）合同条款不严密、错误、二义性，工程范围和标准存在不确定性。（3）承包商投标策略错误，错误地理解业主意图和招标文件，导致实施方案错误、报价失误等。(4) 承包商的技术设计、施工方案、施工计划和组织措施存在缺陷和漏洞，计划不周。(5) 实施控制过程中的风险。

88. A、B、D、E。本题考核的是企业质量管理体系的认证与监督。质量管理体系维持与监督管理内容包括：企业通报、监督检查、认证注销、认证暂停、认证撤销、复评、重新换证。

89. C、D、E。本题考核的是专项施工方案专家论证制度。对涉及深基坑、地下暗挖工程、高大模板工程的专项施工方案，施工单位应当组织专家进行论证、审查。

90. A、B、D。本题考核的是支付担保的形式。支付担保的形式：(1) 银行保函；(2) 履约保证金；(3) 担保公司担保。

91. B、E。本题考核的是赢得值（挣值）法。费用偏差（CV）= 已完成工作预算费用（$BCWP$）-已完工作实际费用（$ACWP$）。当 $CV>0$ 时，说明费用节约；当 $CV<0$ 时，说明工程费用超支。费用偏差=1200-1500=-300，说明费用超支。进度偏差（SV）= 已完工作预算费用（$BCWP$）-拟完工作预算费用（$BCWS$）。当 $SV>0$ 时，说明进度超前；当 $SV<0$ 时，说明工程进度拖后。进度偏差=1200-1300=-100，说明进度延后。

92. A、D、E。本题考核的是工程承包人的工作。根据《建设工程施工劳务分包合同（示范文本）》GF—2003—0214 的规定，在劳务分包人施工前，工程承包人应完成的工作有：(1) 向劳务分包人交付具备本合同项下劳务作业开工条件的施工场地；(2) 满足劳务作业所需的能源供应、通信及施工道路畅通；(3) 向劳务分包人提供相应的工程资料；(4) 向劳务分包人提供生产、生活临时设施。

93. A、B、D、E。本题考核的是支付担保的相关规定。支付担保是中标人要求招标人提供的保证履行合同中约定的工程款支付义务的担保。因此选项 E 说法正确。支付担保通常采用银行保函、履约保证金、担保公司担保等形式。因此选项 B 说法正确。发包人的支付担保实行分段滚动担保。支付担保的额度为工程合同总额的 20%～25%。因此选项 A 说法正确，选项 C 说法错误。工程款支付担保的作用在于，通过对业主资信状况进行严格审查并落实各项担保措施，确保工程费用及时支付到位；一旦业主违约，付款担保人将代为履约。因此选项 D 说法正确。

94. A、B、C、D。本题考核的是 CIP 保险的优点。CIP 保险的优点是：(1) 以最优的价格提供最佳的保障范围；(2) 能实施有效的风险管理；(3) 降低赔付率，进而降低保险费率；(4) 避免诉讼，便于索赔。

95. A、C、D、E。本题考核的是安全生产管理预警分析的组成。预警分析主要由预警监测、预警信息管理、预警评价指标体系构建和预测评价等工作内容组成。

96. A、B、D、E。本题考核的是安全技术交底的要求。安全技术交底的要求包括：(1) 项目经理部必须实行逐级安全技术交底制度，纵向延伸到班组全体作业人员；(2) 技术交底必须具体、明确、针对性强；(3) 技术交底的内容应针对分部分项工程施工中给作业人员带来的潜在危险因素和存在问题；(4) 应优先采用新的安全技术措施；(5) 对于涉及"四新"项目或技术含量高、技术难度大的单项技术设计，必须经过两阶段技术交底，即初步设计技术交底和实施性施工图技术设计交底；(6) 应将工程概况、施工方法、施工程序、安全技术措施等向工长、班组长进行详细交底；(7) 定期向由两个以上作业队和多工种进行交叉施工的作业队伍进行书面交底；(8) 保持书面安全技术交底签字记录。

97. A、C、D、E。本题考核的是竣工移交。竣工验收合格即办理移交。移交作为一个重要的合同事件，同时又是一个重要的法律概念。它表示：（1）业主认可并接收工程，承包人工程施工任务的完结；（2）工程所有权的转让；（3）承包人工程照管责任的结束和业主工程照管责任的开始；（4）保修责任的开始；（5）合同规定的工程款支付条款有效。

98. A、B、C、D。本题考核的是合同价款的调整因素。对建设周期一年半以上的工程项目，则应考虑下列因素引起的价格变化问题：（1）劳务工资以及材料费用的上涨。（2）其他影响工程造价的因素，如运输费、燃料费、电力等价格的变化。（3）外汇汇率的不稳定。（4）国家或者省、市立法的改变引起的工程费用的上涨。

99. A、B、C、E。本题考核的是承包商可以提起索赔的事件。承包商可以提起索赔的事件有：（1）发包人违反合同给承包人造成时间、费用的损失；（2）因工程变更（含设计变更、发包人提出的工程变更、监理工程师提出的工程变更，以及承包人提出并经监理工程师批准的变更）造成的时间、费用损失；（3）由于监理工程师对合同文件的歧义解释、技术资料不确切，或由于不可抗力导致施工条件的改变，造成了时间、费用的增加；（4）发包人提出提前完成项目或缩短工期而造成承包人的费用增加；（5）发包人延误支付期限造成承包人的损失；（6）对合同规定以外的项目进行检验，且检验合格，或非承包人的原因导致项目缺陷的修复所发生的损失或费用；（7）非承包人的原因导致工程暂时停工；（8）物价上涨，法规变化及其他。

100. B、D、E。本题考核的是合同调解的优点。通过调解解决合同争议的优点有：（1）提出调解，能较好地表达双方对协商谈判结果的不满意和争取解决争议的决心；（2）由于调解人的介入，增加了解决争议的公正性，双方都会顾及声誉和影响，容易接受调解人的劝说和意见；（3）程序简单，灵活性较大，调解不成，不影响采取其他解决途径；（4）节约时间、精力和费用；（5）双方关系仍比较友好，不伤感情。